"课课通"普通高校对口升学系列学习指导丛书

机械基础学习指导与巩固练习
（机电类）

储文彬　主编

电子工业出版社

Publishing House of Electronics Industry

北京·BEIJING

内 容 简 介

本书为机电一体化专业对口升学考试复习用书。本书是按照普通高校对口升学考试机电类专业综合理论考试大纲的有关要求编写而成的。

本书包含了《机械基础》中金属材料及热处理、常用机构和机械传动及轴系零件三个模块，涉及金属材料的性能、钢及其热处理、铸铁、铸钢和有色金属、常用机构概述、平面连杆机构、凸轮机构、其他常用机构、摩擦轮传动与带传动、螺旋传动、链传动和齿轮传动、蜗杆传动、轮系和轴系零件等学习内容。

本书图文并茂，讲练结合，以练为主，突出学生的主体作用，所选例题和练习题的典型性和针对性较强。

本书适用于普通高校对口升学考试机电类专业的学生使用，也可以作为机电类专业相关课程教师参考用书或学生自学用书。

未经许可，不得以任何方式复制或抄袭本书之部分或全部内容。
版权所有，侵权必究。

图书在版编目（CIP）数据

机械基础学习指导与巩固练习：机电类/储文彬主编．—北京：电子工业出版社，2012.11（2025.7重印）
"课课通"普通高校对口升学系列学习指导丛书
ISBN 978-7-121-18139-9

Ⅰ．①机⋯ Ⅱ．①储⋯ Ⅲ．①机械学－中等专业学校－升学参考资料 Ⅳ．①TH11

中国版本图书馆CIP数据核字（2012）第205915号

策划编辑：张　凌
责任编辑：张　凌
印　　刷：河北虎彩印刷有限公司
装　　订：河北虎彩印刷有限公司
出版发行：电子工业出版社
　　　　　北京市海淀区万寿路173信箱　邮编 100036
开　　本：787×1092　1/16　印张：19.5　字数：499.2千字
版　　次：2012年11月第1版
印　　次：2025年7月第12次印刷
定　　价：52.00元（附试卷）

凡所购买电子工业出版社图书有缺损问题，请向购买书店调换。若书店售缺，请与本社发行部联系，联系及邮购电话：(010) 88254888，88258888。
质量投诉请发邮件至 zlts@phei.com.cn，盗版侵权举报请发邮件至 dbqq@phei.com.cn。
本书咨询服务联系方式：(010) 88254583，zling@phei.com.cn。

出版说明

职业教育肩负着服务社会经济发展和促进学生全面发展的重任。职业教育的改革与发展，使得培养的人才规格更加地适应和贴近社会的需求，这也正是职业教育充满活力的源泉。

《国家教育事业发展第十二个五年规划》中明确提出，建立现代化职业教育体系是职业教育事业发展的一项重要工作内容，要"适度扩大高等职业学校单独招生试点规模，扩大应用型普通本科学校招收中等职业教育毕业生规模"。作为中、高等职业教育沟通衔接的重要渠道，普通高校对口升学考试单独招生是培养高素质、高技能人才的迫切需要，是增强职业教育吸引力的重要举措，是完善职业教育体系、推动职业教育健康发展、办人民满意职业教育的重要内容。对口升学已成为普通高校招生工作的重要组成部分。

然而，在实际对口升学教学过程中，师生们很难找到在内容的覆盖面与知识的深度上与考纲要求相匹配的教材与教辅资料，这给教学工作带来了许多不便.本套丛书的编写初衷正是致力于解决这一问题，给广大有志于通过对口升学进入大学深造的学子们提供学习上的便利。

丛书的编写，力图体现以下特色：

1. 依据考纲要求，强化对口升学特色

编写完全依据对口升学高考的要求，有别于一般中等职业教育文化课程、专业课程的教材和教辅材料，强调对基础知识的掌握，着力培养应用知识解决问题的能力。通过适量的针对性训练，培养学生严谨的治学态度，养成良好的解题规范，使学生能准确把握问题的实质、快速找到解决问题的合理方案。

2. 对应考纲内容，形成理论体系

按照必需、够用的原则，依据考纲的要求对内容进行合理重组，使相关知识形成了较完整的体系，解决了目前中等职业教育相关教材知识不够系统、不够完整的问题。

3. 针对对口升学实际，便于教学实施

丛书的编写人员长期从事对口升学教学与研究工作，我们立足对口升学学生的实际基础水平与认知能力特点，结合对口升学高考的目标要求，精心组织内容，循序渐进，多角度地帮助学习理解知识，着力培养学生的知识应用能力。相信无论是对于教师的授课还是对于学生的学习，都会有一定的帮助与促进作用。

丛书包括三方面内容：与新授课学习配套的学习指导与巩固练习；与复习配套的专题复习与强化训练；考前冲刺的仿真模拟测试卷。"学习指导与巩固练习"注重学法指导，配以适量的典型题及解法指导、巩固练习、阶段测试卷、学科综合测试卷，促进基础知识的掌握、基本能力的培养、解题规范的形成;"专题复习与强化训练"针对考纲要求,将学科知识分解、重组,融入若干课题中,强调知识应用能力的培养;"仿真模拟测试卷"采用活页形式,在考核内容、难易度、区分度以及呈现方式上完全模拟对口升学统考试卷,强调学科知识的综合应用。

"课课通"普通高校对口升学系列学习指导丛书的编写是一项全新的工作。由于没有成熟的经验可以借鉴,也没有现成的模式可以套用,加之时间仓促,尽管我们竭尽全力,遗憾在所难免。追求卓越,是我们创新和发展的动力,殷切希望读者批评指正。

丛书编委会

前　言

　　普通高校对口升学是中、高等职业教育沟通衔接的重要渠道，是培养高素质、高技能人才的迫切需要，是增强职业教育吸引力的重要举措，是完善职业教育体系、办人民满意职业教育的重要内容。为了适应对口升学的新形势，满足中职学生多元化个性发展的需求，提高专业综合理论学习的效率，我们组织了一批长期工作在对口升学考试第一线、经验丰富的教师按照普通高校对口升学考试机电类专业综合理论考试大纲中机械基础部分的要求编写了本书。

　　本书内容系统，体例新颖、实用。全书由将综合理论考试中核心课程《机械基础》涉及的内容分成金属材料及热处理、常用机构和机械传动及轴系零件三个模块，每个模块由若干各章、节组成，每章均以考纲要求为引导，加深学生的对考点知识的理解。学生可根据教师的复习顺序自主选择学习模块。

　　本书突出学生学习的主体性和教师的主导性，每个节内容均有【学习目标】、【内容提要】、【例题解析】和【巩固练习】等部分组成。

　　【学习目标】部分：结合考纲考点将本节知识点用可考查核定的语言表述，便于学生把握重点和难点；

　　【内容提要】部分：将本节知识点包含的主要学习内容进行归纳和提炼，便于学生课前的预习和课后的复习；

　　【例题解析】部分：以考纲确定的单元重点知识作为典型例题，通过要点分析，培养分析问题的能力，并形成良好的学习方法和解题思路。

　　【巩固练习】部分：将本节的基础性和综合性的知识转换成各种类型的试题，可作为课后练习和单元测试使用。

　　本书由储文彬老师主编。本书适用于普通高校对口升学考试机电类专业的学生使用，也可以作为机电类专业相关课程教师参考用书或学生自学用书。

　　本书在编写过程中、出版和发行过程中，得到了相关学校领导、教师的大力支持和帮助，在此一并表示衷心的感谢。

　　由于编写的时间仓促，水平有限，书中难免出现错误和疏漏之处，敬请各位读者批评指正。

编　者

目 录

第一模块 金属材料及热处理

第 1 章 金属材料的性能 … 2
1.1 强度、塑性 … 2
1.2 硬度、韧性和疲劳强度 … 6

第 2 章 钢及其热处理 … 11
2.1 非合金钢 … 11
2.2 钢的热处理 … 14
2.3 低合金钢和合金钢 … 19

第 3 章 铸铁、铸钢及有色金属 … 22
3.1 铸铁和铸钢 … 22
3.2 有色金属 … 24

第二模块 常用机构

第 4 章 常用机构概述 … 30
4.1 机器、机构、构件、零件 … 30
4.2 运动副 … 34

第 5 章 平面连杆机构 … 39
5.1 铰链四杆机构 … 39
5.2 铰链四杆机构的演化和应用 … 48

第 6 章 凸轮机构 … 59
6.1 凸轮机构及其有关参数 … 59
6.2 从动件常用的运动规律 … 69

第 7 章 其他常用机构 … 76
7.1 变速和变向机构 … 76
7.2 间歇运动机构 … 83

第三模块 机械传动与轴系零件

第 8 章 摩擦轮传动与带传动 … 98
8.1 摩擦轮传动 … 98
8.2 带传动 … 102

第 9 章 螺旋传动	115
9.1 螺纹的种类及应用	115
9.2 螺旋传动	122

第 10 章 链传动和齿轮传动	128
10.1 链传动	128
10.2 直齿圆柱齿轮传动	132
10.3 其他齿轮传动	142
10.4 齿轮传动的受力分析	148
10.5 齿轮的根切、最小齿数、变位、精度和失效	150

第 11 章 蜗杆传动	158
11.1 蜗杆传动概述	158
11.2 蜗杆传动受力分析及转向判别	165

第 12 章 轮系	171
12.1 轮系的分类和应用	171
12.2 定轴轮系	173

第 13 章 轮系零件	181
13.1 键、销及其连接	181
13.2 滑动轴承	189
13.3 滚动轴承	194
13.4 联轴器、离合器、制动器	198
13.5 轴的结构	205

巩固练习参考答案	216

第一模块
金属材料及处理

第1章　金属材料的性能　　　　　◇/2
第2章　钢及其热处理　　　　　　◇/11
第3章　铸铁、铸钢及有色金属　　◇/22

第1章 金属材料的性能

考纲要求

◇ 了解金属材料力学性能的主要指标和符号。
◇ 了解屈服点、抗拉强度、断后伸长率、断面收缩率的有关计算。
◇ 了解布氏硬度、洛氏硬度、维氏硬度试验的应用。

1.1 强度、塑性

 学习目标

1. 了解强度、塑性的概念。
2. 了解屈服强度、抗拉强度的计算。
3. 了解断后伸长率、断面收缩率的计算。

 内容提要

一、有关概念

1. 力学性能

力学性能是指金属材料在外力的作用下所显示的性能。包括强度、塑性、硬度、韧性和疲劳强度等主要指标。

2. 载荷

(1) 定义：金属材料所受的作用力（外力）。
(2) 载荷的分类
静载荷：载荷大小或方向不随时间变化或变化缓慢。
冲击载荷：突然施加在金属材料上的载荷。
交变载荷：载荷大小或方向随时间变化。

3. 内力、应力

(1) 内力：材料在外载荷的作用下，其内部的一部分对另一部分的作用力。
内力与外力的关系：内力与外力大小相等，随外力的增大而增大。
(2) 应力 σ：单位横截面面积上的内力。
定义式： $$\sigma = F/S$$

单位：Pa（或 MPa）。

4. 两类变形

（1）弹性变形：外力消除后变形消失，金属恢复到原来形状。

（2）塑性变形：外力消除后变形不消失，金属不能恢复到原来形状。

二、强度

强度是指金属材料在静载荷作用下抵抗变形或破坏的能力。

1. 拉伸试验及力-伸长曲线

（1）拉伸试样：分为短试样和长试样两种。

短试样：$L_0 = 5d_0$

长试样：$L_0 = 10d_0$

（2）力-伸长曲线，如图 1-1-1 所示。

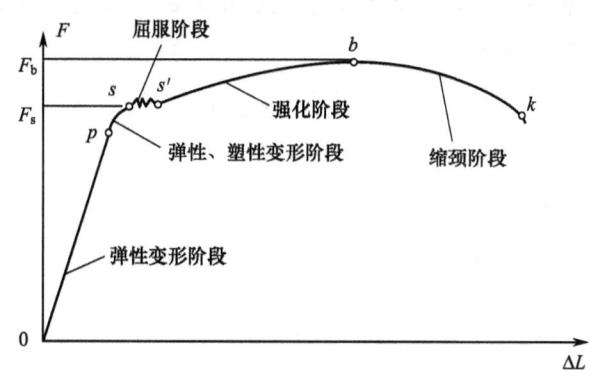

图 1-1-1　力-伸长曲线

2. 强度指标

（1）屈服强度（屈服点）

屈服强度是指在拉伸试验过程中载荷不增加（保持恒定）的情况下，拉伸试样仍然能继续伸长（变形）时的应力。

计算表达式：$$R_{eL} = \frac{F_s}{S_0}$$

式中，R_{eL}——下屈服强度（MPa）；

　　　F_s——屈服点的载荷（N）；

　　　S_0——试样原始横截面积（mm²）。

（2）抗拉强度

抗拉强度是指材料断裂前所能承受的最大抵抗应力。

计算表达式：$$R_m = \frac{F_b}{S_0}$$

式中，R_m——抗拉强度（MPa）；

　　　F_b——试样承受的最大载荷（N）；

　　　S_0——试样原始横截面积（mm²）。

三、塑性

塑性是金属材料在断裂前发生不可逆永久变形的能力。

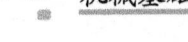

1. 断后伸长率

拉伸试样拉断后的标距伸长量与原始标距的百分比称为断后伸长率，用符号 A 或 $A_{11.3}$ 表示。A 或 $A_{11.3}$ 可用下式计算：

$$A \text{ 或 } A_{11.3} = \frac{L_u - L_0}{L_0} \times 100\%$$

式中，A 或 $A_{11.3}$——断后伸长率（%）；

L_0——试样的原始标距长度（mm）；

L_u——试样拉断后的标距长度（mm）。

注：使用短拉伸试样测定的断后伸长率用符号 A 表示；使用长拉伸试样测定的断后伸长率用符号 $A_{11.3}$ 表示。

2. 断面收缩率

断面收缩率是指拉伸试样拉断后颈缩处横截面积的最大缩减量与原始横截面积的百分比，用符号 Z 表示，计算公式为

$$Z = \frac{(S_0 - S_u)}{S_0} \times 100\%$$

式中，Z——断面收缩率（%）；

S_0——试样原始横截面积（mm²）；

S_u——试样拉断后的最小横截面积（mm²）。

例题解析

【例 1-1-1】 有一直径为 10mm 的低碳钢长试样，在拉伸试验时，当载荷增加到 21kN 时产生屈服现象，试样被拉断前的最大载荷为 29kN，其断后标距是 138mm，断后最小直径为 5.65mm。求此钢的屈服强度、抗拉强度、断后伸长率及断面收缩率。

【要点解析】 直接套用屈服强度、抗拉强度、断后伸长率及断面收缩率的计算公式计算，要注意长试样与短试样的区别。

【解】 屈服强度 $R_{eL} = \dfrac{F_{eL}}{S_0} = \dfrac{21000}{\pi \times 10^2/4} = 267.5\text{MPa}$

抗拉强度 $R_m = \dfrac{F_m}{S_0} = \dfrac{29000}{\pi \times 10^2/4} = 369.4\text{MPa}$

断后伸长率 $A_{11.3} = \dfrac{L_u - L_0}{L_0} \times 100\% = \dfrac{138 - 100}{100} \times 100\% = 38\%$

断面收缩率 $Z = \dfrac{S_0 - S_u}{S_0} \times 100\% = \dfrac{d_0^2 - d_u^2}{d_0^2} \times 100\% = \dfrac{10^2 - 5.65^2}{10^2} = 68\%$

巩固练习

一、判断题

1. 断后伸长率和断面收缩率这两个指标中，断面收缩率更能反映变形的真实程度，所以断面收缩率指标更能准确地表达材料的塑性。（ ）

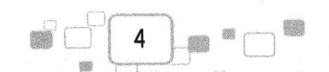

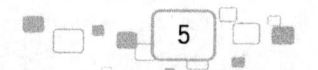

2. 金属材料在冲击载荷作用下，抵抗塑性变形或断裂的能力称为塑性。（   ）
3. 金属材料的伸长率和断面收缩率数值越大，表示材料强度越高。（   ）
4. 由于金属材料具有一定的强度，有利于某些成形工艺、修复工艺、装配的顺利完成。（   ）
5. 拉伸试验时，试样拉断前能承受的最大应力称为材料的屈服强度。（   ）
6. 金属的强度越好，其锻造性能就越好。（   ）
7. 所有金属材料拉伸试验时都会发生屈服现象。（   ）
8. 塑性材料发生疲劳断裂时会有明显的塑性变形，而脆性材料发生疲劳断裂时没有明显的塑性变形。（   ）
9. 塑性好的金属材料可以发生大量塑性变形而不破坏，因此可以通过塑性变形加工成复杂形状的零件。（   ）

二、选择题

10. 金属材料的伸长率和断面收缩率数值越大，表示材料的（   ）。
   A. 硬度越大　　　　B. 导热性好　　　　C. 塑性差　　　　D. 塑性好
11. 一标准长试样横截面积为 78.5mm²，拉断后测得其长度为 120mm，则其伸长率为（   ）。
   A. 20%　　　　　　B. 140%　　　　　C. 16.7%　　　　D. 以上都不对
12. 由于金属材料具有一定的（   ），有利于某些锻压工艺、修复工艺、装配的顺利完成。
   A. 强度　　　　　　B. 塑性　　　　　C. 硬度　　　　　D. 韧性
13. 金属的（   ）越好，其锻造性能就越好。
   A. 硬度　　　　　　B. 塑性　　　　　C. 弹性　　　　　D. 强度
14. 下列材料中在拉伸试验时，不产生屈服现象的是（   ）。
   A. 纯铜　　　　　　B. 低碳钢　　　　C. 铸铁
15. 大小、方向或大小和方向随时间发生周期性变化的载荷叫（   ）。
   A. 冲击载荷　　　　B. 静载荷　　　　C. 交变载荷
16. 零件在工作中所承受的应力，不允许超过抗拉强度，否则会产生（   ）现象。
   A. 弹性变形　　　　B. 断裂　　　　　C. 塑性变形　　　D. 屈服

三、填空题

17. 按性质划分，载荷可分为_____载荷、_____载荷、_____载荷。
18. 大小不变或变化很缓慢的载荷称为_____载荷，在短时间内以较高速度作用于零件上的载荷称为_____载荷，大小、方向或大小和方向随时间发生周期性变化的载荷称为_____载荷。
19. 工件收到外载荷作用时，在材料内部产生的一种_____力，称为内力。内力的大小与外力_____。
20. 杆件在载荷的作用下，_____的内力称为应力。
21. 强度是金属材料在_____作用下抵抗变形或破坏的能力，强度指标主要有_____强度和_____强度。金属材料的强度指标可以通过_____试验测定。
22. 屈服强度是指在拉伸试验过程中_____的情况下，拉伸试样仍然能继续伸长时的_____。

23. 材料_____前所能承受的最大抵抗应力，称为抗拉强度。

24. 塑性是金属材料在断裂前发生_____的能力。表征塑性的指标有_____和_____。

25. 拉伸试验时，试样直径为 d_0，试样标距长度为 L_0，则长试样的 d_0 和 L_0 的关系为_____，短试样的 d_0 和 L_0 的关系为_____。

26. 金属材料的塑性对零件的加工和使用具有重要的意义，塑性_____的金属材料容易进行锻压、轧制成形加工。

四、计算题

27. 某厂购进 40 钢一批，按国家标准规定，它的力学性能指标应不低于下列数值：屈服强度≥320Mpa、抗拉强度≥540Mpa、伸长率≥19%、断面收缩率≥45%。验收时，将 40 钢制造成 $d_0=10mm$ 的短试样做拉伸试验，测得 $F_s=25000N$、$F_b=42000N$、拉断后长度为 56.0mm、拉断后截面直径为 6.0mm。试计算这批钢材是否符合要求。

1.2 硬度、韧性和疲劳强度

 学习目标

1. 了解硬度、韧性和疲劳强度的概念。
2. 了解布氏硬度、洛氏硬度、维氏硬度试验的应用。

 内容提要

一、硬度

硬度是指金属材料抵抗局部变形的能力。常用的硬度测试方法有布氏硬度实验法、洛氏硬度实验法、维氏硬度实验法。

1. 布氏硬度

（1）试验原理：加压→保持→卸载→测压痕直径→查表求布氏硬度值，如图 1-2-1 所示。

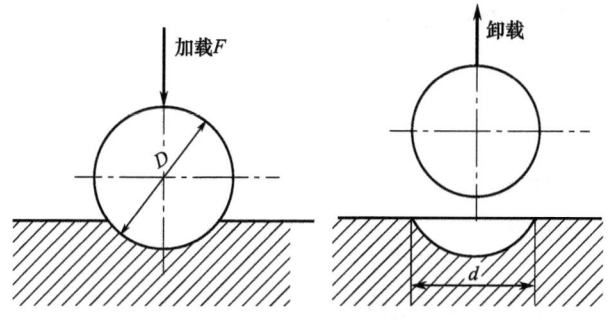

图 1-2-1 布氏硬度试验原理

（2）符号

HBW——硬质合金球压头。

HBS——淬硬钢球压头。

（3）标注方法举例

150HBW10/1000/30 表示压头直径为 10mm 的硬质合金球，在 1000kgf 试验力的作用下，保持 30s 时测得的布氏硬度值为 150。

（4）特点

① 试验力大，压痕大，准确性高；

② 测量效率低；

③ 不宜测定太小或太薄的试样；

④ 不宜测高硬度材料；

⑤ 不宜测成品。

（5）应用：较软材料（铸铁、非淬火钢等）、较厚件及非成品。

2. 洛氏硬度

（1）试验原理：加压→保持→卸载→测压痕深度→从表盘读取洛氏硬度值，如图 1-2-2 所示。

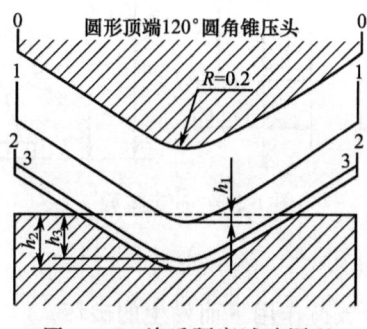

图 1-2-2 洛氏硬度试验原理

（2）符号

HRA——A 标尺洛式硬度，测很硬的材料（如硬质合金）。

HRB——B 标尺洛式硬度，测较软的材料（如非淬火钢、有色金属）。

HRC——C 标尺洛式硬度，测中等硬度的材料（如一般淬火钢）。

（3）标注方法举例

50HRC 表示用 C 标尺测定的洛氏硬度值为 50。

45HRA 表示用 A 标尺测定的洛氏硬度值为 45。

(4) 特点

① 测量迅速简便，效率高；

② 试验力小，压痕小；

③ 可测定各种材料的硬度；

④ 可测定较薄工件的硬度；

⑤ 可测成品；

⑥ 测量精度低，需多次测量取平均值。

(5) 应用

应用广泛，适于测各种材料，其中，HRC 最常用，用于测一般淬火钢、成品及较薄件。

3. 维氏硬度

(1) 测定原理：与布氏硬度的测定原理相似。

(2) 符号：HV。

(3) 标注方法举例：640HV。

(4) 特点：试验时所加的载荷较小，压入深度浅，可测量较薄材料和表面硬化层的硬度值。但测试繁琐，效率低，应用较少。

二、韧性

(1) 概念：材料抵抗冲击载荷作用而不破坏的能力。

(2) 表达参数：冲击韧度 α_k ——冲断试样时，断口单位横截面积所消耗的冲击吸收功，如图 1-2-3 所示。即

$$\alpha_k = G(H - h)/S_0$$

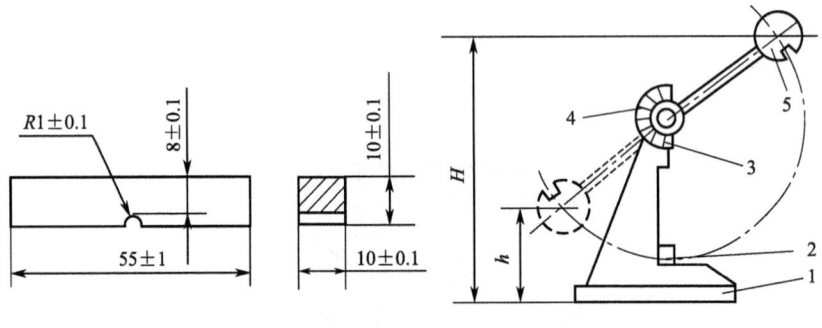

图 1-2-3　冲击试验

三、疲劳强度

(1) 疲劳破坏：材料在交变载荷作用下而发生的破坏。

(2) 疲劳破坏的特点

① 断裂前无明显塑性变形，是突然发生的；

② 零件最主要的失效形式（占 80% 以上）；

③ 引起疲劳破坏的应力很低。

(3) 疲劳强度：材料在交变应力作用下经受无限多次循环而不疲劳断裂的最大应力。

含义：反映材料抵抗交变载荷而不破坏的能力。

巩固练习

一、判断题

1. 布氏硬度主要适用于测定灰铸铁、有色金属、各种软钢等硬度不是很高的材料。（　　）
2. 硬度反映金属材料抵抗局部塑性变形能力。（　　）
3. 铸铁的硬度测定用常用布氏硬度试验法。（　　）
4. 拉伸试验可测量材料的强度、硬度、塑性。（　　）
5. 一般的淬火钢硬度常用布氏硬度测量法测量。（　　）
6. 洛氏硬度 HRC 常用于测量硬质合金等很硬的金属材料。（　　）
7. 冲击韧性表示材料抵抗冲击载荷作用而不破坏的能力。（　　）
8. 疲劳断裂是突然发生的，具有很大的危险性。（　　）
9. 布氏硬度测量时，在相同条件下，压痕直径越大，布氏硬度值越大。（　　）

二、选择题

10. 反映金属材料抵抗局部塑性变形能力的指标是（　　）。
    A. 延伸率　　　　　B. 强度　　　　　C. 断面收缩率　　　　　D. 硬度
11. 现需测定某铸件的硬度，一般应选用（　　）来测试。
    A. 布氏硬度计　　　B. 洛氏硬度计　　C. 维氏硬度计
12. 金属的（　　）越好，其锻造性能就越好。
    A. 硬度　　　　　　B. 塑性　　　　　C. 弹性　　　　　　　D. 强度
13. 齿轮的点蚀属于（　　）。
    A. 疲劳破坏　　　　B. 拉伸破坏　　　C. 弯曲破坏　　　　　D. 剪切破坏
14. 机械零件失效中大约有 80％ 以上属于（　　），这种破坏前没有明显的变形是突然性。
    A. 疲劳破坏　　　　B. 剪切破坏　　　C. 弯曲破坏

三、填空题

15. 硬度是指金属材料抵抗_____变形的能力。常见的硬度试验法有_____硬度试验法、_____硬度试验法、_____硬度试验法。
16. 布氏硬度的试验原理是用一定直径的_____球，以匹配的试验力压入试样表面，保持规定的_____后，卸除试验力，测量试样表面的_____，然后根据_____计算其硬度值的方法。
17. 150HBW10/1000/30 表示用压头直径为_____的硬质合金球，在_____试验力的作用下，保持_____s 时测得的布氏硬度值为_____。
18. 布氏硬度试验的特点是压痕大，测量_____（准确、不准确），但对表面损伤_____，_____（宜、不宜）测定太小或太薄的试样，测量效率_____。布氏硬度试验主要用于测定硬度_____的材料，如_____。布氏硬度试验_____（宜、不宜）测量成品。
19. 洛氏硬度试验是根据_____确定其硬度值。洛氏硬度按所选用的总载荷及压头类型的不同，常用_____、_____、_____三种标尺，其中，常用的是_____标尺。
20. 洛氏硬度标尺 HRA 常用于测量_____材料，如_____；洛氏硬度标尺 HRB 常用于测量_____的材料，如_____；洛氏硬度标尺 HRC 常用于测量_____的材料，如_____。

21. 50HRC 表示用_____标尺测定的洛氏硬度为_____。

22. 洛氏硬度试验效率____，压痕____，适用范围_____，准确性_____，需多次测量取_____值。

23. 维氏硬度用符号_____表示，其测量原理与_____硬度类似。

24. 冲击韧性表示材料抵抗_____载荷作用而不破坏的能力。材料的冲击韧性一般在冲击试验机上进行测试，测得试样在冲断时断口_____所消耗的_____，常用_____符号表示，该符号的名称为_____。

25. 金属材料在_____应力作用下，能经受_____次循环而不断裂的最大_____值称为金属材料的疲劳强度。

第 2 章 钢及其热处理

考纲要求

◇ 了解非合金钢的分类；掌握非合金钢牌号的含义及应用。
◇ 掌握非合金钢常用热处理的工艺方法。
◇ 掌握非合金钢常用热处理的目的。
◇ 了解低合金钢、合金钢牌号的含义及应用。

2.1 非合金钢

1. 了解非合金钢的分类。
2. 掌握非合金钢牌号的含义及应用。

一、概述

钢的分类（按化学成分）：非合金钢、低合金钢和合金钢。其中，非合金钢也称碳素钢或碳钢。

碳素钢：碳的质量分数在 2.11% 以下，且不含特意加入合金元素的铁碳合金。

二、杂质元素

1. 硅（Si）、锰（Mn）

硅、锰是炼钢时由脱氧剂带入，其属于有益元素，可提高钢的强度和硬度。

2. 硫（S）、磷（P）

硫、磷是炼钢时由生铁（炼铁原料）带入，其属于有害元素，其中，硫会使钢产生"热脆"，磷会使钢产生"冷脆"。

三、非合金钢的分类

1. 按碳的质量分数（含碳量）分类

（1）低碳钢：$W_C \leqslant 0.25\%$。
（2）中碳钢：$0.25\% < W_C < 0.6\%$。

(3) 高碳钢：$W_C \geq 0.6\%$。

注：相同条件下的一定范围内，含碳量越低，钢的塑性、韧性越好，强度、硬度越低。

2. 按质量等级分类（根据钢中的硫、磷含量来划分）

(1) 普通质量钢。

(2) 优质钢。

(3) 特殊质量钢（高级优质钢）。

3. 按用途分类

(1) 碳素结构钢：用于制造各种机械零件和工程结构件，$W_C < 0.7\%$。

(2) 碳素工具钢：用于制造工具，如刀具、模具、量具等，$W_C > 0.7\%$，属于优质或高级优质钢。

4. 按脱氧方法不同分类

(1) 沸腾钢（F）。

(2) 镇静钢（z）。

(3) 半镇静钢（b）。

四、常用非合金钢

1. 普通质量碳素结构钢

(1) 牌号

代表屈服强度字母 Q、最小屈服强度数值（MPa）、质量等级符号、脱氧方法符号组成，其中，质量等级分 A、B、C、D 四级。例如 Q235—A·F。

(2) 应用

常用于制造建筑、桥梁构件及受力不大的机械零件。

2. 优质碳素结构钢

(1) 牌号

用两位数字，表示平均碳的质量分数的万分数。例如，40 钢表示平均碳的质量分数为 0.4% 的优质碳素结构钢。

(2) 应用

应用广泛，常用于各种机械零件。具体为：

低碳钢（08～25）：强度、硬度低，塑性、韧性好，用于焊接件、冲压件、渗碳件；

中碳钢（30～55）：综合性能好，最常用，多用于调质钢；

高碳钢（60 以上）：强度、硬度高，塑性、韧性差，用于弹性元件、耐磨件。

3. 碳素工具钢

(1) 牌号

用"T＋数字"表示，其中数字表示平均碳的质量分数的千分数。例如，T8 表示平均碳的质量分数为 0.8% 的碳素工具钢。

(2) 应用

用于制造刀具、量具和模具。

注：① 碳素工具钢的平均碳的质量分数 $W_C > 0.7\%$；

② 碳素工具钢属于优质或高级优质钢。

巩固练习

一、判断题

1. 碳素钢中的 Si、Mn 等元素由于能提高钢的强度、硬度，且 Mn 宜于与 S 形成 MnS，因此 Si、Mn 元素属于有益元素。（   ）
2. 钢中的含硫量增加，其钢的热脆性增加。（   ）
3. 碳素钢按质量等级划分主要根据是钢中的锰、硅含量。（   ）
4. 磷元素容易导致钢材在热加工时产生开裂现象，硫元素容易导致钢材在低温时产生低温脆性现象。（   ）
5. 碳素工具钢主要用于制造工具，其属于优质或高级优质钢，也属于高碳钢。（   ）
6. 在相同条件下，与 15 钢相比，45 钢的强度、硬度较高，但塑性、韧性较差。（   ）
7. 硅、锰是钢的有益元素，能降低钢的强度和硬度。（   ）
8. 碳素工具钢含碳量均在 0.7% 以上，都是优质钢或高级优质钢。（   ）

二、选择题

9. 普通、优质、高级优质钢是按钢的（   ）进行划分的。
   A. 含碳量　　　　　B. Mn 和 Si 的含量　　　C. S 和 P 的含量　　　D. 用途
10. 机械制造中，T10 钢常用来制造（   ）。
   A. 容器　　　　　　B. 刀具　　　　　　　　C. 轴承　　　　　　　D. 齿轮
11. 45 钢的平均含碳量为（   ）。
   A. 0.45%　　　　　B. 4.5%　　　　　　　　C. 45%
12. 下列材料中，适合制造锉刀的是（   ）。
   A. 20 钢　　　　　　B. 60 钢　　　　　　　　C. GCr15　　　　　　D. T12
13. T12 钢的平均含碳量为（   ）。
   A. 0.12%　　　　　B. 1.2%　　　　　　　　C. 12%
14. 下列钢的牌号中，适于制造锉刀的是（   ），适于制造锯条的是（   ），适于制造錾子的是（   ）。
   A. T8　　　　　　　B. T10　　　　　　　　C. T12
15. 下列材料中，适合制造弹簧的是（   ）。
   A. 20 钢　　　　　　B. 60 钢　　　　　　　　C. GCr15　　　　　　D. T12
16. 对钢性能产生热脆性的元素是（   ）。
   A. 硫　　　　　　　B. 磷　　　　　　　　　C. 硅　　　　　　　　D. 锰

三、填空题

17. 碳素钢中的杂质元素主要有____、____、____、____，其中，____、____属于有益元素，____、____属于有害元素，____会使钢产生热脆，____会使钢产生冷脆。
18. 碳素钢按碳的质量分数大小分类，可分为_____钢、_____钢和_____钢。
19. 低碳钢指碳的质量分数_____的铁碳合金，中碳钢指碳的质量分数_____的铁碳合金，高碳钢指碳的质量分数_____的铁碳合金。
20. 碳素钢按质量等级分为_____钢、_____钢、_____钢，其划分的主要依据是钢中的_____含量。

21. 碳素钢按用途可分为碳素_____钢和碳素_____钢。前者主要用于制造_____，其碳的质量分数一般_____。后者主要用于制造_____，其碳的质量分数一般_____。

22. 碳素钢按脱氧方法不同，可分为_____钢、_____钢、_____钢和特殊镇静钢。

23. 碳素结构钢的牌号由代表_____的字母 Q、_____数值、_____符号、_____方法符号四部分顺序组成。如 Q235—A·F 表示_____的碳素结构钢。

24. 优质碳素结构钢的牌号用_____位阿拉伯数字表示，数字表示该钢的平均_____的质量分数的万分数。如 40 钢表示_____的优质碳素结构钢。

25. 优质碳素结构钢中，低碳钢的强度、硬度_____，塑性、韧性_____，适于制造_____件、_____件、_____件；中碳钢经_____热处理后能获得较好的_____力学性能；高碳钢具有强度_____、硬度_____、弹性_____的特点，但塑性、韧性_____，适于制造_____元件和_____件。

26. 碳素工具钢平均碳的质量分数都在_____以上，而且按质量分，此类钢属于_____钢。

27. 碳素工具钢的牌号以字母_____加数字组成。如 T8 表示平均含碳量为_____的碳素工具钢。

28. 说明下列钢号的具体含义：

Q235—A·F _____。
20 _____。
45 _____。
T10 _____。
T12A _____。

29. 现有如下钢：08F、15、35、45、60、65、T10、T12A、Q235，其中属于低碳钢的是_____，属于中碳钢的是_____，属于高碳钢的是_____，属于优质钢的是_____，属于高级优质钢的是_____，属于工具钢的是_____。适于制造冲压件、渗碳件的是_____，适于制造锉刀、锯条的是_____，适于制造弹簧零件的是_____，调质后综合力学性能较好的是_____。

2.2 钢的热处理

 学习目标

1. 掌握非合金钢常用热处理的工艺方法。
2. 掌握非合金钢常用热处理的目的。

一、概述

1. 钢的热处理过程

钢的热处理包含加热→保温→冷却三个过程。

2. 钢的热处理作用

钢的热处理是为了获得预期的组织与性能。其中加热目的：获得奥氏体（对多数热处理）；保温目的：奥氏体均匀化；冷却方式：取决于热处理方法（相同条件下，冷却越快，强度、硬度越高）。

3. 热处理方法

普通热处理：退火、正火、淬火、回火。

表面热处理：表面淬火、化学热处理。

二、钢的退火

1. 概念

钢的退火是指加热（临界温度以上）→保温→缓慢冷却（随炉冷却）的热处理的方法。

2. 退火目的

(1) 降低硬度，以利于切削加工。

(2) 提高塑性和韧性，以利于冷变形加工。

(3) 消除残余内应力，防止变形与开裂。

(4) 为后续热处理做好组织准备。

3. 退火的种类

(1) 完全退火：用于 $w_C < 0.77\%$ 钢。

(2) 球化退火：用于 $w_C \geqslant 0.77\%$ 钢（如工具钢、滚动轴承钢等）。

(3) 去应力退火：为了消除残余应力。

注：去应力退火的加热温度低于临界温度，组织不发生变化。

三、钢的正火

1. 概念

钢的正火是指加热（临界温度以上）→保温→空气中冷却（空冷）的热处理方法。

2. 正火目的

(1) 对于低碳钢：提高硬度，改善切削加工性。

(2) 对于中碳钢：代替调质处理，综合性能较好。

(3) 对于高碳钢：消除网状碳化物，为后续热处理作准备。

注：与退火相比，正火后的强度、硬度较高，操作简便，生产周期短，成本低，在可能的条件下宜用正火代替退火。

四、钢的淬火

1. 概念

钢的淬火是指加热（临界温度以上）→保温→快速冷却的热处理方法。淬火时的冷却介质有油、水、盐水、碱水等。

2. 淬火目的

淬火目的是为了获得马氏体，提高硬度、强度和耐磨性。

3. 两个重要概念

（1）淬硬性：钢淬火后达到的最高硬度。

影响因素：含碳量。

（2）淬透性：钢淬火后获得淬硬层深度的能力。

影响因素：化学成分和临界冷却速度。

五、钢的回火

1. 概念

钢的回火是指加热（临界温度以下）→保温→冷却（空冷）的热处理方法。

2. 回火目的

（1）减少或消除淬火时产生的内应力。

（2）稳定组织与尺寸。

（3）调整钢的性能。

3. 回火的分类

（1）低温回火（150℃～250℃）。

目的：降低内应力，提高韧性，保持高硬度和耐磨性。

应用：要求硬而耐磨的零件（如，刀具、量具、模具、滚动轴承等）。

（2）中温回火（250℃～500℃）。

目的：获得高的弹性。

应用：热锻模具、弹性零件（如，弹簧、发条）。

（3）高温回火（500℃～650℃）。

目的：获得优良的综合力学性能。

应用：要求综合力学性能好的零件。

注：淬火＋高温回火＝调质。

六、钢的表面热处理

钢的表面热处理的作用是使金属材料获得外硬内韧的性能。它包括表面淬火和化学热处理两种热处理方法。

1. 表面淬火

表面淬火是指仅对工件表面层进行淬火，而心部仍保持未淬火状态的热处理方法。

表面淬火有火焰加热表面淬火、感应加热表面淬火两种。火焰加热表面淬火特点：效率低，质量不稳定，适于单件生产；感应加热表面淬火特点：效率高，质量好，适于批量生产。

适合表面淬火热处理的材料：中碳钢或中碳合金钢。

2. 化学热处理

将工件置于活性介质中加热、保温、冷却，使一种或几种元素渗入钢件表层，以改变钢件表面层的化学成分、组织和性能。

（1）化学热处理过程

① 分解：化学介质分解出活性原子；
② 吸收：活性原子被工件表面吸收；
③ 扩散：活性原子由表面向中心扩散。
(2) 常用的化学热处理
① 渗碳。适用材料：低碳钢或低碳合金钢（渗碳钢）。
注：渗碳后需安排淬火＋低温回火，以获得外硬内韧。
② 氮化（渗氮）。适用材料：渗氮钢（渗氮专用钢）。

七、热处理工艺位置

零件的典型工艺路线：毛坯→预备热处理→切削粗加工→最终热处理→精加工→成品。

1. 预备热处理

(1) 目的：改善切削性能，消除内应力等。
(2) 种类：退火、正火等。

2. 最终热处理

目的：达到零件最终的性能要求。

巩固练习

一、判断题

1. 退火状态（接近平衡组织）下的 45 钢比 20 钢的塑性和强度都高。（　　）
2. 高温回火主要用于弹性零件及热锻模具等。（　　）
3. 将 65 钢进行淬火处理，由于含碳量高，故淬透性一定好。（　　）
4. 淬透性好的材料，其淬火后的硬度就越高。（　　）
5. 表面热处理不仅改变钢表面的组织结构，也改变钢材表面的化学成分。（　　）
6. 一般要求高硬度、高耐磨的零件，可进行淬火后高温回火。（　　）
7. 退火是将钢加热到适当温度，保持一定时间，然后在空气中冷却。（　　）
8. T12 钢、60 钢、滚动轴承钢宜采用球化退火。（　　）
9. 正火是将钢加热到适当温度，保持一定时间后随炉冷却。（　　）
10. 调质处理就是淬火后进行低温回火。（　　）
11. 锉刀、锯条等工具适宜完全退火。（　　）
12. 65 钢可制造弹簧，常采用淬火＋中温回火的热处理。（　　）

二、选择题

13. 用 45 钢制造的一传动轴，要求表面有高硬度心部具有好的韧性，应采用（　　）热处理。
    A. 渗碳＋淬火＋低温回火　　　　　　B. 表面淬火＋低温回火
    C. 表面渗氮　　　　　　　　　　　　D. 表面氰化处理
14. 用 45 钢制造的齿轮，要求具有优良的综合力学性能，应采用（　　）热处理。
    A. 渗碳＋淬火＋低温回火　　　　　　B. 表面淬火＋低温回火
    C. 完全退火　　　　　　　　　　　　D. 调质
15. 为了改善 T10 钢的切削加工性能，应采用（　　）热处理。
    A. 正火　　　　B. 球化退火　　　　C. 完全退火　　　　D. 调质

16. 用 65 钢制造弹簧，应采用（　　）热处理。
　A. 淬火 + 低温回火　　　　　　　　B. 淬火 + 中温回火
　C. 渗碳淬火 + 中温回火　　　　　　D. 调质

17. 用 15 钢制造的凸轮，要求表面有高硬度心部具有好的韧性，应采用（　　）热处理。
　A. 渗碳 + 淬火 + 低温回火　　　　　B. 表面淬火 + 低温回火
　C. 表面渗氮　　　　　　　　　　　D. 表面氰化处理

18. 与 40 钢相比，40Cr 钢的（　　）。
　A. 淬透性好　　　B. 淬透性差　　　C. 淬硬性好　　　D. 淬硬性差

19. 零件渗碳后，一般需经过（　　）才能达到表面硬度高而且耐磨的目的。
　A. 淬火 + 低温回火　　　　　　　　B. 正火
　C. 调质　　　　　　　　　　　　　D. 淬火 + 高温回火

20. 一般来说，回火钢的性能只与（　　）有关。
　A. 含碳量　　　B. 加热温度　　　C. 冷却速度　　　D. 保温时间

三、填空题

21. 钢的热处理是采用适当的方式对金属材料或工件进行_____、_____和_____，以获得预期的_____与_____的工艺。

22. 退火是将钢加热到适当温度，保持一定时间，然后_____冷却的热处理工艺。

23. 钢的正火工艺是将其加热到一定温度，保温一段时间，然后在_____中冷却。

24. 退火可以使材料硬度_____，以利于切削加工；塑性和韧性_____，以利于冷变形加工；能使残余内应力_____，防止变形与开裂。

25. 淬火是将钢加热到适当温度，保持一定时间，然后_____冷却的热处理工艺。最常见的冷却介质有_____、_____、_____、_____。

26. 淬火的目的是获得_____组织，提高钢的_____、_____和耐磨性。

27. 淬硬性是指钢经淬火后达到的_____，其主要取决于钢中的_____。

28. 淬透性是指钢经淬火后获得淬硬层_____的能力。淬透性主要取决于钢的_____和_____。

29. 一般来说，含碳量相同的碳素钢与合金钢的淬硬性_____（有、没有）差别，而合金钢的淬透性_____（高于、低于）碳素钢。

30. 钢在淬火后，必须配以适当的_____热处理。

31. 回火后，淬火钢的性能取决于_____。

32. 按回火温度范围，可将回火分为_____回火、_____回火、_____回火。

33. 工具钢、滚动轴承、冷作模具等要求硬而耐磨的零件采用_____回火，弹性零件采用_____回火，要获得较好的综合力学性能可采用_____回火。

34. 调质是指_____。

35. 表面淬火目的是使工件表面具有_____，而心部具有足够的_____。

36. 常用的表面淬火有_____表面淬火、_____表面淬火。

37. 化学热处理的过程包括化学介质的_____、_____、_____。

38. 滚动轴承的预备热处理为_____，最终热处理为_____。

39. 某齿轮采用 20 钢制造，为改善其切削加工性能，则预备热处理为_____，为获得外硬内韧的性能，则其最终热处理为_____。

2.3 低合金钢和合金钢

1. 了解低合金钢、合金钢牌号的含义。
2. 了解低合金钢、合金钢牌号的应用。

低合金钢、合金钢：在碳钢的基础上加入其他合金元素的钢。

一、低合金钢

常用的是低合金高强度结构钢，其牌号由代表屈服强度的 Q、最低屈服强度数值、质量等级符号（A、B、C、D、E）、脱氧方法符号（F、b、Z）组成。

例如，Q390A·F。

二、合金钢

1. 按性能及使用特性分类

（1）合金结构钢：主要用于制造重要机械零件。

（2）合金工具钢：主要用于制造重要的刃具、量具和模具。

（3）特殊性能钢：具有特殊的物理、化学性能的钢。

2. 牌号

（1）合金结构钢的牌号："两位数字＋元素符号＋数字"，其中，前面的两位数字表示钢的平均含碳量（万分数），后面的数字表示合金元素平均含量（百分数）。当合金元素含量小于 1.5% 时，不标明含量。

例如，60Si2Mn，20CrMnTi，40Cr。

（2）合金工具钢的牌号：与合金结构钢相似，区别在于用一位数字表示平均含碳量（千分数），且含碳量≥1% 时不标出。

例如，9SiCr，Cr12MoV，W18Cr4V。

（3）滚动轴承钢的牌号："GCr＋数字"，其中，G 表示滚动轴承钢，数字表示铬含量（千分数）。

例如，GCr15，GCr15SiMn。

3. 常见合金结构钢

（1）合金渗碳钢

合金渗碳钢是用于制造渗碳零件的合金钢，其属于低碳钢（$W_C = 0.1\% \sim 0.25\%$），例如，20CrMnTi。最终热处理一般采用渗碳淬火＋低温回火。

（2）合金调质钢

合金调质钢属于中碳钢（$W_C = 0.25\% \sim 0.50\%$），例如，40Cr。其调质后可获得优良的综合力学性能。

(3) 合金弹簧钢

合金弹簧钢是用于制造弹簧的专用结构钢,其含碳量为 0.45%～0.75%,例如,60Si2Mn。

(4) 滚动轴承钢

滚动轴承钢是一种含 Cr 的合金钢,用于制造滚动轴承的滚动体和内、外圈,也可制造各种工具和耐磨零件。其含碳量为 0.95%～1.15%,例如,GCr15。

滚动轴承钢的预备热处理一般采用球化退火,最终热处理采用淬火+低温回火。

巩固练习

一、判断题

1. 金属材料 GCr15 是滚动轴承钢,用它也可以制作量具。(　　)
2. GCr9 中的 Cr 质量百分数为 9%。(　　)
3. 合金弹簧钢经淬火后一般进行高温回火处理。(　　)
4. 20CrMnTi 是应用最广的合金渗碳钢,其渗碳处理后需进行淬火和低温回火处理。(　　)
5. 与 40 钢相比,相同条件下,40Cr 钢淬火后硬度更高。(　　)
6. 与 40 钢相比,相同条件下,40Cr 钢的淬透性好。(　　)
7. 40Cr 钢属于调质钢,为了获得"外硬内韧"的力学性能,常采用调质热处理。(　　)
8. 60Si2Mn 钢的平均含碳量约为 0.06%。(　　)

二、选择题

9. 某汽车制造厂要给汽车变速齿轮选材,最合适的材料是(　　)。
   A. T8　　　　　B. GCr15　　　　C. 20CrMnTi　　　D. 60Si2Mn
10. 下列材料中,适合作汽车板弹簧的是(　　)。
    A. 20 钢　　　B. 60Si2Mn　　　C. GCr15　　　　D. T12
11. 用 20CrMnTi 钢制造的一传动轴,要求表面有高硬度心部具有好的韧性,应采用(　　)热处理。
    A. 渗碳+淬火+低温回火　　　　B. 表面淬火+低温回火
    C. 表面渗氮　　　　　　　　　D. 表面氰化处理
12. 用 GCr15 钢制造滚动轴承,最终热处理为(　　)。
    A. 淬火+高温回火　B. 淬火+中温回火　C. 淬火+低温回火　D. 淬火
13. GCr15SiMn 钢的含铬量是(　　)。
    A. 15%　　　　B. 1.5%　　　　C. 0.15%　　　　D. 0.015%
14. GCr15 材料的预备热处理为(　　)。
    A. 调质　　　　B. 球化退火　　　C. 完全退火　　　D. 正火
15. 10Cr 属于合金(　　)。
    A. 调质钢　　　B. 渗碳钢　　　　C. 弹簧钢　　　　D. 轴承钢
16. 下列材料,适宜制造滚动轴承的是(　　)。
    A. T8　　　　　B. GCr15　　　　C. 20CrMnTi　　　D. 60Si2Mn
17. 用 40Cr 钢制造齿轮,要求优良的综合力学性能,应采用(　　)热处理。

A. 渗碳＋淬火＋低温回火　　　　　　B. 表面淬火＋低温回火
C. 表面渗氮　　　　　　　　　　　　D. 调质

18. 用 60Si2Mn 钢制造弹簧，预备热处理为（　　）。
A. 调质　　　B. 球化退火　　　C. 完全退火　　　D. 正火

三、填空题

19. 低合金高强度结构钢的牌号由代表_____字母 Q、_____数值、_____符号、_____符号四个部分按顺序组成。如 Q390A·F 表示_____的低合金高强度结构钢。

20. 合金结构钢的牌号采用"_____位数字＋元素符号＋数字"表示。60Si2Mn 表示平均含碳量为_____；含硅量约为_____，含锰量_____。

21. 合金渗碳钢要达到外硬内韧，需进行_____热处理。

22. 合金调质钢经_____处理后具有高强度和高韧性相结合的良好的综合力学性能。

23. 合金弹簧钢是用于制造_____的专用结构钢。

24. 滚动轴承钢是制造各种_____的专用钢，其预备热处理为_____，最终热处理为_____。

25. 在 20CrMnTi、40Cr、60Si2Mn、GCr15 几种材料中，属于合金调质钢的是_____，属于合金渗碳钢的是_____，属于合金弹簧钢的是_____，属于滚动轴承钢的是_____。

26. 某齿轮采用 40Cr 钢制造，为改善其切削加工性能，则其预备热处理为_____，为获得优良的综合力学的性能，其最终热处理为_____。

27. 某齿轮采用 20CrMnTi 钢制造，为改善其切削加工性能，则预备热处理为_____，为获得外硬内韧的性能，则其最终热处理为_____。

28. 某滚动轴承采用 GCr12 钢制造，其预备热处理为_____，最终热处理为_____。

第 3 章 铸铁、铸钢及有色金属

考纲要求

◇ 了解灰铸铁、球墨铸铁、可锻铸铁的牌号含义及应用。
◇ 了解常用有色金属（铜合金、铝合金）及轴承合金的牌号及应用。

3.1 铸铁和铸钢

 **学习目标**

1. 了解灰铸铁、球墨铸铁、可锻铸铁的牌号含义。
2. 了解灰铸铁、球墨铸铁、可锻铸铁的应用。

 **内容提要**

一、铸铁

1. 概念

铸铁是指碳含量大于 2.11% 的铁碳合金。

2. 特点

与钢相比，铸铁具有如下特点：

① 良好的铸造性、耐磨性、减振性和切削加工性；
② 价格便宜；
③ 塑性、韧性差。

3. 类型

按碳在铸铁中的存在形式，铸铁可分成以下 4 种类型。

(1) 白口铸铁

碳以渗碳体（Fe_3C）的形式存在。特点：断开呈白亮色；硬而脆，不易切削加工。

白口铸铁常作炼钢原料。

(2) 灰铸铁

碳主要以片状石墨的形态存在。特点：断口呈暗灰色；抗拉强度、塑性、韧性差（远不如钢）；铸造性、耐磨性、减振性和切削加工性好；价格低。

灰铸铁的牌号：用"HT + 数字（表示最低抗拉强度）"表示。例如，HT200。

灰铸铁的应用：结构复杂的零件（如机架、箱体）。

（3）可锻铸铁

碳主要以团絮状石墨的形态存在。特点：抗拉强度、塑性、韧性比灰铸铁高，比钢低；可锻铸铁不可锻造。

可锻铸铁的牌号：用"KT＋H、B、Z＋两组数字"来表示，其中KT——可锻铸铁，H——黑心，B——白心，Z——珠光体；数字分别表示最低抗拉强度和最低伸长率。例如，KTH330—08，KTZ550—04。

可锻铸铁的应用：形状复杂的薄壁零件。

（4）球墨铸铁

碳以球状石墨形式存在。特点：力学性能比灰铸铁和可锻铸铁高，与铸钢相近；部分场合可以代替钢。

球墨铸铁的牌号：用"QT＋两组数字"表示，其中QT表示球墨铸铁，数字分别表示最低抗拉强度和最低伸长率。例如，QT400—15。

球墨铸铁的应用：形状复杂、受力复杂的零件（如曲轴）。

二、铸钢

1. 应用特点

铸钢的力学性能优于铸铁，常用于制造形状复杂、综合力学性能要求较高的零件。

2. 类型

（1）铸造碳钢

铸造碳钢的牌号：用"ZG＋两组数字"来表示，其中，ZG表示铸钢，两组数字分别表示最低屈服强度和最低抗拉强度。例如，ZG200—400。

（2）合金铸钢

合金铸钢的牌号：在合金结构钢的牌号前加"ZG"。例如，ZG35SiMn、ZG40Cr。

巩固练习

一、判断题

1. 与钢相比，铸铁具有良好的铸造性、耐磨性、减振性和切削加工性。（　　）
2. 由于铸铁的塑性、韧性较好，能用铸造工艺方法成形零件，也能用压力方法成形零件。（　　）
3. 可锻铸铁因为可以锻造而得名。（　　）
4. 可锻铸铁中的碳主要以片状石墨的形态存在。（　　）
5. 球墨铸铁兼有铸铁和钢的优点，因而得到广泛应用，它可以用来代替部分碳钢。（　　）
6. 球墨铸铁由于生产率低、生产成本高，故现在有被可锻铸铁取代的趋势。（　　）
7. 尺寸不大、强度和韧性要求较高的薄壁零件常用球墨铸铁制造。（　　）
8. 灰铸铁是目前应用最广泛的一种铸铁。（　　）
9. 由于石墨的强度、硬度、塑性、韧性很低，对铁的基体起到割裂的作用，严重降低了铸铁的抗拉强度。（　　）
10. 铸造用碳钢一般用于制造形状复杂，力学性能要求较高的机械零件。（　　）

二、选择题

11. 从灰铸铁的牌号可以看出它的（　　）指标。
   A. 硬度　　　　B. 韧性　　　　C. 塑性　　　　D. 强度

12. 石墨以片状形态存在的铸铁叫做（　　）。
   A. 灰铸铁　　　B. 可锻铸铁　　C. 球墨铸铁　　D. 蠕墨铸铁

13. 某汽车制造厂要给内燃机的曲轴选材，最合适的材料是（　　）。
   A. HT200　　　B. QT500—05　　C. 20CrMnTi　　D. KHT350—10

14. 下列关于铸铁的说法，错误的是（　　）。
   A. 铸造性能好　B. 切削加工性能好　C. 锻造性能好　D. 耐磨性好

15. 可锻铸铁中的石墨以（　　）形态存在。
   A. 片状　　　　B. 团絮状　　　C. 球状　　　　D. 渗碳体

三、填空题

16. 铸铁是碳含量_____的铁碳合金。

17. 与钢相比，铸铁的铸造性_____，耐磨性_____，减振性_____，切削加工性_____，价格_____，塑性_____，韧性_____，_____（能、不能）锻造。

18. 灰铸铁中的碳主要以_____的形态存在。

19. 牌号 HT200 表示_____。

20. 可锻铸铁中的碳主要以_____的形态存在。与灰铸铁相比，可锻铸铁的强度_____，塑性和韧性_____。可锻铸铁_____（可以、不可以）锻造。可锻铸铁常用于制造强度和韧性要求较高的_____零件。

21. 牌号 KTH330—08 中，KTH 表示_____，330 表示_____，08 表示_____。

22. 球墨铸铁是指石墨以_____形式存在的铸铁。与灰铸铁和可锻铸铁相比，球墨铸铁的力学性能_____；与铸钢相比，其抗拉强度、塑性、韧性_____。

23. 牌号 QT450—10 中，QT 表示_____，450 表示_____，10 表示_____。

24. HT200、KHT350—10、QT500—05 中，适宜制造机床床身的是_____，适宜制造汽车后桥外壳的是_____，适宜制造柴油机曲轴的的是_____。

25. 铸钢一般用于制造形状_____、综合力学性能要求_____的零件。

26. ZG200—400 表示_____。

27. 与铸铁相比，铸钢的力学性能较_____。

3.2　有色金属

 学习目标

1. 了解铜合金的牌号及应用。
2. 了解铝合金的牌号及应用。
3. 了解轴承合金的牌号及应用。

 **内容提要**

金属材料分为黑色金属和有色金属两大类。钢铁材料统称为黑色金属，钢铁材料以外的金属材料统称为有色金属。常用的有色金属有铝及铝合金、铜及铜合金和轴承合金等。

一、铝及铝合金

1. 纯铝

平均铝的质量分数不低于 99.00% 的非铁金属称为纯铝。

纯铝主要用于熔炼铝合金，制造导电材料及散热器件。

2. 铝合金

在纯铝中加入一种或几种其他元素（如铜、镁、硅、锰、锌等）形成的非铁金属称为铝合金。

（1）铝合金的分类

铝合金分为变形铝合金和铸造铝合金两类。变形铝合金是通过压力加工使其组织、形状发生变化的铝合金，包括防锈铝、硬铝、超硬铝和锻铝。铸造铝合金是指用铸造成形工艺直接获得零件的铝合金。

（2）铝合金的牌号和用途

① 变形铝合金的牌号和用途。变形铝合金牌号直接引用国际四位数字体系牌号或采用四位字符体系牌号。例如，5A02、2A12、7A04、2A70 等。

变形铝合金具有良好的塑性，常用于压力加工而成形的零件。

② 铸造铝合金的牌号和用途。铸造铝合金的牌号由铝和主要合金元素的化学符号以及表示主要合金元素名义质量百分含量的数字组成，并在其牌号前面冠以"铸"字汉语拼音字母的字首"Z"。例如，ZAlSi12、ZAlCu5Mn、ZAlZn11Si7 等。

铸造铝合金的铸造性能好，常用于各种铸件。

二、铜及铜合金

1. 加工铜（工业纯铜）

加工铜的牌号用"T（'铜'的汉语拼音字首）+数字"表示，数字表示顺序号。顺序越大，则其纯度越低。例如，T3 表示 3 号铜。

加工铜主要用于制造导电材料、导热器件以及作为冶炼合金的原料。

2. 铜合金

铜合金是以铜为基体，加入合金元素的非铁金属。铜合金按其化学成分，可分为黄铜、白铜和青铜三类。根据生产方法的不同，铜合金分为加工铜合金与铸造铜合金两类。

黄铜是指以铜为基体，以锌为主加元素的铜合金。普通黄铜是铜锌二元合金；在普通黄铜中加入其他元素所形成的铜合金称为特殊黄铜，如铅黄铜、锰黄铜、铝黄铜等。

青铜是指主加元素除锌、镍以外元素所形成的铜合金，如以锡为主加合金元素的铜合金称为锡青铜，以铝为主加合金元素的铜合金称为铝青铜。

（1）加工黄铜

① 普通黄铜。普通黄铜的牌号用"H+数字"表示，"H"为"黄"字汉语拼音的字首，"数字"表示平均铜含量的质量分数。

例如，H70 表示铜的质量分数为 70%，锌的质量分数为 30% 的普通黄铜。

② 特殊黄铜。特殊黄铜的牌号是用"H + 主加元素符号 + 平均铜的质量分数 + 主加合金元素平均质量分数"表示。

例如，HPb59—1 表示平均铜的质量分数为 59%，平均铅的质量分数为 1% 的铅黄铜。

(2) 加工青铜

加工青铜的牌号用"Q + 第一个主加元素的化学符号及数字 + 其他元素符号及数字"表示。"Q"是"青"字汉语拼音字首，"数字"依次表示第一个主加元素和其他元素的平均质量分数。

例如，QSn4—3 表示平均锡的质量分数为 4%、平均锌的质量分数是 3%，其余是铜的锡青铜。

(3) 铸造铜合金

铸造铜合金的牌号用"ZCu + 主加元素符号 + 主加元素平均质量分数 + 其他元素符号和平均质量分数"表示。

例如，ZCuZn38 表示平均锌的质量分数为 38% 的铸造黄铜合金。

三、滑动轴承合金（巴氏合金）

滑动轴承合金是用于制造滑动轴承内衬或轴瓦的铸造合金。一般用于中高速、重载及冲击不大、负载稳定的重要轴承。

1. 滑动轴承合金的牌号

滑动轴承合金的牌号用"Z + 基体金属元素符号 + 主加元素化学符号 + 数字 + 辅加合金元素化学符号 + 数字"表示，其中"Z"是"铸"字汉语拼音的字首。

例如，ZSnSb11Cu6 表示平均锑的质量分数为 11%，平均铜的质量分数为 6%，平均锡的质量分数为 83% 的锡基滑动轴承合金。

2. 滑动轴承种类

(1) 锡基滑动轴承合金（锡基巴氏合金）

锡基滑动轴承合金是以锡为基体，加入锑、铜等元素形成的滑动轴承合金。常用的锡基轴承合金有 ZSnSb8Cu4、ZSnSb11Cu6、ZSnSb4Cu4 等。

(2) 铅基滑动轴承合金（铅基巴氏合金）

铅基滑动轴承合金是以铅为基体，加入锑、锡、铜等元素组成的滑动轴承合金。常用的铅基滑动轴承合金有 ZPbSb16Sn16Cu2、ZPbSb15Sn10 等。

(3) 铝基滑动轴承合金（铝基巴氏合金）

铝基滑动轴承合金以铝为基体，加入锑、锡或镁等元素形成的滑动轴承合金。

一、判断题

1. 变形铝合金具有良好的塑性，常用于各种铸件加工。（　　）

2. ZAlSi12 属于变形铝合金，其中硅的含量为 12%。（　　）

3. 普通黄铜是铜锌二元合金。（　　）

4. HPb59—1 表示平均铜的质量分数为 59%，平均铅的质量分数为 1% 的青铜。（　　）

5. 青铜是指主加元素除锌、镍以外元素所形成的铜合金。（　　）

6. QSn4—3 表示平均锡的质量分数为 4%、平均锌的质量分数是 3%，其余是铜的锡青铜。（   ）

7. 滑动轴承合金是用于制造滑动轴承内衬或轴瓦的铸造合金。（   ）

8. ZSnSb11Cu6 属于锡基滑动轴承合金，其锡的质量分数约为 83%。（   ）

9. 铅基滑动轴承合金是以铅为基体，加入锑、锡、铜等元素组成的滑动轴承合金。（   ）

二、选择题

10. H70 表示（   ）。

A. 铜的质量分数为 70%，锌的质量分数为 30% 的普通黄铜

B. 锌的质量分数为 70%，铜的质量分数为 30% 的普通黄铜

C. 铜的质量分数为 70%，锌的质量分数为 30% 的普通青铜

D. 锌的质量分数为 70%，铜的质量分数为 30% 的普通青铜

11. 下列属于铸造铝合金的是（   ）。

A. H60　　　　　B. ZAlZn11Si7　　　C. ZCuZn38　　　　D. ZSnSb8Cu4

12. 下列不属于滑动轴承合金的材料是（   ）。

A. ZPbSb16Sn16Cu2　　B. ZSnSb4Cu4　　C. ZPbSb16Sn16Cu2　　D. ZCuZn38

三、填空题

13. 金属材料分为_____金属和_____金属两大类，其中，钢铁材料统称为_____金属。

14. 铝合金分为_____铝合金和_____铝合金两类。

15. ZAlZn11Si7 表示平均锌的质量分数为_____，平均硅的质量分数为_____的铸造铝合金。

16. 黄铜是指以_____为基体，以_____为主加元素的铜合金。

17. 根据生产方法的不同，铜合金分为_____铜合金与_____铜合金两类。

18. HPb59—1 表示平均_____的质量分数为 59%，平均_____的质量分数为 1% 的_____铜。

19. QSn4—3 表示平均_____的质量分数为 4%、平均_____的质量分数是 3%，其余是铜的_____铜。

20. ZSnSb11Cu6 表示平均锑的质量分数为_____，平均铜的质量分数为_____，平均锡的质量分数为_____的_____滑动轴承合金。

21. ZPbSb16Sn16Cu2 表示平均锑的质量分数为_____，平均锡的质量分数为_____，平均铜的质量分数为_____，平均铅的质量分数为_____的_____滑动轴承合金。

22. 滑动轴承合金是用于制造_____的铸造合金。

第二模块
常用机构

第4章　常用机构概述　　◇/30
第5章　平面连杆机构　　◇/39
第6章　凸轮机构　　　　◇/59

第 4 章

常用机构概述

考纲要求

◇ 了解机械、机器、机构、构件、零件的概念。
◇ 理解机器与机构、构件与零件的区别。
◇ 掌握运动副的概念，熟悉运动副的类型，了解其使用特点，同时能举出应用实例。

4.1 机器、机构、构件、零件

学习目标

1. 了解机械、机器、机构、构件、零件的概念。
2. 能说出机器各组成部分的作用。
3. 能结合实例分析机器、机构、构件、零件间的相互关系。

内容提要

机械是人类进行生产劳动的主要工具，是机器和机构的通称。如汽车、自行车、钟表、照相机、洗衣机、冰箱、空调机、吸尘器等。

一、机器与机构

1. 机器

（1）机器是执行机械运动的装置。从组成部分、运动确定性和功能关系来分析，机器具有三个方面的特征：①任何机器都是由许多实体（构件）组合而成的；②各运动实体（构件）之间具有确定的相对运动；③能代替或减轻人类的劳动，完成有用的机械功或实现能量的转换。

（2）一般机器基本上都是由原动部分、工作部分、传动部分和控制部分组成的，各部分的作用如下。

① 原动部分：机器动力的来源。如电动机、内燃机和空气压缩机。

② 工作部分：直接完成机器工作任务的部分。通常处于整个传动装置的终端，其结构形式取决于机器的用途。如机床的主轴、拖板、工作台等。

③ 传动部分：动力部分的运动和动力传递给工作部分的中间环节。如带传动、齿轮传动、螺旋传动、连杆机构、凸轮机构等。

④ 控制部分：是控制机器启动、停车和变更运动参数的部分。

2. 机构

机构是用来传递运动和力的构件系统。它是多个实体（构件）的组合，各实体（构件）之间具有确定的相对运动，故机构具有机器的前两个特征。

3. 机器和机构的相互关系

通常，机器中包含一个或一个以上的机构。从结构和运动的观点来看，机器和机构两者之间没有区别，但从主要的功用来看，机器和机构存在区别，详见表 4-1-1。

表 4-1-1 机器与机构的关系

	机 器	机 构
相同	许多实体组合而成；运动实体之间具有确定的相对运动	
不同	利用机械能做功或实现能量的转换	传递或转变运动的形式
应用实例	内燃机、汽车、洗衣机、车床、飞机、电动自行车等	曲柄滑块机构、铰链四杆机构、槽轮机构、带传动机构、仪表、钟表、千斤顶等

二、构件和零件

1. 构件

组成机构的相互间作确定相对运动的各个实体，称为构件。构件是运动的单元。

一个构件可以是不能拆开的单一整体，也可以是几个相互之间没有相对运动的实体组合。

按运动状况划分，构件可分为运动构件和固定构件两类。固定构件又称为机架，用来支承运动构件。运动构件又称为可动构件，是机构中相对于机架运动的构件。

运动构件又分为主动件和从动件两类。主动件（原动件）是机构中带动其他运动构件运动的构件，从动件是机构中除了主动件以外的随着主动件的运动而运动的构件。

2. 零件

零件是机械的制造单元，是机械中不可拆分的最小实体。

3. 构件与零件的区别与联系

（1）相互联系：构件可以是单一的零件，也可以是若干零件连接而成的刚性结构。

（2）相互区别：构件是运动单元，零件是制造单元。

例题解析

【例 4-1-1】 图 4-1-1 所示为波轮式洗衣机传动示意图。说出其动力部分、传动部分和工作部分。

【要点解析】 波轮式洗衣机是机器，应从机器各组成部分的作用来分析。

【解】 波轮式洗衣机由电动机、传动带、小带轮、大带轮、波轮、波轮轴、洗衣桶等部分组成。其中，电动机是机器的动力来源，它将电能转换成机械能，属于动力部分；波轮是直接完成机器工作任务的部分，处于传动的末端，属于工作部分；大、小带轮和传动带是将电动机（动力部分）的运动和动力传递给波轮（工作部分）的中间环节，属于传动部分。

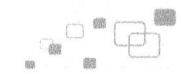

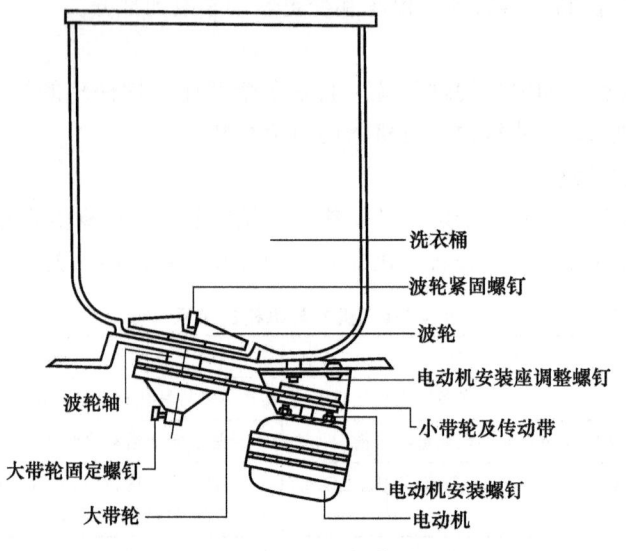

图 4-1-1　波轮式洗衣机传动示意图

【例 4-1-2】 结合图 4-1-2 所示单缸内燃机，分析机器、机构和构件的相互关系。

【要点解析】 （1）看懂图 4-1-2 所示单缸内燃机的基本组成和运动关系；（2）理解机器、机构和构件的概念和相互关系；（3）结合实际分析。

【解】 图 4-1-2 所示单缸内燃机由活塞、连杆、曲轴和汽缸等主体部分组成，其中汽缸、活塞、连杆和曲轴组成了曲柄滑块机构。汽缸内燃烧的气体膨胀，推动活塞下行，通过连杆使得曲轴转动，并带动齿轮的转动，将热能转化成机械能。故单缸内燃机是机器，它由曲柄连杆机构等组成；曲柄连杆机构又是由汽缸、活塞、连杆和曲轴等构件组成。

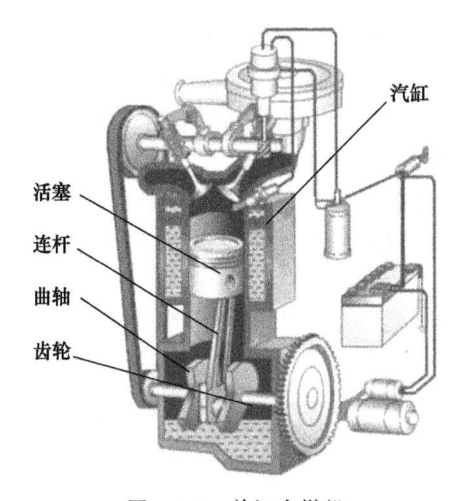

图 4-1-2　单缸内燃机

巩固练习

一、选择题

1. 机器工作部分的结构形式取决于（　　）。

A. 动力装置　　　　B. 传动类型　　　　C. 电力装置　　　　D. 机器的用途

2. 属于机床传动装置的是（　　）。

A. 电动机　　　　　B. 拖板　　　　　　C. 齿轮机构　　　　D. 主轴

3. 以下不属于机器的是（　　）。

A. 普通自行车　　　B. 普通车床　　　　C. 汽车　　　　　　D. 洗衣机

4. 机器和机构的区别在于（　　）。

A. 能否做功或实现能量转换

B. 是否由许多构件组合而成

C. 各个构件之间是否具有确定的相对运动

D. 两者之间没有区别

二、判断题

5. 构件是加工制造的单位，零件是运动的单位。（　　）

6. 具有确定相对运动的构件组合称为机构。（　　）

7. 一个机器可以只含有一个机构，也可以由数个机构组成。（　　）

8. 构件都是可动的。（　　）

9. 构件可以是单一整体，也可以是几个相互之间没有相对运动的物体组合。（　　）

三、填空题

10. 构件按其运动状况，可分为_____和_____两种。

11. 从_____和_____观点来看，机器和机构是相同的。

12. 机器的主要功用是利用_____或实现_____；机构的主要功用在于_____。

13. 动力部分是机器_____的来源。工作部分是直接完成机器_____的部分，通常处于整个传动装置的_____；传动装置是将动力部分的_____传递给部分的中间环节。

14. 金属切削机床中的主轴、拖板、工作台等属于机器的_____部分，带传动、螺旋传动、齿轮传动、连杆机构、凸轮机构等属于机器的_____部分，电动机属于机器的_____部分。

四、简答题

15. 内燃机曲柄滑块机构中的连杆有整体式和分开式两种，试根据这两种连杆的结构来分析构件和零件的关系。

4.2 运动副

学习目标

1. 掌握运动副的概念。
2. 熟悉运动副的类型和符号，了解其使用特点。
3. 了解机构运动简图和示意图的概念，能看懂机构示意图。
4. 能结合实例正确分析运动副。

内容提要

在机构中，每个构件都以一定的方式与其他构件相互接触，并形成一种可动的连接。这种连接可使两个相互接触的构件之间保持确定的相对运动。

一、运动副

1. 运动副的概念

两构件直接接触，又能产生一定相对运动的连接称为运动副。任何一个机构均是由若干个构件通过若干个运动副组合在一起的。

2. 运动副的分类

按两构件的接触形式不同划分，运动副可分为低副和高副。

（1）低副是两构件以面接触的运动副。低副又可以分成转动副、移动副和螺旋副，如图 4-2-1 所示。

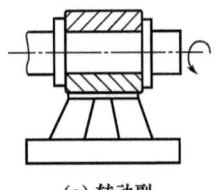

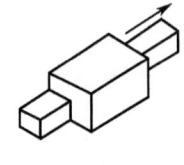

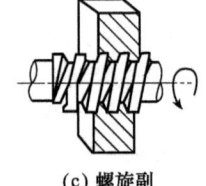

(a) 转动副　　(b) 移动副　　(c) 螺旋副

图 4-2-1　低副

转动副中两构件只能绕某一轴线作相对转动；移动副中两构件只能作相对移动；螺旋副中两构件在接触处只允许作一定关系的转动和移动的复合运动。

需说明的是：转动副和移动副属于平面运动副，而螺旋副为空间运动副。

（2）高副是两构件以点或线接触的运动副。常见高副有车轮与钢轨的接触、齿轮的啮合、凸轮与从动件的接触等，如图 4-2-2 所示。

3. 高副和低副的特点

（1）低副的特点：面接触，制造和维修容易，压强低、承载大、摩擦大、效率低，不能传递较复杂的运动。

（2）高副的特点：点、线接触，制造和维修较困难，压强高、承载小、易磨损、效率高，能传递较复杂的运动。

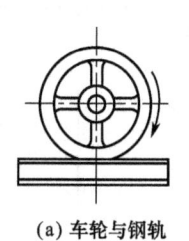

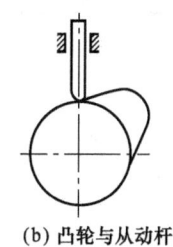

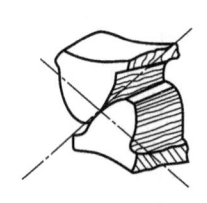

(a) 车轮与钢轨　　(b) 凸轮与从动杆　　(c) 齿轮啮合

图 4-2-2　高副

4. 高副机构和低副机构

机构中所有运动副均为低副，称为低副机构；机构中至少有一个运动副是高副，称为高副机构。

二、机构运动简图和机构示意图

1. 机构运动简图和机构示意图

机构中的实际构件形状往往比较复杂，为了便于分析和讨论，用国标规定的简单符号和线条代表运动副和构件，并按比例定出各运动副的位置，说明机构各构件间相对运动关系的简化图形，称为机构运动简图。

如图 4-2-3 所示为缝纫机踏板机构实形图和运动简图的关系。

若图 4-2-3 没有按一定比例表示出各运动副间准确的相对位置，只表示机构组合的方式的机构图，则称为机构示意图。

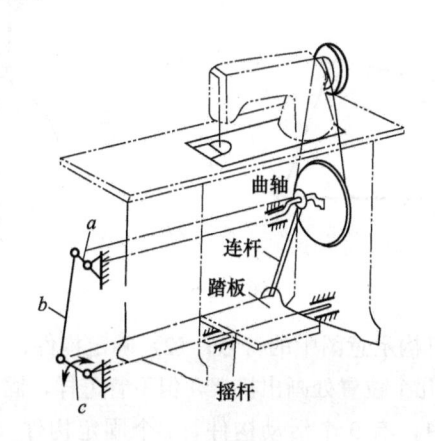

图 4-2-3　缝纫机踏板机构

2. 机构运动简图中常用的符号

（1）机架。机构中固定不动的构件称为机架，它使机械上的各个部分保持确定的位置，如图 4-2-4 所示。

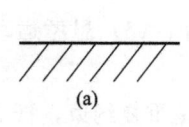

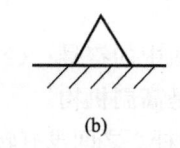

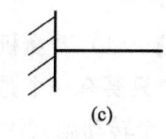

图 4-2-4　机架的符号

（2）运动副的符号，见表 4-2-1。

表 4-2-1　运动副的符号

名称	代号	运动副类型	图	基本符号	可用符号
移动副	P	低副			
转动副	R	低副			
螺旋副	H	低副			

例题解析

【例 4-2-1】 图 4-2-5 所示各机构中，有多少活动和固定构件？有多少运动副？分别为何种运动副？

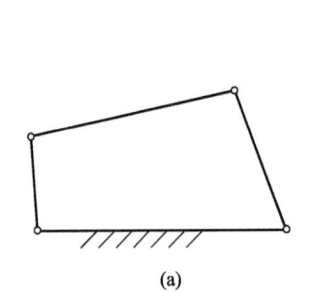

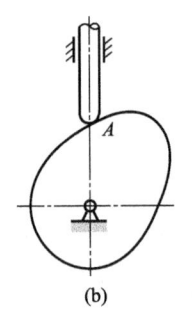

图 4-2-5

【要点解析】（1）看懂机构示意图中的符号；（2）确定构件；（3）思考运动副概念及分类；（4）在一个机构图中，有时在几个位置处画出机架，但不管怎样，固定构件（机架）数均为 1。

【解】 题图 4-2-5（a）中，有 3 个活动构件，1 个固定构件（机架），4 个转动副。

图 4-2-5（b）中，有 2 个活动构件，1 个固定构件（机架），1 个转动副，1 个移动副，1 个高副（凸轮副）。

【例 4-2-2】 图 4-2-6 所示的组合机构，有_____个低副，该组合机构称为_____（高副、低副）机构。

【要点解析】（1）看懂机构示意图中的符号；（2）确定构件；（3）思考运动副概念及分类；（4）机构中只要有一个是高副就是高副机构。

该机构有 5 个转动副（注意滚子与杆 2 之间没有转动副，它是重复约束，杆 2 与杆 3 之间存在转动副）；因为轮 1 与从动杆 2 之间为线接触，是高副，所以该机构为高副机构。

【解】 5，高副。

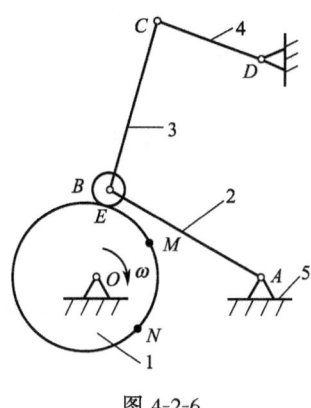

图 4-2-6

巩固练习

一、选择题

1. 以下不属于运动副的是（　　）。
   A. 门与门框的连接　　　　　　　　B. 车轮与钢轨的接触
   C. 桌面与桌腿的连接　　　　　　　D. 凸轮与从动件
2. 内燃机中活塞与连杆之间的连接属于（　　），活塞与缸壁之间的连接属于（　　）。
   A. 移动副　　　　　B. 转动副　　　　　C. 螺旋副　　　　　D. 高副
3. 以下不属于低副的特点是（　　）。
   A. 承受载荷时单位面积压力较低　　B. 能传递较复杂的运动
   C. 制造和维修容易　　　　　　　　D. 面接触
4. 车轮与钢轨的接触属于（　　）。
   A. 移动副　　　　　B. 转动副　　　　　C. 螺旋副　　　　　D. 高副
5. 车床中丝杠与螺母组成的运动副是（　　）。
   A. 转动副　　　　　B. 移动副　　　　　C. 螺旋副　　　　　D. 高副

二、判断题

6. 运动副限制了两构件之间的某些相对运动，同时又允许有另一些相对运动。（　　）
7. 机构中至少有一个运动副是低副的机构称为低副机构。（　　）
8. 固定机床床身的螺栓和螺母组成螺旋副。（　　）
9. 组成移动副的两构件间的接触形式，只有平面接触。（　　）
10. 两构件通过内、外表面接触，可组成转动副，也可组成移动副。（　　）
11. 高副能传递复杂运动，低副不能传递较复杂运动。（　　）
12. 运动副是连接，连接也就是运动副。（　　）
13. 高副由于是点或线接触在承受载荷时的单位面积压力较大。（　　）

三、填空题

14. 两构件直接_____，又能产生一定相对运动的_____称为运动副。
15. 根据运动副中两构件的_____形式不同，运动副可分为_____副和_____副两大类。

16. 常见的低副有_____副、_____副和_____副。

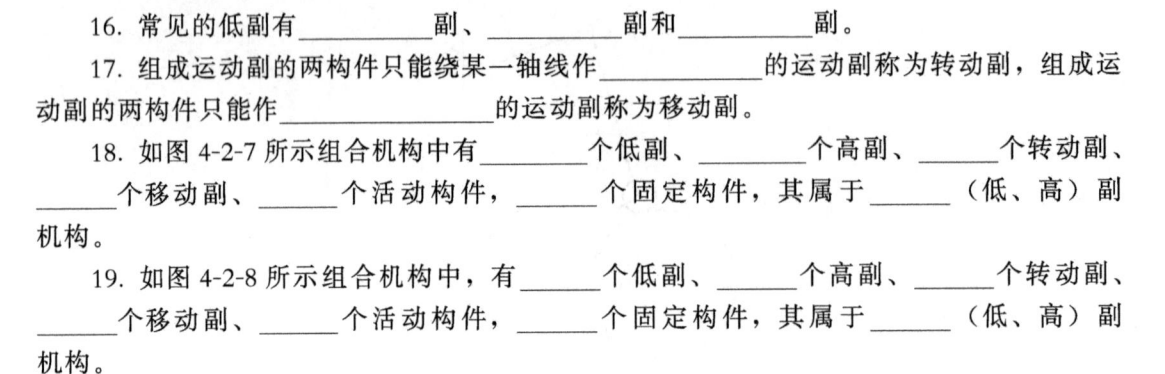

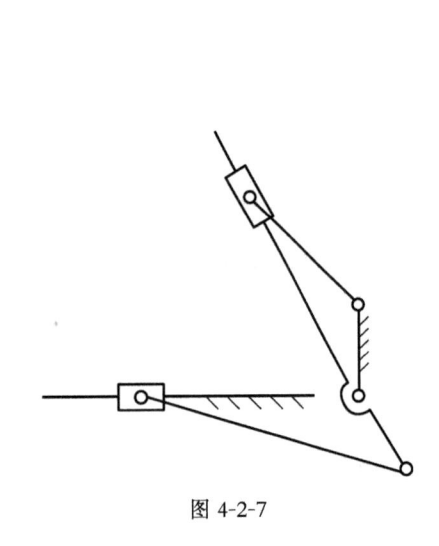

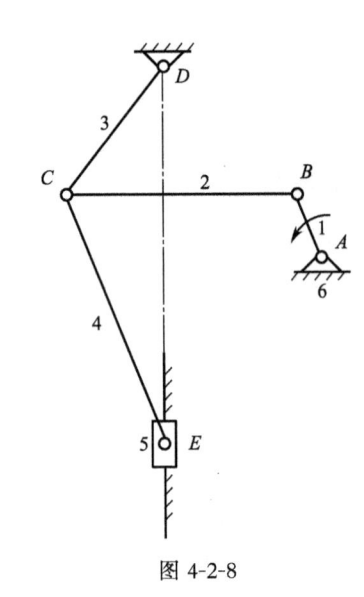

17. 组成运动副的两构件只能绕某一轴线作_____的运动副称为转动副，组成运动副的两构件只能作_____的运动副称为移动副。

18. 如图 4-2-7 所示组合机构中有_____个低副、_____个高副、_____个转动副、_____个移动副、_____个活动构件，_____个固定构件，其属于_____（低、高）副机构。

19. 如图 4-2-8 所示组合机构中，有_____个低副、_____个高副、_____个转动副、_____个移动副、_____个活动构件，_____个固定构件，其属于_____（低、高）副机构。

图 4-2-7

图 4-2-8

四、简答题

20. 分析并回答图 4-2-9（a）、(b) 所示组合机构中运动副数量和类别。

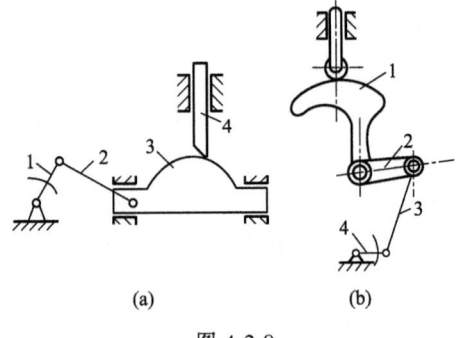

(a)　　　　(b)

图 4-2-9

第 5 章

平面连杆机构

考纲要求

◇ 了解铰链四杆机构的类型、特点及应用。
◇ 掌握四杆机构三种基本形式的判别条件。
◇ 了解机构的急回运动特性的特点及该运动特性的应用，了解"死点"的产生及克服方法。
◇ 了解铰链四杆机构的演化形式及其应用。

5.1 铰链四杆机构

学习目标

1. 了解的定义、类型、特点及应用，能说出四杆机构中各杆件的名称。
2. 掌握曲柄的存在条件及其推论，学会判别三种基本机构的类型。
3. 理解急回特性及应用、"死点"位置的产生及克服方法，能通过作图法作出"死点"位置，极位夹角 θ，能判断出急回运动的方向，会计算行程速比系数 K、极位夹角 θ。
4. 理解压力角的概念，掌握压力角对传力性能的影响，能作出压力角。

内容提要

按运动空间划分，机构可分为平面机构和空间机构。各构件在同一平面或相互平行的平面内运动的机构称为平面机构。平面连杆机构是指一些刚性构件用转动副或移动副连接而成的平面机构。它属于低副机构。

一、铰链四杆机构的基本形式

1. 铰链四杆机构的组成

所有运动副全为转动副的四杆机构称为铰链四杆机构，如图 5-1-1 所示。它是平面四杆机构中的最基本形态。铰链四杆机构由以下几部分组成。

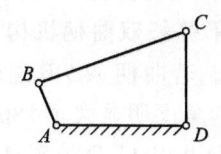

图 5-1-1 铰链四杆机构

(1) 机架：固定不动的构件，如图 5-1-1 中的 AD 杆。
(2) 连杆：不与机架直接连接的构件，如图 5-1-1 中的 BC 杆。
(3) 连架杆：连接连杆和机架的构件，如图 5-1-1 中的 AB、CD 杆。

2. 铰链四杆机构的形式和应用特点

铰链四杆机构中连架杆的运动形式有整周的旋转运动和往复摆动两种，连架杆作整周的旋转运动则称它为曲柄；若连架杆作往复摆动则称它为摇杆。根据铰链四杆机构中两个连架杆运动方式的不同，可以分成：双曲柄机构、曲柄摇杆机构和双摇杆机构。

(1) 曲柄摇杆机构

在铰链四杆机构中两个连架杆，如果一个杆为曲柄，另一个杆为摇杆，称为曲柄摇杆机构，如图 5-1-2 所示。

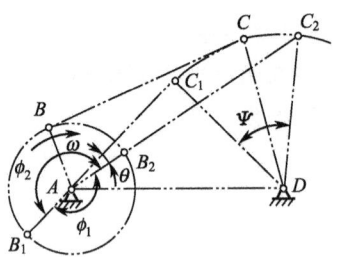

图 5-1-2 曲柄摇杆机构

① 运动轨迹的分析：

图 5-1-2 所示曲柄摇杆机构中，曲柄 AB 绕 A 点以角速度 ω 等速顺时针转动，摇杆 CD 则在 C_1D 和 C_2D 两个位置内作摆动，摆角为 Ψ。

由图可知，曲柄由 AB_1 等速顺时针运动到 AB_2，转过的角度为 ϕ_2，摇杆从 C_1D 运动到 C_2D；曲柄由 AB_2 等速顺时针运动到 AB_1，转过的角度为 ϕ_1，摇杆从 C_2D 回到 C_1D。由于 $\phi_2 > \phi_1$，故摇杆往复摆动的速度是不相等的。

图 5-1-2 中，摇杆处于两个运动的极限位置 C_1D 和 C_2D 时，曲柄和连杆处于共线位置。此时，曲柄 AB 所夹的锐角 θ 称为极位夹角。

需要指出：铰链四杆机构运动分析时，首先要确定主动件及其运动方向，然后把握住各杆件的长度不变、两个连架杆均沿圆周方向运动的特点，才能在任意时刻确定关联杆件的具体位置，实施运动分析。

② 特点及应用：曲柄摇杆机构中，当主动件作等速转动时，从动件将作变速的往复摆动。曲柄摇杆机构主要应用的实例：牛头刨床的横向进给机构、剪刀机、破碎机、缝纫机踏板机构、搅拌机和雷达俯仰角度的摆动装置。

(2) 双曲柄机构

在铰链四杆机构中两个连架杆均为曲柄时，称为双曲柄机构，如图 5-1-3 所示。

图 5-1-3 (b) 中两曲柄 AB 和 CD 长度相等且平行，称为平行双曲柄机构；图 5-1-3 (c) 中两曲柄 AB 和 CD 长度相等但不平行，称为反向双曲柄机构。

① 运动轨迹的分析：图 5-1-4 中不等长双曲柄机构 ABCD，曲柄 AB 绕 A 点顺时针转动，则曲柄 CD 也绕 D 点顺时针转动。若曲柄 AB 等速转动 180°，到 AB_1 位置时，则曲柄 CD 转动到 C_1D 位置，曲柄 CD 转过的角度明显大于 180°；同理分析，曲柄 AB 从 AB_1 位置等速转动 180°到起始位置时，曲柄 CD 也从 C_1D 位置转到起始位置，转过的角度明显小于 180°。通过上述分析可知：图 5-1-3 中主动曲柄等速转动，从动曲柄随之作变速转动。

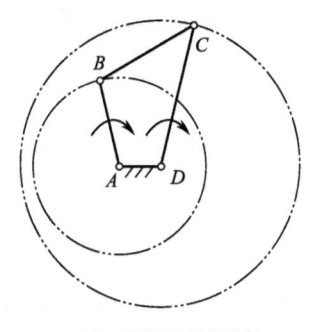

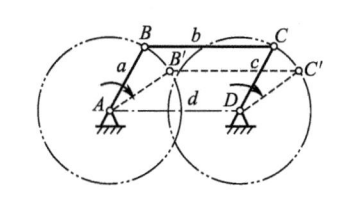

(a) 不等长双曲柄机构　　　(b) 平行双曲柄机构　　　(c) 反向双曲柄机构

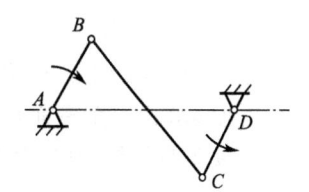

图 5-1-3　双曲柄机构

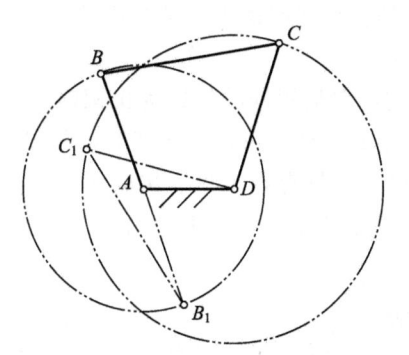

图 5-1-4　双曲柄机构运动分析

② 特点及应用：双曲柄机构的应用特点和实例见表 5-1-1。

表 5-1-1　双曲柄机构的应用特点和实例

类　型	主动件等速运动时，从动件运动特点	应用实例
不等长双曲柄	转向相同，变速运动	惯性筛
平行双曲柄	转向相同，等速运动；当从动曲柄与连杆共线时，会出现运动不确定（可能变成反向双曲柄机构），可采用增加从动件惯性、增设辅助机构、机构错列等方法解决	机车车轮机构
反向双曲柄	转向相反，变速运动	车门启闭机构

(3) 双摇杆机构

在铰链四杆机构中两个连架杆均为摇杆时，称为双摇杆机构，如图 5-1-5 所示。

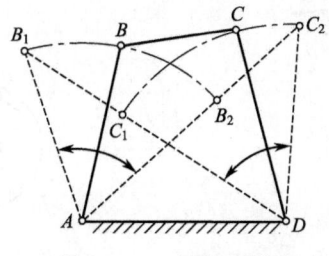

图 5-1-5　双摇杆机构

① 运动轨迹的分析：

图 5-1-5 中，若主动摇杆 AB 绕 A 点由 AB_1 运动 AB_2，则从动摇杆 CD 则从 C_1D 运动

C_2D；主动摇杆 AB 绕 A 点由 AB_2 运动 AB_1，则从动摇杆 CD 则从 C_2D 运动 C_1D。图中摇杆的两个极限位置分别为连杆和摇杆的共线位置。

②特点及应用：

双摇杆机构的主、从动件均作往复摆动。主要应用实例：自卸翻斗装置、港口用起重吊车、飞机起落架和车辆前轮转向机构。

3. 铰链四杆机构类型的判别

（1）曲柄存在的条件

铰链四杆机构中，曲柄存在的条件：①连架杆与机架中必有一个是最短杆；②最短杆长度（l_{min}）与最长杆长度（l_{max}）之和必小于或等于其余两杆长度（l' 和 l''）之和，即 $l_{max} + l_{min} \leqslant l' + l''$。

（2）判别的方法

铰链四杆机构主要是根据是否存在曲柄来判别机构的类型。除了通过连架杆运动的形式来确定外，常用的判别方法为：

① 若 $l_{max} + l_{min} \leqslant l' + l''$，则：取最短杆的邻边为机架时，构成曲柄摇杆机构；取最短杆为机架时，构成双曲柄机构；取最短杆的对边为机架时，构成双摇杆机构。

② 若 $l_{max} + l_{min} > l' + l''$，则无曲柄存在，只能构成双摇杆机构。

③ 特殊情况：两对边杆长度相等且平行，则为平行四边形机构；两对边杆长度相等但不平行，则为反向双曲柄机构。

二、铰链四杆机构的性质

1. 压力角

图 5-1-6 所示铰链四杆机构中，从动件 CD 杆上 C 点所受到连杆的推力 F（沿 BC 杆方向），与 C 点的绝对速度 v 的方向（与 CD 杆垂直）所夹的锐角 α，称为压力角。

由图可知，从动件 CD 杆运动到 C 点和 C_2 点位置时，所受的压力角是不相等的。压力角越小，有效力越大，机构越省力，效率也越高，所以压力角是判别机构传力性能的重要参数。

2. 急回特性和行程速比系数

（1）急回特性

图 5-1-7 中，主动曲柄 AB 虽作顺时针等速转动，从动件摇杆 CD 空回行程（由 C_2 点摆回 C_1 点）的平均速度 v_2 大于工作行程（由 C_1 点运动到 C_2 点）的平均速度 v_1 的性质，称为急回特性。

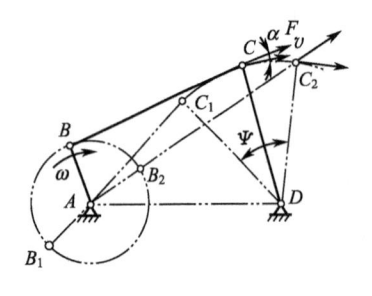

图 5-1-6　四杆机构的压力角

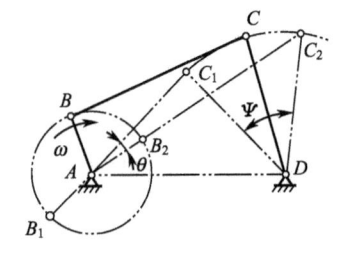

图 5-1-7　四杆机构的急回特性

在工程机械中，常利用机构的急回特性来缩短空回行程的时间，以提高效率。

（2）行程速比系数

为了表明工作行程和空回行程的快慢，通常用从动件空回行程的平均速度 v_2 与工作行程的平均速度 v_1 的比值 K 表示，K 称为行程速比系数。分析图 5-1-7 可知：

$$K = \frac{v_2}{v_1} = \frac{t_1}{t_2} = \frac{180° + \theta}{180° - \theta}$$

式中，K——行程速比系数；

t_1、t_2——工作行程、空回行程的时间；

θ——极位夹角。

3. "死点"位置

图 5-1-7 中，若将摇杆 CD 作为主动件，曲柄 AB 为从动件。当摇杆运动到极限位置 C_1D 和 C_2D 时，从动件 AB 与连杆 BC 两次共线。这时，连杆 BC 作用于从动件 AB 杆上的力通过转动中心 B，转动力矩为零，从动件不转动，机构停顿，该位置称为"死点"位置。

死点位置常使机构无法运动或出现运动不确定的现象。一般对于用做传力的机构来说，应避免或设法通过"死点"位置。主要的方法：对从动件附加转动力矩，使其转过"死点"位置；从动件上加飞轮，利用惯性通过"死点"位置。

工程机械中有时也利用机构的"死点"位置来满足工作要求，如夹具中的夹紧机构、飞机的起落架。

例题解析

【例 5-1-1】 已知一铰链四杆机构 $ABCD$，四根杆件的长度分别为 $L_{AB} = 40\text{mm}$，$L_{BC} = 70\text{mm}$，$L_{CD} = 90\text{mm}$，$L_{DA} = 110\text{mm}$。试分析并回答：

（1）作出该铰链四杆机构；

（2）该机构若以 AB 为机架，则该机构属于_____机构；若以 CD 为机架，则该机构属于_____机构；若以 DA 为机架，则该机构属于_____机构。

【要点解析】（1）绘制铰链四杆机构的关键是：先绘出机架及与一个连架杆位置（注意运动副的画法），然后利用连杆、另一连架杆长度不变的特点来确定另一个连架杆和连杆的位置（本题可以任意设定一个杆件为机架）。（2）判别铰链四杆机构类型的主要方法是利用已知的杆长，找出最短和最长杆，计算它们的和，并与其他两杆的杆长和比较；再根据机架的不同来判定。

【解】（1）先假设 AB 为机架，根据 L_{AB} 和 L_{BC} 作出 AB 和 BC，并用转动副连接；以 A 点为圆心，L_{DA} 为半径作圆弧，以 C 为圆心，L_{CD} 为半径作圆弧，两圆弧的交点即为 D，连接 CD 和 DA，并用转动副连接即成，如图 5-1-8 所示。

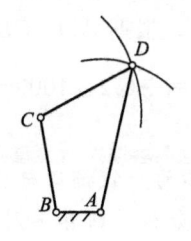

图 5-1-8 四杆机构作图

(2) 因为 $L_{AB} + L_{DA} = 150\text{mm}$；$L_{BC} + L_{CD} = 160\text{mm}$；所以满足条件：$l_{max} + l_{min} \leqslant l' + l''$。

又因为 AB 杆为最短杆，故以它为机架的机构属于双曲柄机构；以 CD（是最短杆的对边）为机架的机构属于双摇杆机构；以 DA（与最短杆相邻）为机架，则该机构属于曲柄摇杆机构。

【例 5-1-2】 颚式破碎机工作原理如图 5-1-9 所示，轮 1 绕 A 点顺时针等速转动，连杆 BC 的左端采用铰链与轮 1 连接，摇杆 CD 作往复摆动。C_1、C_2 为 C 点的两个极限位置。已知轮 1 的转速 $n_1 = 130\text{r/min}$，AD、CD 的长度均等于 1000mm。试求：

(1) 连杆机构的极位夹角。
(2) 工作行程时间。
(3) B 点到 A 点的距离。

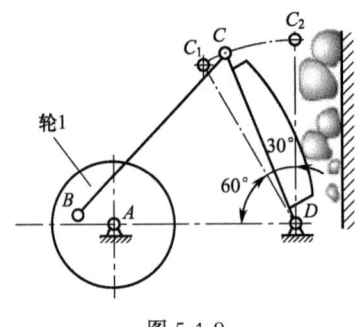

图 5-1-9

【要点解析】 本题首先要看懂图形，要知道四杆机构的杆是复杂刚性构件的简化，故轮 1 与 BC 的左端采用铰链连接时，可以简化成杆 AB，构成曲柄摇杆机构；然后要知道极位夹角的概念及与图中已知角度的关系；并由工作行程时间的计算推想到行程速比系数的公式。最后利用图形和已知角度的关系可计算出 B 点到 A 点的距离。

【解】 (1) 由于 C_1、C_2 为 C 点的两个极限位置，即分别是 AB 和 BC 处于共线的两个位置。由图可知 $\angle C_2 DA = 30° + 60° = 90°$，又 AD、CD 的长度相等，则通过等腰直角三角形 $C_2 DA$ 和等边三角形（$\angle C_1 DA = 60°$），可得出：$\angle C_2 AD = 45°$，$\angle C_1 AD = 60°$。

根据极位夹角的概念可知：$\theta = \angle C_1 AD - \angle C_2 AD = 60° - 45° = 15°$。

(2) 根据行程速比系数的公式可得出：$K = \dfrac{t_工}{t_回} = \dfrac{180° + \theta}{180° - \theta} = \dfrac{180° + 15°}{180° - 15°} = \dfrac{13}{11}$

又因为轮 1 等速转动一周，摇杆 CD 往复运动一次，两者时间应相等，即 $t = t_回 + t_工 = \dfrac{60}{130} = \dfrac{6}{13}\text{s}$

将上面两个方程联列，解方程组，得出：$t_工 = 0.25\text{s}$

(3) 利用第 1 小题中三角形的关系，根据 AD、CD 的长度均等于 1000mm 可得出：

$$L_{AB} = \dfrac{1}{2}(L_{AC_2} - L_{AC_1}) = \dfrac{1}{2}(\sqrt{2} \times 1000 - 1 \times 1000) \approx 207\text{mm}$$

【例 5-1-3】 如图 5-1-10 (a) 所示为一铰链四杆机构示意图。已知杆 4 为机架，$L_{BC} = 120\text{mm}$，$L_{CD} = 100\text{mm}$，$L_{DA} = 80\text{mm}$。分析并回答下列问题：

(1) 若该机构为曲柄摇杆机构，则 L_{AB} 的取值范围是多少？

(2) 若 $L_{AB}=60\text{mm}$，杆 3 为主动件，作出图示位置的压力角，该机构是否存在"死点"位置？

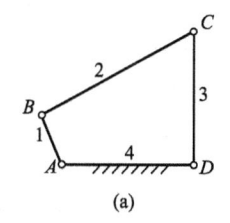

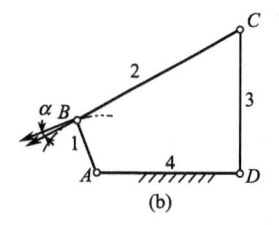

图 5-1-10

【要点解析】 本题的关键是要正确理解铰链四杆机构类型判别的方法，即能根据已知的条件判定杆 1 为最短杆；其次要知道压力角和"死点"位置的概念。

【解】 （1）根据示意图和曲柄摇杆机构的判别方法，可知：

$$\begin{cases} 0 \leqslant L_{AB} \leqslant 80 \\ L_{AB}+120 \leqslant 80+100 \end{cases}$$

解方程组得：$0 \leqslant L_{AB} \leqslant 60\text{mm}$

（2）根据已知条件和（1）的结果，得出该机构为曲柄摇杆机构。因机构是以摇杆为主动件，故从动件曲柄的压力角如图 5-1-10（b）所示。根据"死点"位置的概念，分析可知：该机构存在"死点"位置。

巩固练习

一、选择题

1. 铰链四杆机构中的构件是以（　　）连接的。
   A. 移动副　　　B. 转动副　　　C. 螺旋副　　　D. 低副

2. 能将等速回转运动转变为主动件转向相同的变速回转运动的机构是（　　）。
   A. 反向双曲柄机构　　　　　　B. 平行双曲柄机构
   C. 普通双曲柄机构　　　　　　D. 曲柄摇杆机构

3. 曲柄摇杆机构中，当曲柄为主动件时，若连杆的长度变短，则摇杆的摆角将（　　）。
   A. 变大　　　　B. 变小　　　　C. 不变　　　　D. 不可确定

4. 以下不属于曲柄摇杆机构的是（　　）
   A. 铲土机　　　B. 破碎机　　　C. 搅拌机　　　D. 剪板机

5. 以下含有双摇杆机构的是（　　）。①自卸翻斗车；②惯性筛；③车辆前轮转向机构；④牛头刨床横向进给机构；⑤飞机起落架；⑥汽车前窗刮雨器。
   A. ①②③　　　B. ①③⑤⑥　　C. ①③⑤　　　D. ①②

6. 飞机起落架机构是依靠机构的（　　）来保证飞机降落的安全性的。
   A. 急回特性　　　　　　　　　B. "死点"位置
   C. 平面运动平稳性　　　　　　D. 急回特性死点位置

7. 下列机构以最短杆为机架的应用实例是（　　）。
   A. 惯性筛　　　B. 飞机起落架　C. 偏心轮机构　D. 缝纫机踏板机构

8. 已知某曲柄摇杆机构，从动件杆的往复运动平均速度为 $v_\text{工}=0.5\text{rad/s}$，$v_\text{回}=0.7\text{rad/}$s。则机构的极位夹角为（　　）。

A. 20° B. 30° C. 36° D. 60°

9. 以下含有曲柄摇杆机构的是（　　）。
   A. 飞机起落架　　　　　　　　B. 牛头刨床的横向进给机构
   C. 车门启闭机构　　　　　　　D. 插床主运动机构

10. 曲柄摇杆机构中死点位置产生的根本原因是（　　）。
    A. 摇杆为主动件
    B. 从动件运动不确定或卡死
    C. 施与从动件的力的作用线通过从动件的转轴轴心
    D. 没有在曲柄上装一飞轮

二、判断题

11. 四杆机构中，凡是能作转动的构件就是曲柄。（　　）
12. 曲柄摇杆机构中，摇杆两极限位置的夹角称为极位夹角。（　　）
13. 在实际生产中，机构的"死点"位置对工作都是不利的，处处都要考虑克服。（　　）
14. 曲柄和连杆都是连架杆。（　　）
15. 搓丝机采用的是双曲柄机构实现运动的。（　　）
16. 在曲柄摇杆机构中，若将回转运动转换成往复运动，必有急回运动特性。（　　）
17. 在曲柄摇杆机构中，曲柄的极位夹角可以等于0，也可以大于0。（　　）
18. 在铰链四杆机构中，只要两连架杆都能绕机架上的铰链作整周转动，则一定是双曲柄机构。（　　）
19. 有急回特性的机构工作中一定会产生死点位置。（　　）
20. 当曲柄摇杆机构把往复摆动运动变成回转运动时，机构必存在"死点"位置。（　　）

三、填空题

21. 平面连杆机构是由一些刚性构件用＿＿＿＿副和＿＿＿＿副相互连接而成的。它能实现一些较复杂的＿＿＿＿运动，属于＿＿＿＿副机构。

22. 在铰链四杆机构中，最短杆与最长杆的长度之和＿＿＿＿其余两杆的长度之和时，则不论取哪杆为＿＿＿＿，均得到＿＿＿＿机构。

23. 我们把四杆机构中＿＿＿＿的平均速度大于＿＿＿＿的平均速度的性质称为急回特性。

24. 缝纫机的踏板机构属于＿＿＿＿机构，它以＿＿＿＿为主动件。该机构存在＿＿＿＿个"死点"位置。

25. 描述急回运动快慢的参数为＿＿＿＿，符号为＿＿＿＿。只有当＿＿＿＿时，机构才具有急回特性。

26. 机车车轮联动装置，应用的是＿＿＿＿机构，运动中机构会出现＿＿＿＿现象，数量为＿＿＿＿个，要顺利渡过该位置的常用方法是＿＿＿＿。

27. 曲柄存在的条件是：最短杆与最长杆的长度之和＿＿＿＿或＿＿＿＿其他两杆的长度之和；最短杆必为＿＿＿＿或＿＿＿＿。

28. 在曲柄摇杆机构中，若将最短杆作为机架，则与机架相连的两杆都可作＿＿＿＿运动，即得到＿＿＿＿机构。

29. 连杆与机架的＿＿＿＿、两曲柄的＿＿＿＿相等，且＿＿＿＿相同的＿＿＿＿，称为平行四边形机构，特点是两曲柄回转的＿＿＿＿相同，角速度＿＿＿＿。

四、简答题

30. 图 5-1-11 所示四杆机构中 a 杆最短，b 杆最长，试回答下列问题：

(1) 以 a 的邻杆为机架，是否一定是曲柄摇杆机构？答：_____。

(2) 以 a 为机架，是否一定是双曲柄机构？答：_____。

(3) 以 a 的对杆为机架，是否一定是双摇杆机构？答：_____。

(4) 若 $a=50$cm，$b=120$cm，$c=90$cm，$d=70$cm，AD 为机架，该机构是_____机构。若其他条件不变，使 a 杆为曲柄，其长度值范围为_____。

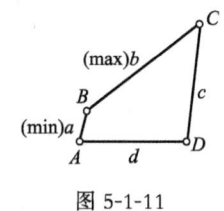

图 5-1-11

图 5-1-12

31. 如图 5-1-12 所示的铰链四杆机构中 $AB=40$mm，$BC=100$mm，$CD=70$mm，$AD=80$mm。

(1) 若以 AD 为机架，该机构为_____机构；以 AB 为机架，机构为_____机构；以 CD 为机架，机构为_____机构；以 BC 为机架，机构为_____机构。

(2) 图示位置中，若以 AB 杆为主动件，则有_____个死点位置；若以 CD 杆为主动件，则有_____个死点位置。

(3) 若 AB、BC、CD 长度不变，AD 变为 60mm，则图示机构的名称为_____，有_____个死点；若其他杆长不变，AB 变为 45mm，则 CD 的摆动范围将_____（增大、减小、不变）。

(4) 若图示四杆机构的急回方向向左，则主动件转向为_____。

五、计算题和作图题

32. 图 5-1-13 为一铰链四杆机构示意图。已知杆 4 为机架，$L_{BC}=120$mm，$L_{CD}=100$mm，$L_{DA}=80$mm。分析并回答下列问题：

(1) 若该机构为双曲柄机构，则 L_{AB} 的取值范围是多少？

(2) 若该机构为双摇杆机构，则 L_{AB} 的取值范围是多少？

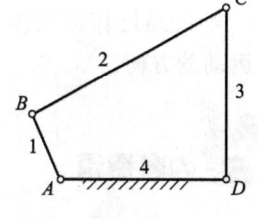

图 5-1-13

33. 图 5-1-14 所示四杆机构，已知 L_{AB} = 15mm，L_{BC} = 50mm，L_{CD} = 30mm，L_{DA} = 40mm，原动件 1 作匀速顺时针转动，从动件 3 由左往右运动时，试计算并回答下列问题：

（1）画出极限位置，并计算机构的极位夹角和摆角。
（2）计算机构的行程速比系数。
（3）作出图示位置的压力角。

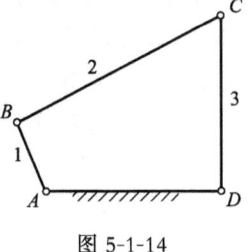

图 5-1-14

5.2 铰链四杆机构的演化和应用

学习目标

1. 理解铰链四杆机构的演化规律及其应用特点。
2. 能正确识别出演化后的四杆机构的类型，并能找出其演化规律。
3. 能通过作图法作出对心（偏置）曲柄滑块机构、摆动导杆机构的极位夹角、压力角和摆角等，会计算行程速比系数。
4. 能通过作图法作出对心（偏置）曲柄滑块机构、摆动导杆机构工作行程，会判断急回运动的方向。

内容提要

除上述三种基本形式的铰链四杆机构外，在生产实际的应用中，还广泛采用其他形式的四杆机构，如曲柄滑块机构、导杆机构、摆动滑块机构（或曲柄摇块机构）和固定滑块机构（或移动导杆机构）等。

一、铰链四杆机构的演化

1. 演化形式

铰链四杆机构可以通过改变某些构件的形状、相对长度，或选择不同的构件作为机架等方法，演化形成其他形式的四杆机构。

如图 5-2-1（a）所示曲柄摇杆机构中，若改变某些构件的形状，如在机架上作成一个环形槽，槽的曲率半径等于构件 3 的长度，把构件 3 做成弧形滑块，与环形槽配合，形成了图 5-2-1（b）所示的机构。

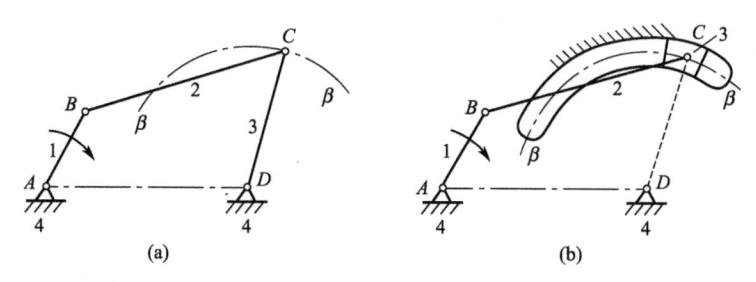

图 5-2-1 演化形式

2. 常见的演化机构及应用

（1）常见的演化机构

如图 5-2-1（b）所示的机构，若改变环形槽的半径到无穷大，转动副 D 的中心移至无穷远处，则环形槽变成直槽，转动副转化成移动副，构件 3 由摇杆演变成滑块，形成图 5-2-2（a）所示的曲柄滑块机构。

对于图 5-2-2（a）所示的曲柄滑块机构，若选取不同的构件为机架，则可演化成其他形式的机构，如取构件 1 为机架，滑块可在构件 4 上移动，得到导杆机构，如图 5-2-2（b）所示；取构件 2 为机架，滑块只能绕 C 点摆动，得到摆动滑块机构（或曲柄摇块机构），如图 5-2-2（c）所示；取构件 3 为机架，构件 4 在滑块中往复移动，得到固定滑块机构（或移动导杆机构），如图 5-2-2（d）所示。

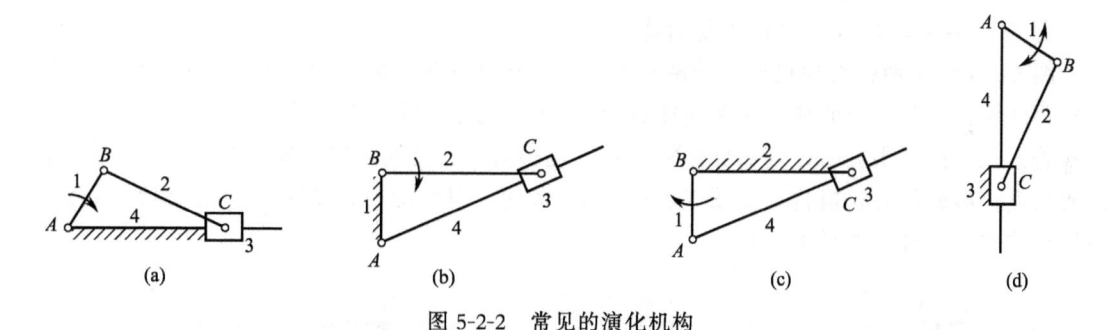

图 5-2-2 常见的演化机构

（2）常见的演化机构的应用

① 曲柄滑块机构主要应用有压力机、内燃机、搓丝机、冲床和自动送料装置等。
② 导杆机构主要应用有牛头刨床的主运动机构、回转式油泵及插床等。
③ 摆动滑块机构主要应用有摆缸式原动机、插床主传动机构、自翻卸料装置等。
④ 固定滑块机构主要应用有手摇唧筒、双作用式水泵等。

二、曲柄滑块机构的分类与性质

1. 曲柄滑块机构的分类

如图 5-2-3 所示曲柄滑块机构中，当曲柄 AB 为主动件，并作连续的整周运动时，滑块 3 在连杆 BC 的带动下，作往复直线运动。

（1）偏置曲柄滑块机构

若滑块 3 的运动轨迹线 β-β，不通过曲柄 AB 的旋转中心 A 点，则称为偏置曲柄滑块

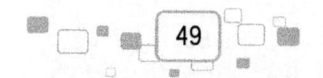

(a)   (b)

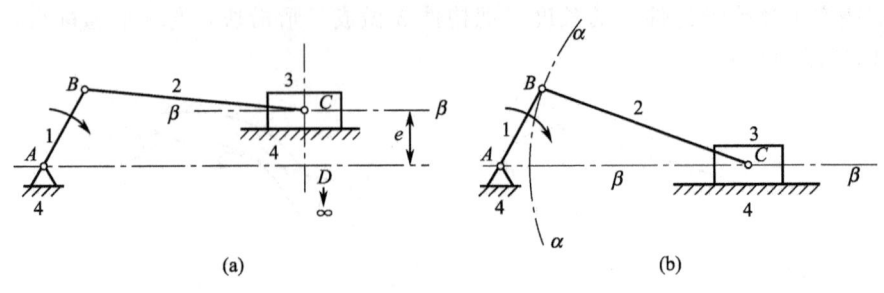

图 5-2-3   曲柄滑块机构分类

机构，如图 5-2-3（a）所示。此时，A 点到滑块 3 的轨迹线 $\beta-\beta$ 的垂直距离为偏心距，用 "e" 来表示。

（2）对心曲柄滑块机构

若滑块 3 的运动轨迹线 $\beta-\beta$ 通过曲柄 AB 的旋转中心 A 点，则称为对心曲柄滑块机构，如图 5-2-3（b）所示。

2. 曲柄滑块机构的性质

（1）对心曲柄滑块机构的性质

如图 5-2-4 所示曲柄滑块机构，若曲柄为主动件且等速转动，滑块可在连杆 BC 带动下，作往复直线运动，即曲柄从 AB_1 运动到 AB_2，滑块从 C_1 运动到 C_2；曲柄再从 AB_2 运动到 AB_1，滑块从 C_2 回到 C_1。曲柄等速转动一周，滑块往复运动 1 次，其性质如下：

① 行程：滑块的行程 $H = 2r$（r 为曲柄 AB 的长度）；

② 压力角：滑块运动时的压力角 $\alpha = \angle BCA$；

③ 极位夹角：$\theta = 0°$；机构无急回特性。

图 5-2-4 所示曲柄滑块机构，若滑块为主动件作往复运动时，曲柄可在连杆 BC 带动下，作整周的旋转运动。当曲柄 AB 和连杆 BC 共线时，存在"死点"位置。

若滑块的行程很短时，则需要曲柄的长度也很短，通常使用偏心轮的偏心距 e 来代替曲柄的长度，形成偏心轮机构，如图 5-2-5 所示。此时，滑块的行程 $H = 2e$。需要指出的是偏心轮机构的主动件只能是偏心轮。

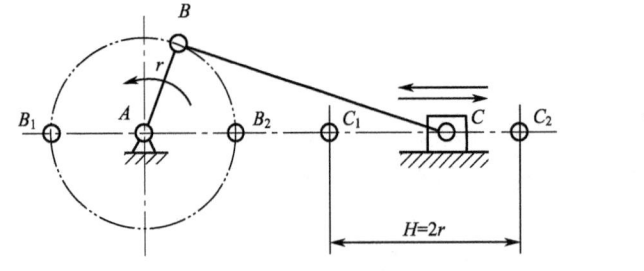

图 5-2-4   曲柄滑块机构性质   图 5-2-5   偏心轮机构

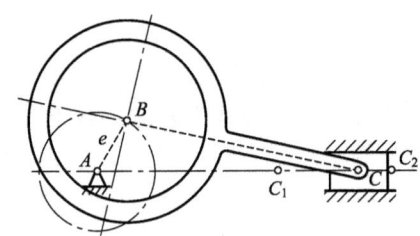

（2）偏置曲柄滑块机构的性质

如图 5-2-6 所示偏置曲柄滑块机构，AB 杆作整周运动的条件是：$L_{AB} + e \leqslant L_{BC}$。若曲柄 AB 为主动件，等速转动 1 周，滑块可在连杆 BC 带动下，往复直线运动 1 次，其性质如下：

① 行程：滑块的行程 $H = \sqrt{(L_{BC} + L_{AB})^2 - e^2} - \sqrt{(L_{BC} - L_{AB})^2 - e^2}$；

② 压力角：滑块运动时的压力角 $\alpha = \angle BCO$；α_{max} 如图 5-2-6 所示；

③ 极位夹角：极位夹角 θ，如图 5-2-7 所示，滑块有急回特性。

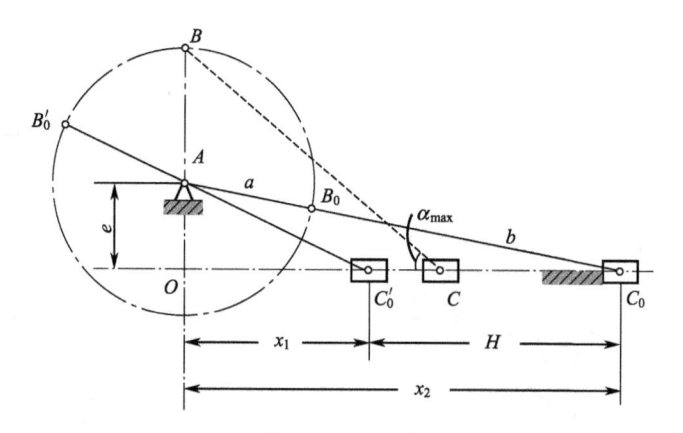

图 5-2-6 偏置曲柄滑块机构行程和压力角

图 5-2-6 所示偏置曲柄滑块机构，若滑块为主动件作往复运动时，曲柄可在连杆 BC 带动下，作整周的旋转运动。当曲柄 AB 和连杆 BC 共线时，存在"死点"位置。

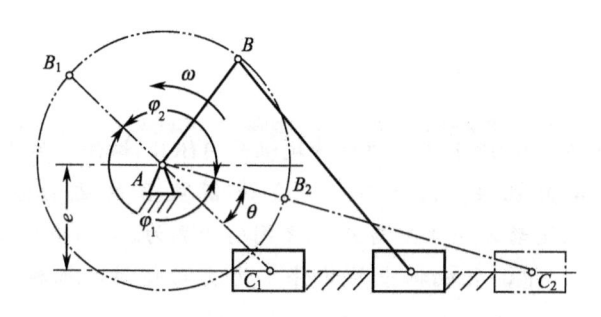

图 5-2-7 偏置曲柄滑块机构的极位夹角

三、导杆机构的分类与性质

1. 导杆机构的分类

如图 5-2-8 所示的导杆机构中，构件 2 为主动件时，导杆 4 绕 A 点作转动，按照导杆运动方式的不同，导杆机构可分成转动导杆机构和摆动导杆机构两类。

（1）摆动导杆机构

当杆 2 的长度 L_{BC} 小于杆 1 的长度 L_{AB} 时，导杆 4 只能作往复摆动，称为摆动导杆机构。

（2）转动导杆机构

当杆 2 的长度 L_{BC} 大于杆 1 的长度 L_{AB} 时，杆 2 和杆 4 均可作整周转动，称为转动导杆机构。

2. 摆动导杆机构的性质

如图 5-2-9 所示摆动导杆机构，若以曲柄为主动件等速转动一周，则导杆左右往复摆动 1 次。若曲柄长度为 a，$L_{AD} = d$，其性质如下。

① 极限位置和摆角：当曲柄与导杆处于垂直位置（如图 5-2-9 所示），导杆处于极限 C_1 和 C_2 两个位置，导杆的摆角 $\Psi = 2\arcsin \dfrac{a}{d}$，如图 5-2-9 所示。

② 极位夹角：极位夹角 θ，如图 5-2-9 所示。

③ 行程速比系数：$K = \dfrac{v_2}{v_1} = \dfrac{t_1}{t_2} = \dfrac{180° + \theta}{180° - \theta}$，该机构具有急回特性。

④ 压力角：导杆运动时的压力角 $\alpha = 0°$。

图 5-2-9 所示摆动导杆机构，若以导杆为主动件时，该机构在 C_1 和 C_2 两点存在"死点"位置。

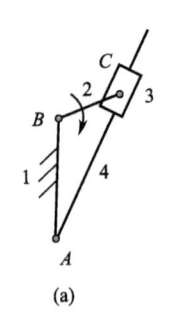

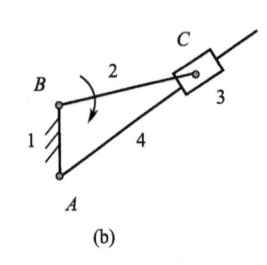

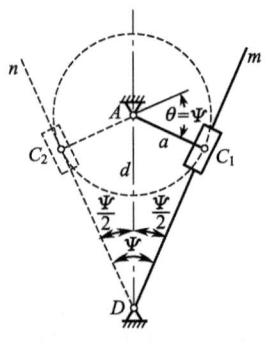

图 5-2-8 导杆机构

图 5-2-9 摆动导杆机构

例题解析

【例 5-2-1】 如图 5-2-10 所示两个曲柄滑块机构 ABC，构件 1 为曲柄，构件 2 为连杆，构件 3 为滑块，构件 4 为机架。图 5-2-10（a）中滑块 3 的运动方向 XX 通过 A 点，图 5-2-10（b）中滑块 3 的运动方向 XX 与 A 点之间的距离为 e，且 $e \neq 0$，请回答下述问题。

(1) 在图 5-2-10（a）中，当机构中的构件 1 为主动件时，机构____（有、无）死点位置。

(2) 在图 5-2-10（b）中，当机构中的构件 3 为主动件时，机构____（有、无）死点位置；进一步，如果图 5-2-10（b）机构有死点位置，在本题下面的空白处画出该机构的死点位置。

(3) 在图 5-2-10（a）和（b）中，若曲柄 1 为主动件，并以角速度 ω 顺时针等速转动，则图（a）中机构____（有、无）急回特性，图（b）中机构____（有、无）急回特性。

(4) 若图 5-2-10（a）所示机构用做内燃机的主运动机构，则其中的曲柄一般设计成____的结构；图 5-2-10（b）所示机构，当曲柄 1 的长度较小时，曲柄一般设计成_____的结构。

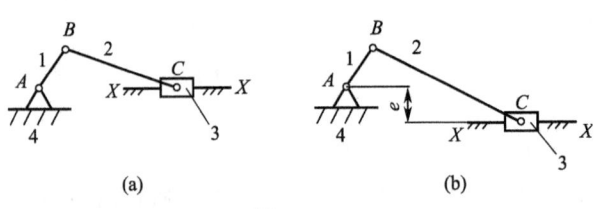

图 5-2-10

【要点解析】 本题的关键是对曲柄滑块机构的类型的判断、曲柄滑块机构的性质等方面知识的理解。

【解】 (1) 无；(2) 有，如图 5-2-11 所示；(3) 无，有；(4) 曲轴，偏心轮。

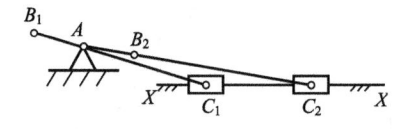

图 5-2-11

【例 5-2-2】 如图 5-2-12 所示机构，杆 2 为主动件，并作顺时针等速转动。已知：杆 2 的长度为 40mm，机架 1 的长度为 80mm。试分析并计算：

(1) 作出导杆的极限位置，说出急回方向；
(2) 该机构的极位夹角 θ，导杆的摆角 Ψ；
(3) 行程速比系数 K。

【要点解析】 首先要判别出该机构属于什么机构，然后找出主动件和从动件，作出极限位置，并分析从动件的运动过程；再根据有关的公式或根据图形关系进行计算。

【解】 (1) 极限位置如图 5-2-13 所示 C_1 和 C_2 所在位置。急回方向为 C_1 摆到 C_2，即从右向左摆动的方向。

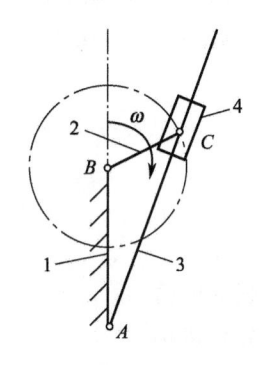

图 5-2-12

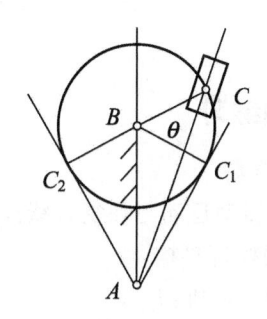

图 5-2-13

(2) $\Psi = 2\arcsin\dfrac{40}{80} = 60°$，$\theta = \Psi = 60°$

(3) $K = \dfrac{180° + \theta}{180° - \theta} = 2$

【例 5-2-3】 图 5-2-14 所示为小型刨床的主运动机构，$l_{AB} = 20\text{mm}$，$l_{AE} = 34.64\text{mm}$，$l_{BC} = 40\text{mm}$，$n_2 = 60\text{r/min}$，分析该机构完成下列问题：

(1) 从运动形式的转换角度分析，该组合机构能实现将主动件的_____运动转换成从动件的_____运动，它由_____机构和_____机构组成；
(2) 该组合机构_____（有、无）急回特性，_____（有、无）死点位置；
(3) 机构 $ABCE$ 是由_____机构演变而成，若改变杆长，使 $l_{AB} > l_{BC}$，则该机构变成_____机构；
(4) 机构中有_____个低副，按相对运动形式的不同，采用了_____副和_____副；
(5) 刨刀的工作行程为_____mm，其往返的平均速度为_____mm/s。

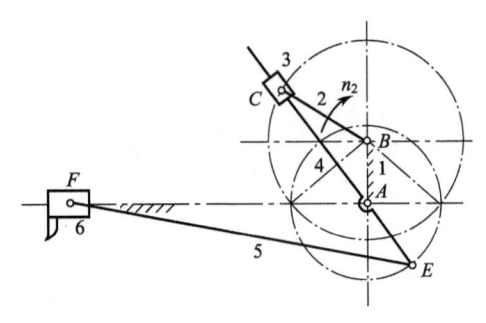

图 5-2-14

【要点解析】 本题包含了机构的运动特点，死点位置和急回特性的判断，四杆机构之间的演化关系及行程和速度的计算等知识点。在此组合机构中，转动导杆即是前一机构中的从动件，又是后一机构中的主动件。本题的难点是刨刀往返的平均速度如何计算，我们要从题目中找到已知条件，从题目中能分析出主动曲柄转一圈时，从动曲柄也转一圈，此时刨刀也往复运动了一次，它们的时间是相同的，通过主动曲柄的转速求出刨刀往复运动一次（注意往复运动的距离是行程的 2 倍），以此来求出刨刀往返的平均速度。

【解】（1）匀速回转（或旋转），变速往复直线，转动导杆，对心曲柄滑块；
(2) 有，无；(3) 曲柄滑块；摆动导杆；(4) 7，转动，移动；(5) 69.28，138.56。

巩固练习

一、选择题

1. 能将转动运动与往复直线运动相互转化的机构是（　　）。
   A. 曲柄摇杆机构　　　　　　　　　B. 螺旋传动
   C. 曲柄滑块机构　　　　　　　　　D. 导杆机构

2. 改变摆动导杆机构中导杆摆角的有效方法是（　　）。
   A. 改变导杆长度　　　　　　　　　B. 改变曲柄长度
   C. 改变机架长度　　　　　　　　　D. 改变曲柄转速

3. 若以曲柄滑块机构中的连杆为机架，则可演化成（　　）机构。
   A. 转动导杆　　　　　　　　　　　B. 定块
   C. 摆动导杆　　　　　　　　　　　D. 曲柄摇块

4. 能将主动件的回转运动转变为同向变速回转运动的机构是（　　）。
   A. 摆动导杆机构　　　　　　　　　B. 转动导杆机构
   C. 曲柄摇杆机构　　　　　　　　　D. 平行双曲柄机构

5. 关于导杆机构的论述，不正确的是（　　）。
   A. 由改变曲柄滑块机构中的固定件演化而成　　B. 有转动和摆动导杆机构两种
   C. 牛头刨床进给机构应用了导杆机构　　　　　D. 油泵应用了导杆机构

二、判断题

6. 偏心轮机构不存在"死点"位置。（　　）
7. 导杆机构中导杆的往复运动有急回特性。（　　）
8. 手动抽水机应用了摇块机构，实现了抽水动作。（　　）

9. 导杆机构中，构成转动导杆机构的条件是机架长度小于曲柄长度。（ ）
10. 铰链四杆机构可以通过改变某些构件的形状、相对长度，或选择不同的构件作为机架等方法，演化形成其他形式的四杆机构。（ ）

三、填空题

11. 曲柄滑块机构是由机构中的摇杆长度趋于_____而演变来的。滑块的行程是曲柄长度的_____倍。
12. 导杆机构是由改变曲柄滑块中的位置演变而来的。若导杆机构中的机架长度 l_1 与曲柄长度 l_2 的关系为_____，则构成转动导杆机构。
13. 牛头刨床横向进给机构，其传动采用了四杆机构中的_____机构；牛头刨床主运动机构采用了_____机构。
14. 插床的主运动机构采用了双曲柄机构和_____机构组合，从而使插刀实现慢速的工作行程和_____速的退刀行程工作要求。
15. 抽水机中的抽水机构属于_____机构。
16. 导杆是机构中与另一运动构件组成_____副的构件；导杆机构中运动副形式为_____副与_____副。
17. 一对心曲柄滑块机构，滑块往复运动的速度为 5m/s，曲柄转速为 1000r/min，则曲柄长度为_____ mm。

四、简答题

18. 在如图 5-2-15 所示插床主运动机构中，已知各构件的尺寸分别为：L_{AB} = 20mm，L_{BC} = 32mm，L_{CD} = 25mm，L_{AD} = 10mm，L_{CE} = 55mm，滑块 E 在直线 AD 的延长线上作往复直线运动。工作行程和空回行程的方向已标注在图上。构件 AB 为主动件，沿顺时针方向匀速转动。请确定：

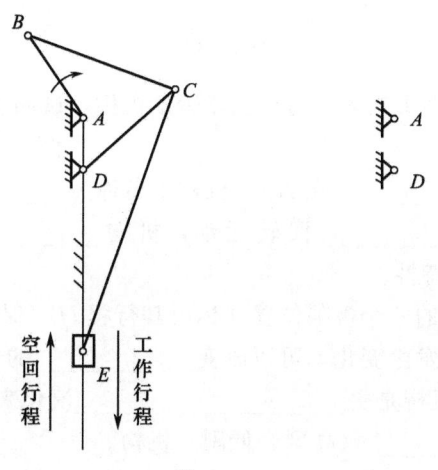

图 5-2-15

(1) 该机构由_____和_____两种机构构成。
(2) 该机构_____（有、无）死点位置。
(3) 请在图中画出滑块 E 运动的上极限位置 E_1 和下极限位置 E_2 及主动件 AB 相应的两个运动位置 AB_1 和 AB_2（图右边已按 1∶1 画出了机架线 AD 的位置，请在该位置按 1∶1 完成本题作图）。

(4) 该机构_____急回特性（有、无）。

(5) 如果机构有急回特性，则急回特性系数 $K =$ _____。（只需写出表达式，不必求出数值，但表达式中的字母或符号须在图中注明。）

19. 某组合机构的传动简图如图 5-2-16 所示。图中，轮 2 驱使连杆机构，实现滑块 6 的往复直线运动，A、D 分别为轮 2 和曲柄 4 的转动中心，且 A、D 与滑块 6 的运动方向共线；连杆 BC 的左端采用铰链与轮 2 连接，BC 与 AD 平行且长度相等；斜齿轮 1、2 的齿数分别为 $Z_1 = 30$、$Z_2 = 60$；ED、EF 的长度分别为 40mm、160mm；轮 2 为主动轮顺时针转动，转速 $n = 30r/min$。试分析该机构并回答下列问题：

(1) 构件 2、3、4 及机架组成的四杆机构为_____机构，可通过增大构件_____（填"2"、"3"或"4"）的质量，来避免从动件在特殊位置时的运动不确定现象。

(2) 构件 4、5 和滑块 6 组成的机构为_____机构。该机构_____（填"存在"或"不存在"）急回特性。

(3) 在图中作出图示状态下，滑块 6 的压力角 α（保留作图痕迹线）。

(4) 在图中作出滑块 6 的极限位置 F_1、F_2（保留作图痕迹线）。

(5) 滑块 6 的行程等于_____mm，平均速度为_____m/s。

(6) 滑块 6 最大压力角的正弦值等于_____。

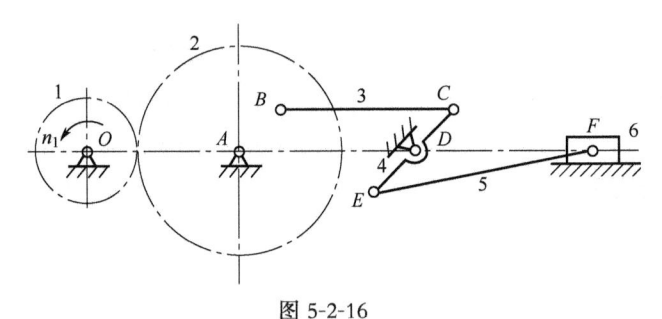

图 5-2-16

20. 如图 5-2-17 所示为牛头刨床的刨头往复运动机构，试回答以下问题：

(1) 该机构由_____和_____两个基本机构串联而成。杆 AE 在 $ABCE$ 机构中的名称为_____，在 AEF 机构中名称为_____。

(2) 该机构 BC 杆作_____回转运动，机构_____（有、无）死点位置；_____（有、无）急回特性。

(3) 在图上作出构件 F 的两个极限位置并标出其行程 H（保留作图痕迹线）。

(4) 要使构件 F 的行程发生变化，可以改变_____的长度。

(5) 图中 AEF 构成的机构是由_____演化来的。

(6) 该机构属于_____（高副、低副）机构。

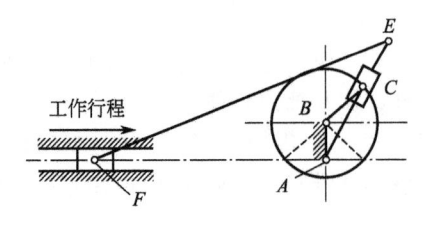

图 5-2-17

五、计算题和作图题

21. 如图 5-2-18 所示曲柄滑块机构，已知曲柄 AB 长度 $l_1 = 15$mm，连杆 BC 长度 $l_2 = 35$mm，$e = 10$mm。当曲柄为主动件顺时针转动时，分析并计算：

（1）作出滑块的极限位置，计算出极位夹角和滑块的行程。

（2）计算行程速比系数，并在图中标出急回方向。

（3）求出曲柄转到水平位置时，机构的压力角，并在图中标出。

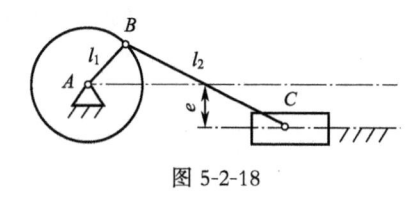

图 5-2-18

22. 如图 5-2-19 所示机构，已知 $L_{AB} = 12$mm，$L_{DA} = 24$mm，主动曲柄顺时针转动，分析并计算：

（1）计算出极位夹角和摆角。

（2）计算行程速比系数，并在图中标出急回方向。

（3）作出图示位置的压力角。

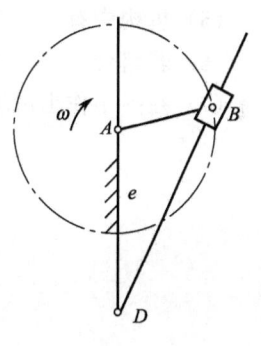

图 5-2-19

23. 如图 5-2-20 所示平面连杆机构运动简图，该机构由转动导杆机构和曲柄滑块机构组合而成。原动件 1 以 $n_1 = 60$r/min 的速度绕 A 点顺时针匀速转动，$L_{AB} = 100$mm，$L_{CA} = L_{CD} = 50$mm，$L_{DE} = 180$mm。试计算：

(1) 滑块 5 的行程为多少毫米？

(2) 滑块 5 往复一个行程所需的时间为多少秒？

(3) 机构的急回特性系数（行程速比系数）为多少？

(4) 滑块 5 工作行程的平均速度为多少米每秒？

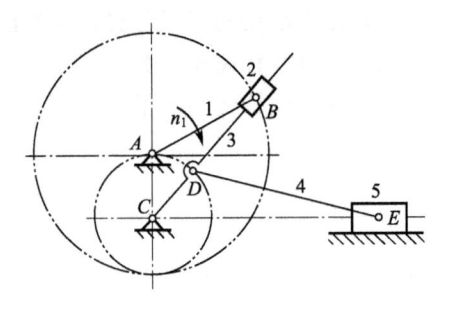

图 5-2-20

24. 如图 5-2-21 所示某冲床机构，$L_{AB} = 100$mm，$L_{CD} = 125$mm，$L_{BC} = 400$mm，$L_{CE} = 450$mm，$L_{AD} = 410$mm，AB 为主动件，并绕 A 点作匀速转动，试分析并回答：

(1) 从运动形式的转换角度分析，该组合机构能实现将主动件的_____运动转换成从动件的_____运动；它由曲柄_____机构和曲柄_____机构组成。

(2) 在机构 $ABCD$ 中，构件 BC 名称为_____，构件 CD 的名称为_____。

(3) 该组合机构_____（有、无）死点位置。

(4) 机构 DCE 是由_____机构演变而成的。

(5) 机构中有____个低副。按相对运动形式的不同，采用了_____副和_____副。

(6) 若组合机构以滑块为主动件，则机构_____（有、无）死点位置。

(7) 在图中作出滑块的行程。

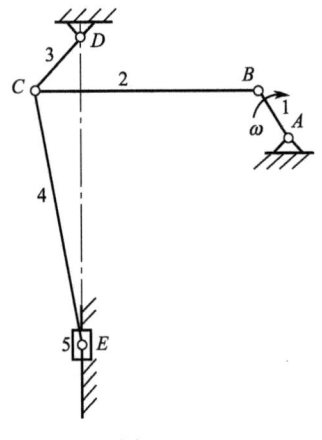

图 5-2-21

第 6 章

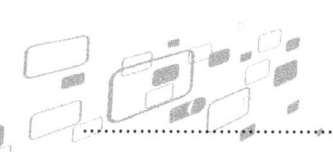

凸轮机构

考纲要求

◇ 了解凸轮机构的分类、应用及特点。
◇ 了解凸轮机构的有关参数及它们对工作的影响。
◇ 熟悉从动件具有等速运动规律、等加速等减速运动规律的凸轮机构工作特点。

6.1 凸轮机构及其有关参数

学习目标

1. 了解凸轮机构的分类、应用及特点。
2. 了解凸轮机构的有关参数及它们对工作的影响。
3. 能用作图法作出凸轮机构的基圆、行程、压力角。

内容提要

要使从动件的位移、速度或加速度，按照预定的规律变化，尤其是当从动件需要复杂的运动规律时，通常采用凸轮机构。

一、凸轮机构的应用与分类

1. 凸轮机构的组成

凸轮机构是由凸轮、从动件和机架三个基本构件组成的高副机构。

2. 凸轮机构分类

凸轮是一个能控制从动件运动规律的具有曲线轮廓或凹槽的构件，凸轮通常作主动件并

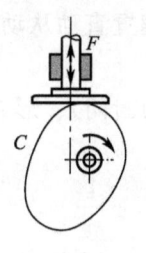

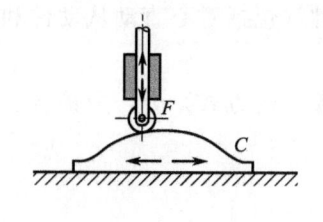

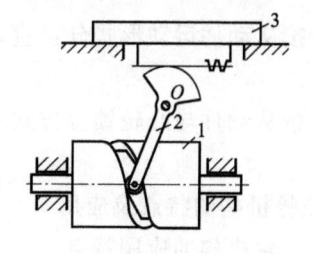

(a) 盘形凸轮　　　(b) 移动凸轮　　　(c) 圆柱凸轮

图 6-1-1　凸轮机构

等速转动。凸轮机构的分类方式很多，见表 6-1-1。

表 6-1-1 凸轮机构的分类

盘形凸轮机构			圆柱凸轮机构	移动凸轮机构	锁合方式
尖顶对心直动从动件	尖顶偏置自动从动件	尖顶摆动从动件	移动从动件	尖顶移动从动件	形锁合
滚子对心直动从动件	滚子偏置直动从动件	滚子摆动从动件	摆动从动件	滚子直动从动件	力锁合
平底对心直动从动件	平底偏置直动从动件	平底摆动从动件	移动从动件	滚子摆动从动件	

（1）按照凸轮与从动件相对运动分：平面凸轮机构（图 6-1-1（a）、（b））和空间凸轮机构（图 6-1-1（c））。

（2）按凸轮的形状分：盘形凸轮、移动凸轮、圆柱凸轮。

盘形凸轮机构是一个半径变化的盘形构件，是凸轮最基本的形式，结构简单、应用最广，但从动件的行程或摆动角度不能过大；移动凸轮机构相当于回转中心趋向无穷远的盘形凸轮，移动凸轮可以作直线往复运动，也可以固定；空间凸轮机构可以从直径不大的圆柱凸轮中得到较大的行程。

（3）按从动件的形状分：尖顶从动件、滚子从动件、平底从动件。

尖顶从动件为点接触，磨损快，宜用于受力不大的低速凸轮机构；滚子从动件耐磨损，能承受较大载荷，是最常用的从动件形式；平底从动件传动效率高，常用于高速凸轮机构。

（4）按从动件运动形式分：直动从动件（包括对心直动从动件和偏置直动从动件）、摆动从动件。

（5）按从动件与凸轮锁合方式（保持接触的方式）分：力锁合（力封闭）、形锁合（几何封闭）。

3．凸轮机构的特点及应用

（1）凸轮机构的应用特点

凸轮机构是高副机构，结构简单、紧凑，只要设计出适当的凸轮轮廓曲线，就可以使从动件实现任意的运动规律，并作间歇或连续的移动或摆动。其主要应用特点是：

① 凸轮机构可以用在对从动件要求严格的场合；
② 凸轮机构可以高速启动，动作准确可靠；
③ 高副接触，易于磨损，多用于传递力不太大的场合。
(2) 凸轮机构的应用实例

凸轮机构典型的应用实例有：内燃机气阀机构、插齿机切深机构、自动车床走刀机构、火柴自动装盒机构、糖果包装剪切机构、缝纫机的挑线机构等。

二、凸轮机构的参数

1. 凸轮的转角

如图 6-1-2 所示盘形尖顶凸轮机构，凸轮为主动件以 ω_1 逆时针等速转动，经过一段时间所转过的角度称为凸轮的转角 δ。

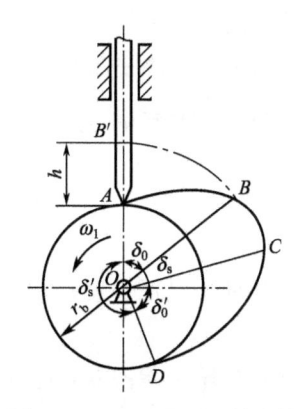

图 6-1-2 盘形尖顶凸轮机构

凸轮转动时，从动件被凸轮轮廓（AB 段）推向上，这一过程称为推程。与之对应的凸轮转角 δ_0 称为推程运动角。

当凸轮继续转过 δ_s 时，由于轮廓 BC 段为一圆弧，从动件停留在最远处不动，此过程称为远休止，对应的凸轮转角 δ_s 称为远休止角。

当凸轮又继续转过 δ_0' 角时，从动件从最远处回到最低点 D，此过程称为回程，对应的凸轮转角 δ_0' 称为回程运动角。

当凸轮继续转过 δ_s' 时，由于轮廓 DA 段为一圆弧，从动件继续停在距转动中心最近处不动，此过程称为近休止，对应的凸轮转角 δ_s' 称为近休止角。

2. 凸轮的实际轮廓曲线和理论轮廓曲线

(1) 凸轮的实际轮廓曲线

凸轮的实际轮廓曲线是指凸轮上与从动件直接接触的轮廓，也就是凸轮的工作轮廓，如图 6-1-3 所示。

(2) 凸轮的理论轮廓曲线

凸轮的理论轮廓曲线是指根据反转法原理，确定的尖顶从动件的运动轨迹，如图 6-1-3 所示。

对于尖顶从动件，凸轮的实际轮廓曲线和理论轮廓曲线是重合的；对于滚子从动件，以凸轮理论轮廓曲线为圆心，滚子半径为半径的一系列圆的包络线即为实际轮廓曲线；对于平底从动件，过凸轮理论轮廓曲线上各点作一系列平底直线的包络线即为实际轮廓曲线。

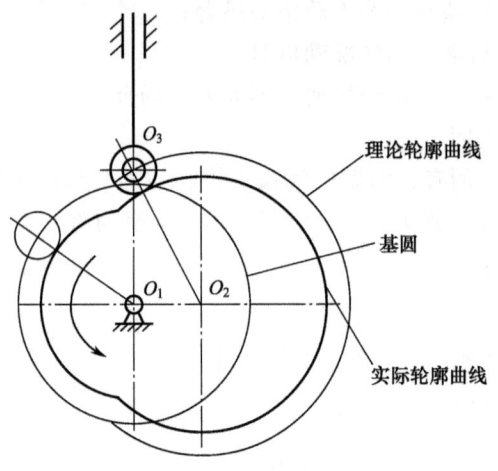

图 6-1-3　盘形滚子凸轮机构

对于滚子从动件的凸轮机构,如果滚子半径 r_t 大于理论轮廓的曲率半径 ρ,将出现运动失真的现象,故通常设计时可取 $r_t \leqslant \rho_{\min}$。

3. 基圆和行程

(1) 基圆

以凸轮理论轮廓最小向径(从动件处于最低位置)为半径作的圆,称为基圆,基圆半径用 r_b 表示,如图 6-1-2 所示。

基圆半径是凸轮的主要尺寸参数,从结构紧凑看,r_b 小比较好。

(2) 行程

从动件的最大升程(最近位置到最远位置的距离),称为行程,用 h 表示。

4. 位移曲线

以从动件的位移 s 为纵坐标,对应的凸轮转角为横坐标,将凸轮转角或时间与对应的从动件位移之间的函数关系用曲线表达出来的图形称为从动件的位移曲线图,如图 6-1-4 所示。

5. 压力角

(1) 压力角的概念

凸轮机构中,从动件与凸轮轮廓上某点接触,从动件的受力方向与运动方向间的夹角称为凸轮机构在该点的压力角,用 α 表示,如图 6-1-5 所示 A_2 点的压力角。

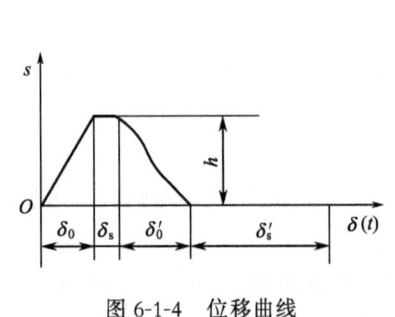

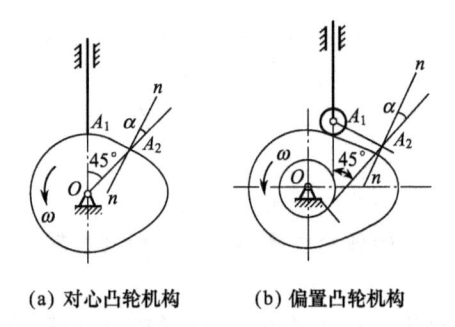

图 6-1-4　位移曲线

(a) 对心凸轮机构　　(b) 偏置凸轮机构

图 6-1-5　压力角

凸轮机构的压力角越大,有效分力将减小,有害分力将增加,从动件将会发生自锁现象。因此,为保证从动件的顺利运行,一般规定压力角的最大值必须在下列范围:

对于移动从动件,在推程时,$\alpha \leqslant 30°$;回程时,$\alpha \leqslant 80°$。

对于摆动从动件,在推程时,$\alpha \leqslant 45°$;回程时,$\alpha \leqslant 80°$。

凸轮基圆半径的大小会影响压力角,相同运动规律下,基圆半径越大,凸轮的尺寸越大,压力角越小。

(2) 任意位置压力角的绘法

①反转法:绘制凸轮轮廓曲线和任意位置压力角等均采用反转法,即在整个凸轮机构(凸轮、从动件、机架)上加一个与凸轮角速度大小相等、方向相反的角速度($-\omega$),于是凸轮静止不动,而从动件则与机架(导路)一起以角速度($-\omega$)绕凸轮转动,且从动件仍按原来的运动规律相对导路移动(或摆动),如图 6-1-6 所示。

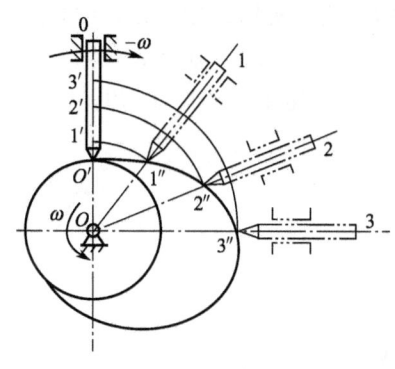

图 6-1-6 反转法

②绘制任意位置压力角时,应先利用反转法确定从动件的位置,然后作出从动件的受力方向和运动速度方向,两者的夹角即为压力角,如图 6-1-5 所示。

例题解析

【例 6-1-1】 如图 6-1-7 所示为某组合机构。件 1 的轮廓线是半径 $r=30\text{mm}$ 的圆,旋转中心 D 与 A、G、H 共线,机构中各杆的尺寸为:$L_{AB}=L_{CD}=15\text{mm}$,$L_{BC}=L_{DA}=50\text{mm}$。试回答下列问题。

(1) 该组合机构是由_____和_____基本机构组成(填"平行四边形机构"或"反向双曲柄机构")。

(2) 轮 1 的基圆半径 $r_0 = $_____mm。

(3) 作出图示位置件 2 的压力角 α,该压力角的值是_____。

(4) 件 2 上升运动时,必须满足_____条件,才能避免产生自锁。

(5) 在图中标出件 1 的理论轮廓曲线。

(6) 件 1 轮廓曲线上的_____位置与件 2 接触时,会出现最小压力角;件 1 轮廓线上的_____位置与件 2 接触时,会出现最大压力角(填"G"或"E"或"H"或"F")。

(7) 机构 ABCD 中,主动件 AB 每转动一周,出现_____次死点。此时机构压力角的值是_____。

(8) 机构 ABCD 的运动特点:主、从动件的_____相同,主、从动件的_____相等。

(9) 当杆 AB 由图示位置转过 90°时，件 2 的位移 s = _____ mm。

(10) 件 2 的行程 h = _____ mm。

【要点解析】 本题为凸轮机构与平行四边形机构的组合机构。既考查了它们单个机构的知识，又考查了它们组合应用的知识，充分体现了综合应用能力。由于是尖顶式从动件 DE 即为最小半径（如图 6-1-8 所示），即为基圆半径；求解图示位置压力角，关键是根据定义作出压力角，再利用数学知识求解；当 AB 杆顺时针转至与 BC 杆共线时，即凸轮上 E 点转过来与从动件接触，E 点在两心的连线上，故压力角为 0°；当杆由图示位置转过 90°时，此时从动件 2 的位移为两位置时凸轮回转半径均差值，即 $s = DG - DE$。平行四边形机构中，两曲柄无论哪一个为主动件，机构均具有死点位置。

【解】 (1) 平行四边形机构、凸轮机构；(2) 15；(3) 如图 6-1-8 所示 α，30°；
(4) $α ≤ 30°$（或 $α ≤ [α]$）；(5) 如图 6-1-8 所示；(6) E、F、G、H；
(7) 两，90°；(8) 运动方向，角速度；(9) 10.98；(10) 30。

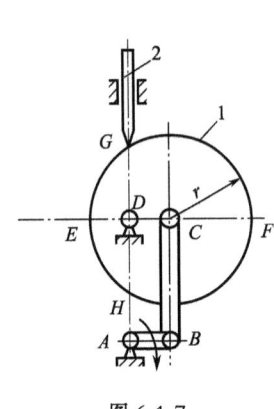

图 6-1-7 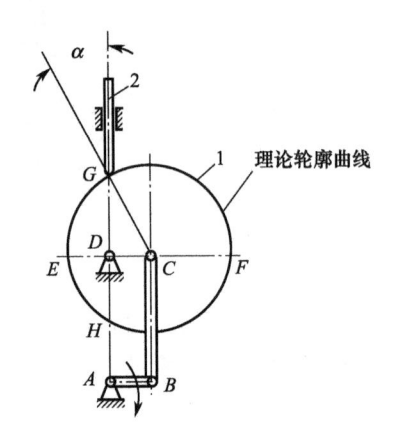 图 6-1-8

【例 6-1-2】 如图 6-1-9 所示，对心滚子从动件盘形凸轮机构中，凸轮的实际轮廓线为圆，其圆心点为 A，半径 $R = 40$mm，凸轮转动方向如图所示，$l_{OA} = 25$mm，滚子半径 $r_t = 10$mm，试解答：

(1) 凸轮的理论轮廓线为何种曲线：_____；

(2) 凸轮的基圆半径 r_b = _____ mm；

(3) 在实际轮廓线上标出推程中压力角取得最大值的点；此时最大压力角 $α_{max}$ = _____；

(4) 从动件 2 的升程 h = _____ mm；

(5) 若凸轮角速度 $ω = \frac{π}{5}$rad/s，则从动件 2 升程的平均速度为 _____ mm/s；

(6) 若凸轮实际轮廓线不变，而将滚子半径改为 15mm，从动件 2 的升程 h _____（变大、不变、变小），推程中 $α_{max}$ _____（变大、不变、变小）。

【要点解析】 本题涉及的内容包括凸轮机构的基本术语、凸轮机构的工作过程、参数及其对工作的影响。图示为滚子式对心移动凸轮机构，基本参数应在理论廓线上求得，所以应先作出理论轮廓线。找出凸轮的角速度和从动件 2 的平均速度之间的联系，它们的运动周期是相同的，运用这个条件求出从动件 2 升程的平均速度。

【解】 作图，如图 6-1-10 所示。

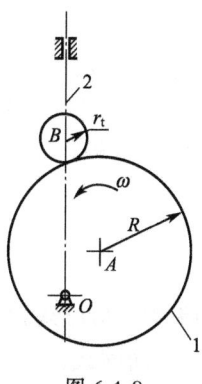

图 6-1-9 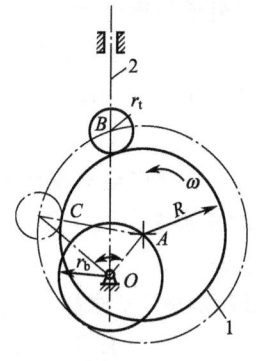　　　　　　　　　　　　图 6-1-10

(1) 圆；(2) 25；(3) 30°；(4) 50；(5) 10；(6) 不变，变小。

【例 6-1-3】　如图 6-1-11 所示组合机构，四杆机构各杆长度为 $l_{AB} = 104$mm，$l_{AD} = 132$mm，$l_{CD} = 78$mm，$l_{BC} = 96$mm，凸轮 1 绕 O 点作等速转动，其外轮廓 MN 是以 O 为圆心的一段圆弧，它的回转半径 r 最小。分析该机构，解答下列问题：

(1) 构件 1、2 和 5 组成的机构中，构件 2 的摆动角度一般应尽可能_____（大、小）；为了保证构件 2 有较好的传动性能，一般规定，该机构在推程时压力角 α 应满足_____的要求；凸轮_____半径的取值与压力角有关。

(2) 图示情况下，该组合机构_____（能、不能）将构件 4 作为主动件。

(3) 在图中作出凸轮机构的基圆。

(4) 在图中作出凸轮运动到图示位置时，构件 2 的压力角 α。

【要点解析】　本题是四杆机构与凸轮机构的复合机构，凸轮机构主要是紧扣基圆、压力角、位移及行程的定义与关系。

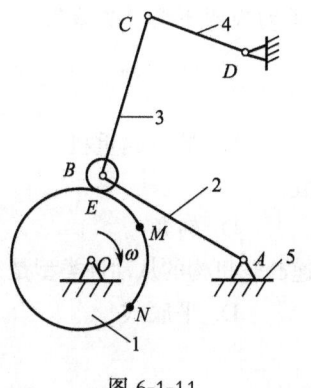

图 6-1-11 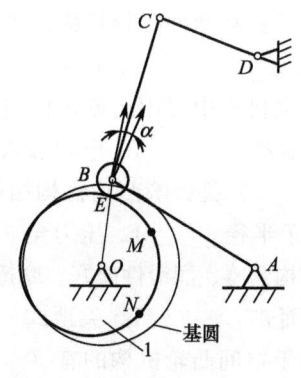　　　　　　　　　　　　图 6-1-12

【解】　(1) 小，≤45°，基圆；(2) 不能；(3)、(4) 见图 6-1-12。

巩固练习

一、选择题

1. 凸轮轮廓与从动件之间的可动连接是（　　）。
A. 移动副　　　　B. 转动副　　　　C. 高副　　　　D. 可能是高副也可能是低副

2. 对心式滚子凸轮机构,基圆与实际轮廓线(　　)。
   A. 相切　　　B. 相交　　　C. 相离　　　D. 不确定

3. 通常对于摆动从动件的凸轮机构要求回程时的压力角应满足(　　)要求。
   A. $\alpha \leqslant 20°$　　B. $\alpha \leqslant 30°$　　C. $\alpha \leqslant 45°$　　D. $\alpha \leqslant 80°$

4. 最终决定从动件运动规律的是(　　)。
   A. 凸轮的基圆大小　　　　　　B. 凸轮形状
   C. 工作要求　　　　　　　　　D. 凸轮轮廓曲线

5. 对运动的准确性要求高、传力小、速度低的凸轮机构,常用的从动件形式为(　　)。
   A. 滚子式　　　B. 平底式　　　C. 尖顶式　　　D. 曲面式

6. 一个以偏心距离为 R 的圆盘作凸轮,从动件的滚子半径也为 R 的对心凸轮机构,它的行程为(　　)。
   A. R　　　B. $2R$　　　C. 0　　　D. $R/2$

7. 凸轮机构的压力角与(　　)无关。
   A. 从动件运动规律　B. 滚子半径　　C. 凸轮基圆半径　D. 凸轮转速

8. 已知一偏置滚子直动从动件盘形凸轮机构,若将凸轮转向由顺时针改为逆时针,则该从动件(　　)。
   A. 运动规律发生变化,而最大行程不变
   B. 运动规律和最大行程均不变
   C. 最大行程发生变化,而运动规律不变
   D. 运动规律和最大行程均发生变化

9. 设计凸轮机构,当凸轮角速度和从动件运动规律已知时,则(　　)。
   A. 基圆半径越大,压力角越大　　B. 基圆半径越小,压力角越大
   C. 滚子半径越小,压力角越小　　D. 滚子半径越大,压力角越小

10. 滚子式从动件凸轮机构,当(　　)时,从动件运动规律不会"失真"。
    A. $r_t > \rho_{min}$　　B. $r_t = \rho_{min}$　　C. $r_t < \rho_{min}$　　D. $r_t \leqslant \rho_{min}$

11. 下列机构中要用凸轮机构的是(　　)。
    A. 绕线器　　　B. 电影放映机　　　C. 抽水机　　　D. 港口起重机

12. (　　)是影响凸轮机构结构尺寸大小的主要参数。
    A. 滚子半径　　　B. 压力角　　　C. 基圆半径　　　D. 转角

13. 结构紧凑、润滑性能好、摩擦阻力较小,适用于高速凸轮机构的从动件类型是(　　)。
    A. 曲面式　　　B. 尖顶式　　　C. 滚子式　　　D. 平底式

14. 属于空间凸轮机构的有(　　)。
    A. 移动凸轮机构　　　　　　B. 圆柱凸轮机构
    C. 盘形槽凸轮机构　　　　　D. 盘形凸轮机构

15. 为提高仪表,记录仪等机构工作的灵敏性,常用(　　)凸轮机构。
    A. 滚子式　　　B. 尖顶式　　　C. 平底式　　　D. 曲面式

二、判断题

16. 移动凸轮是相对机架作直线往复运动的。(　　)

17. 凸轮轮廓曲线上各点的压力角是不变的。(　　)

18. 滚子从动件凸轮机构中,凸轮的实际轮廓曲线和理论轮廓曲线是同一条线。(　　)

19. 滚子从动件的滚子半径选用得过小，将会使运动规律失真。（　　）
20. 不同类型的从动件按照同一种规律运动时，所对应的凸轮实际轮廓线是相同的。（　　）
21. 凸轮机构广泛应用于机械自动控制（　　）。
22. 凸轮机构仅适用于实现特殊要求的运动规律而传力又不太大的场合，且能高速启动。（　　）
23. 设计凸轮时，应在机构受力许可的情况下，尽量把压力角取得大些，以便使机构尽可能紧凑。（　　）
24. 凸轮机构从动件的运动规律可按要求任意拟定。（　　）
25. 由于滚子式从动件摩擦阻力小，承载能力大，故可用于高速场合。（　　）
26. 在自动车床中，如果采用凸轮控制刀具的进给运动，则在切削加工阶段时，从动件应采用等速运动规律。（　　）
27. 凸轮机构的压力角越大，机构的传力性能就越好。（　　）

三、填空题

28. 影响滚子式凸轮机构工作性能的主要参数有_____、_____和_____。
29. 在盘形凸轮机构中，为防止移动从动件在运动中突然自锁（卡死），一般规定推程压力角的最大值是_____。
30. 凸轮机构从动件的形式主要有_____、_____、_____三种；凸轮按形状分有_____、_____、_____三类。
31. 凸轮是一个能控制_____的具有_____或_____的构件。
32. 仅具有_____尺寸变化并绕其旋转的凸轮称为盘形凸轮。盘形凸轮可形成_____和_____两种直动式。
33. 凸轮机构主要由_____、_____和固定机架三种基本构件组成。在凸轮机构中，凸轮通常为_____件，并作_____或_____。
34. 凸轮机构中，凸轮的轮廓形状取决于_____；从动件的运动规律取决于_____。
35. 当盘形凸轮的回转中心趋于_____时，即成为移动凸轮。移动凸轮通常作_____运动，多用于_____机械中。
36. 凸轮的基圆大小与压力角大小成_____关系，基圆半径越小，压力角越_____，有效推力越_____，有害分力越_____。
37. 滚子从动件的_____选用过大，将会使运动规律失真。
38. 从动件自最低位置升到最高位置的过程称为_____，与之相应的凸轮转角称为_____。

四、简答题

39. 分析图 6-1-13 所示盘形凸轮机构，完成下列问题：
(1) 画出或指出基圆、理论轮廓曲线、实际轮廓曲线和图示位置压力角。
(2) 当凸轮 A、B 两点与从动件接触时，压力角 α 为_____。
(3) 从动件的推程角为_____，从动件的回程角为_____，行程 $h=$_____。

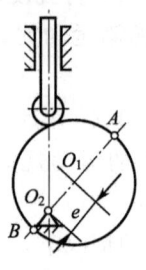

图 6-1-13

40. 图 6-1-14 所示为一对心凸轮机构，凸轮作逆时针等速转动，分析并回答以下问题：

(1) 该机构适用于_____（高速、低速）、作用力_____（大、小）的场合；

(2) 该机构在图示状态转过 45°时，该机构将作_____（上升、下降）运动，在图中作出此时的压力角 α 和位移。

(3) 该机构的行程为_____，若凸轮以 $\omega = \pi/6$ rad/s 的速度转动等速转动，则从动件回程的平均速度为_____。

(4) 该机构推程时必须满足_____条件才能避免产生自锁现象，若不满足该条件时，可以适当增大_____来满足要求。

41. 如图 6-1-15 所示的对心凸轮机构，已知 $r = 10$ mm，$R = 20$ mm，$r_1 = 5$ mm。求：

(1) 画出基圆和图示位置转过 90°时的压力角；

(2) 该机构从动件的运动过程是_____；

(3) $r_b = $ _____；$h = $ _____及图示位置转过 90°时的位移 $s = $ _____；

(4) 若该机构发现运动失真，可能的原因是_____。

(5) 若该项机构中的从动件不能运动，可能的原因是_____；你采取的措施是_____。

图 6-1-14

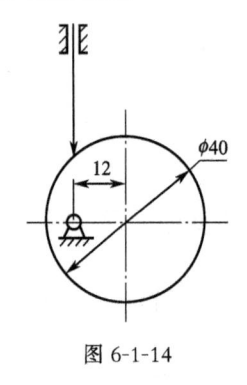

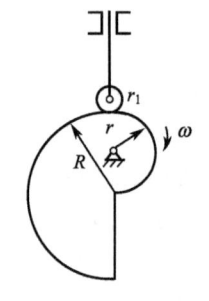

图 6-1-15

6.2 从动件常用的运动规律

学习目标

1. 能正确绘制等速运动规律、等加速等减速运动位移曲线。
2. 理解等速运动规律、等加速等减速运动速度、加速度曲线。

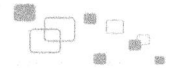

3. 能说出刚性冲击和柔性冲击发生的原因以及等速运动规律位移曲线的修正方法。
4. 能说出从动件具有等速运动规律、等加速等减速运动规律的凸轮机构适用场合。

内容提要

从动件在运动过程中，其位移 s、速度 v、加速度 a 随时间 t（或凸轮转角）的变化规律，称为从动件的运动规律。在凸轮机构中，凸轮的轮廓形状取决于从动件的运动规律，从动件的运动规律取决于机器的工作要求。

一、等速运动规律

1. 位移线图和运动线图

从动件推程或回程的运动速度为常数的运动规律，称为等速运动规律。等速运动规律从动件的位移线图和运动线图如图 6-2-1 所示。

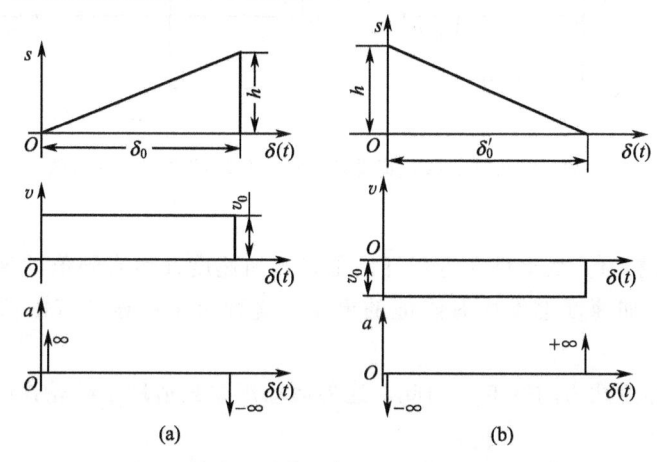

图 6-2-1 等速运动从动件的位移线图和运动线图

2. 工作特点

由图 6-2-1 可以看出，从动件在行程开始位置，速度由 0 突变为 v_0，加速度为 ∞，同理在行程终止位置，速度由 v_0 突变为 0，加速度为 $-\infty$，这种由于速度突变，加速度达到无穷大而引起的冲击，称为刚性冲击。

刚性冲击会使凸轮机构在周期性的工作中产生强力的振动。因此，这种运动规律只适用于凸轮作低速转动和从动件质量较小的场合。

为避免刚性冲击，通常在行程起点和终点位置处以圆弧过渡对曲线修正。

二、等加速等减速运动规律

1. 位移线图和运动线图

从动件在一个行程 h 中，前半行程作等加速运动，后半行程作等减速运动，这种运动规律称为等加速等减速运动规律。通常加速度和减速度的绝对值相等，其运动线图如图 6-2-2 所示。

等加速等减速运动的位移曲线，是由两段抛物线组成的。其作图的方法，如图 6-2-2 所示。

(a)　　　　　　　　　　　　(b)

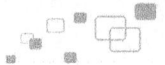

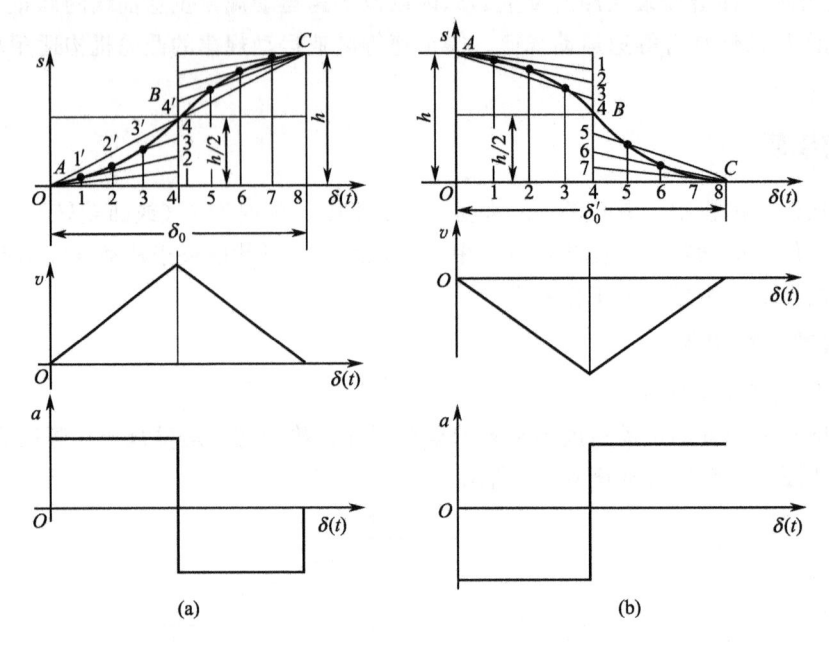

图 6-2-2　等加速等减速运动从动件的位移线图和运动线图

2. 工作特点

由图 6-2-2 可以看出，从动件在行程开始位置，加速度发生有限值的突变；同理在行程的中间和终止位置，加速度也发生有限值的突变，这种由于加速度有限值突变而引起的冲击，称为柔性冲击。

柔性冲击会引起惯性力的突变。因此，这种运动规律只适用于凸轮作中、低速转动和从动件质量不大的场合。

例题解析

【例 6-2-1】 图 6-2-3 所示对心盘形凸轮机构，凸轮以角速度 $\omega=10°/s$ 逆时针转动，从动件作升—停—降—停的运动循环，升程作等速运动规律，回程作等加速等减速运动规律（加速段和减速段时间、位移相等）。已知滚子直径为 15mm，$\varphi_1=\varphi_3=100°$，$\varphi_2=70°$，$\varphi_4=90°$，行程 $h=40$mm，试回答下列问题：

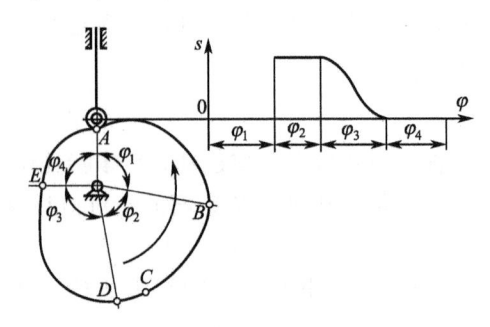

图 6-2-3

(1) 在图中画出凸轮的基圆。

(2) 在图中补画出从动件升程段的位移曲线。

(3) 机构在运动过程中，D 点处产生_____冲击。

(4) 机构在运动过程中，C 点处的压力角为_____。

(5) 从动件回程需要的时间为_____ s。

(6) 从动件在升程中的平均速度为_____ mm/s。

(7) 凸轮从图示位置转过 $60°$ 时，从动件位移为_____ mm；凸轮从图示位置转过 $220°$ 时，从动件位移为_____ mm。

(8) 在升程中为了避免刚性冲击，通常在位移曲线转折处采用圆弧过渡进行修正，修正圆弧半径一般等于行程的_____倍。

(9) 为防止该机构从动件发生自锁现象，一般规定推程压力角的最大值为_____。

【要点解析】 本题的关键是理解从动件的位移曲线，然后综合应用基圆、行程、压力角的概念和画法来解决问题。

【解】 (1)、(2) 如图 6-2-4 所示；

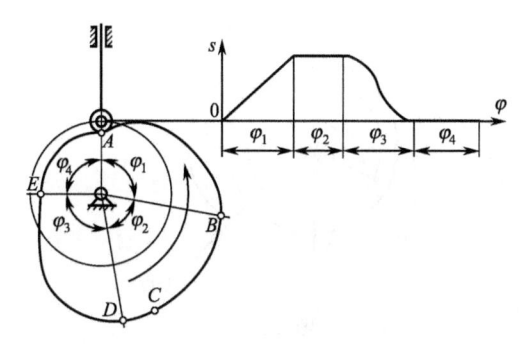

图 6-2-4

(3) 柔性；(4) $0°$；(5) 10；(6) 4；(7) 24、20；(8) 1/2（或 0.5）；(9) $30°$。

【例 6-2-2】 图 6-2-5（a）所示为某凸轮机构。图中，件 1、件 2 和机架构成对心凸轮机构，件 1 绕 O_1 以转速 n_1 逆时针等速转动，其轮廓线 MPN 是以 O_1 为圆心的半圆，半径 r 是件 1 轮廓线上的最小向径；件 1 运动时，件 2 的速度曲线（v-φ 曲线）如图 6-2-5（b）所示。试回答下列问题：

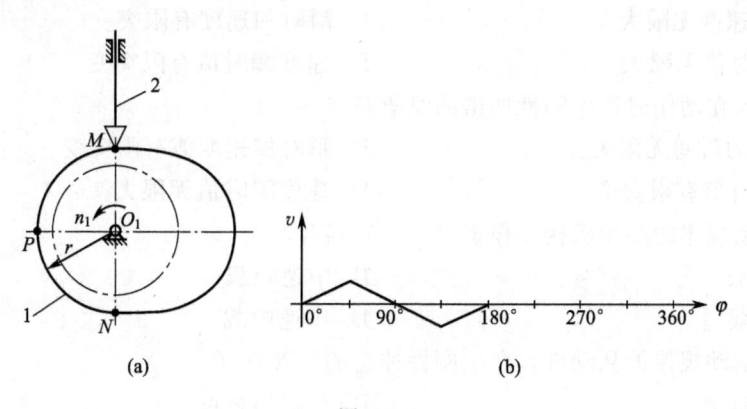

图 6-2-5

(1) 为保证凸轮机构的正常工作，件2＿＿＿＿＿＿（填"可以"或"不可以"）做主动件。

(2) 件1在图示位置转动90°，构件2的运动规律是＿＿＿＿＿＿＿＿＿＿。件2从最低点上升时，将发生＿＿＿＿＿＿（填"刚性"或"柔性"）冲击。

(3) 该凸轮机构推程运动角的值等于＿＿＿＿，近休止角的值等于＿＿＿＿。

(4) 在图6-2-5（a）中作出凸轮机构的基圆。

(5) 在图6-2-5（a）中，作出件1从图示位置转过45°时，凸轮机构的压力角α（保留作图痕迹线）。

【要点解析】 本题的关键是理解从动件的速度曲线，然后综合应用基圆、转角、压力角的概念和画法来解决问题。

【解】 (1) 不可以；(2) 等加速等减速、柔性；(3) 90°、180°；(4) 如图6-2-6所示基圆；(5) 如图6-2-6所示α。

图6-2-6

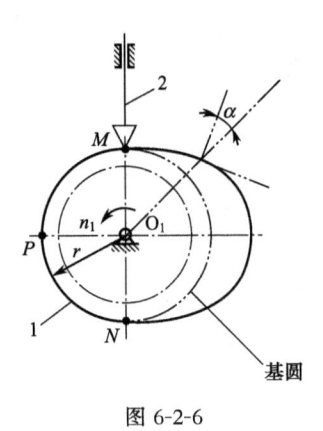

巩固练习

一、选择题

1. 凸轮机构在工作中产生柔性冲击的原因是（　　）。
   A. 瞬时加速度无限大　　　　　B. 瞬时加速度有限突变
   C. 速度瞬时值无限大　　　　　D. 速度瞬时值有限突变

2. 凸轮机构在动作时产生刚性冲击的缘故是（　　）。
   A. 加速度的瞬间无限大　　　　B. 瞬时加速度值有限突变
   C. 速度瞬时值有限突变　　　　D. 速度瞬时值无限大

3. 等速运动规律的凸轮机构工作于（　　）场合。
   A. 低速轻载　　　　　　　　　B. 中速轻载
   C. 高速轻载　　　　　　　　　D. 中速中载

4. 作等速运动规律的从动件，产生刚性冲击的位置有（　　）。
   A. 升程的起点　　　　　　　　B. 升程的终点
   C. 升程的中点　　　　　　　　D. 升程的起点和终点

5. 凸轮机构中的从动件速度随凸轮转角变化的线图如图 6-2-7 所示。下列说法正确的是（　　）。

A. 在凸轮转角处 A、B、C 存在刚性冲击，在 D 处存在柔性冲击

B. 在凸轮转角 A、B 处存在刚性冲击，在 C、D 处存在柔性冲击

C. 在凸轮转角 B 处存在刚性冲击，在 A、C、D 处存在柔性冲击

D. 在凸轮转角 B、C 处存在刚性冲击，在 A、D 处存在柔性冲击

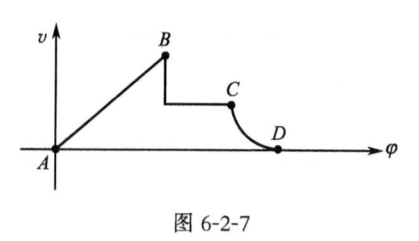

图 6-2-7

二、判断题

6. 为避免刚性冲击，可用 $r = h/2$ 的圆弧对等速运动的位移曲线进行修正。（　　）

7. 采用等加速等减速运动规律，从动件的速度在整个运动过程中不发生突变，因而没有冲击。（　　）

8. 从动件按等加速等减速运动规律运动时，避免了刚性冲击，只存在柔性冲击。因此，这种运动规律适用于中速重载场合。（　　）

9. 等加速等减速位移曲线是由两段抛物线组成的。（　　）

10. 从动件按等速运动规律运动时，在运动的起始、中间和终止时发生刚性冲击。（　　）

11. 凸轮机构的等加速等减速运动规律，是指从动件升程时作等加速运动、回程时作等减速运动。（　　）

三、填空题

12. 从动件作等速运动规律的凸轮机构产生刚性冲击的原因是＿＿＿＿＿＿＿＿，因此只适用于凸轮作＿＿＿＿＿运动，从动件质量＿＿＿＿＿的场合。

13. 作等加速等减速运动规律的凸轮机构，其从动件的位移曲线是＿＿＿＿线，速度曲线为＿＿＿＿＿，运动过程中将产生＿＿＿＿冲击。

14. 凸轮机构从动件的运动规律取决于＿＿＿＿＿＿＿，而凸轮机构主动件常作＿＿＿＿运动。

四、简答题

15. 如图 6-2-8 所示，补齐尖顶对心直动从动件盘形凸轮机构的部分，并指出哪些位置有刚性或柔性冲击。

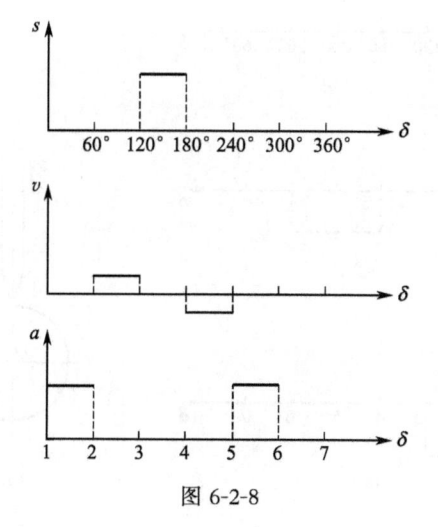

图 6-2-8

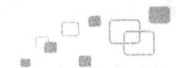

16. 图 6-2-9 所示凸轮机构，从动杆的位移规律见下表，试回答：

凸轮转角 δ	0°～90°	90°～180°	180°～360°
从动杆运动	等速上升	停止不动	等加速、等减速降原处

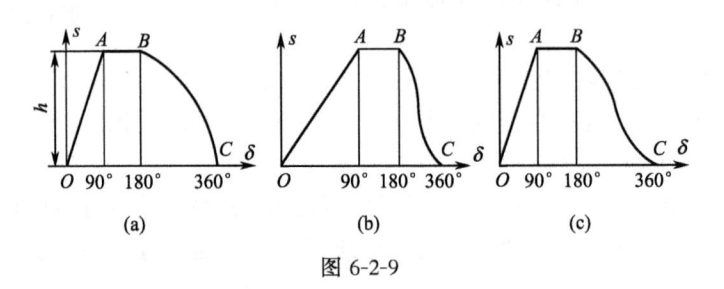

图 6-2-9

(1) 正确的位移曲线为图中的_____。

(2) 该机构的推程运动角为_____，远休止角为_____，回程运动角为_____，近休止角为_____。（填写具体度数）

(3) 该机构在所注字母_____处易产生刚性冲击，_____处易产生柔性冲击。

(4) 若不改变运动规律而要减小冲击，解决的方法是：_____。

17. 如图 6-2-10（a）所示为一尖顶移动件盘形凸轮机构各阶段的运动线图，试回答以下问题：

(1) 该从动件以_____运动规律上升，有_____处柔性冲击。适用于凸轮_____速旋转。

(2) 该凸轮的远休止角为_____。

(3) 若推程时间为 20s，则该凸轮机构的周期为_____。

(4) 根据 6-2-10（b）图提供的基圆，凸轮逆时针转动，作出回程的凸轮轮廓和 240°处的压力角。

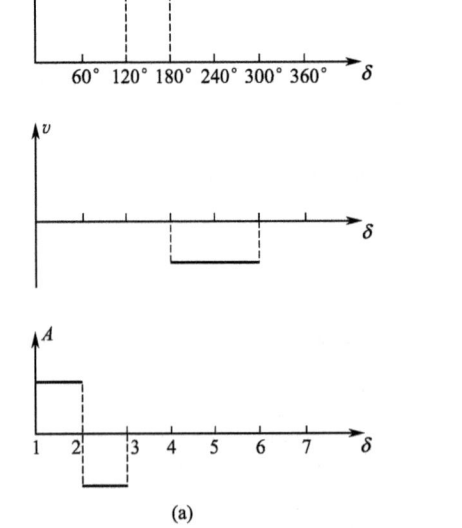

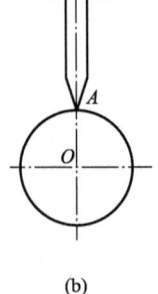

图 6-2-10

18. 如图 6-2-11（a）所示滚子摆动从动件盘形凸轮机构，凸轮 1 为主动件，以角速度 ω 顺时针等速转动，图中示意画出了凸轮的部分廓线 KK，廓线上的 MN 段为圆心在 A 点的一段圆弧，其半径为廓线上的最小向径，2 为摆动从动件，3 为机架。

（1）在原图上画出凸轮的基圆，并标注出基圆半径 r_0；

（2）在图示位置，从动件上的滚子与凸轮廓线在 C 点接触，请在原图上标出在该位置时的压力角；

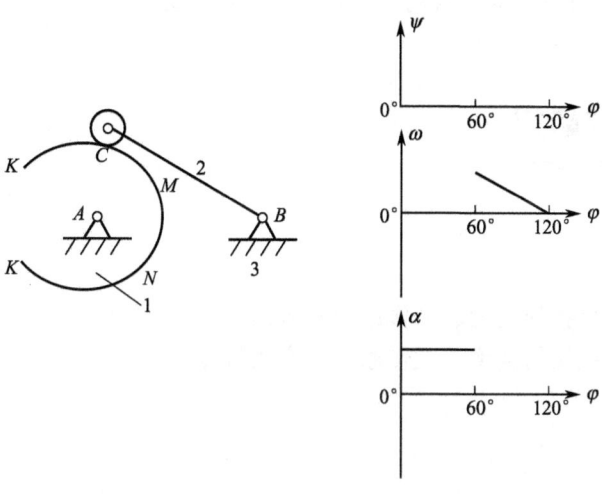

（3）若本题中的从动件选用如图 6-2-11（b）所示的运动规律，推程角 120°，在图 6-2-11（b）中补全从动件运动的位移曲线和加速度曲线。进一步，图 6-2-11（b）中的运动线图所表示的运动规律是_____运动规律，该运动规律有柔性冲击，一般适用于____（低、中、高）速，____（轻、重）载。

图 6-2-11

第 7 章

其他常用机构

考纲要求

◇ 了解常用变速、变向机构的类型、工作原理及应用特点。
◇ 掌握棘轮机构、槽轮机构的组成、工作原理，熟悉其应用。

7.1 变速和变向机构

学习目标

1. 了解常用变速机构的类型、工作原理及应用特点。
2. 了解常用变向机构的类型、工作原理及应用特点。

内容提要

一、变速机构

变速机构是指在输入轴转速不变的条件下，使输出轴获得不同转速的传动装置，分为有级变速机构和无级变速机构两大类。

有级变速机构是通过改变某一级传动比（齿数比）来实现变速的，无级变速机构采用摩擦传动，通过改变主动轮和从动轮的接触半径实现变速。

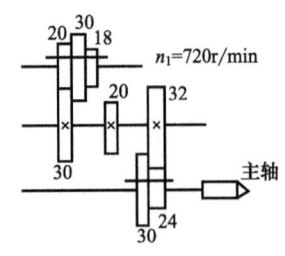

常用的有级变速机构有滑移齿轮变速机构、塔齿轮变速机构、倍增变速机构和拉键变速机构等。常见的无级变速机构有锥轮—端面盘式无级变速机构和分离锥轮式无级变速机构等。

1. 滑移齿轮变速机构

如图 7-1-1 所示，滑移齿轮变速机构是通过改变各滑移齿轮的啮合位置来改变轮系的传动比，从而实现变速的要求。

滑移齿轮变速机构通常用于定轴轮系中，由于能实现转速在较大范围内的多级变速，因此，广泛应用于各类机床的主轴变速。

2. 塔齿轮变速机构

如图 7-1-2 所示为一种塔齿轮变速机构，常用于转速不高但需要有多种转速的场合，例如卧式车床进给箱中的基本螺距机构。

图 7-1-1 滑移齿轮变速机构

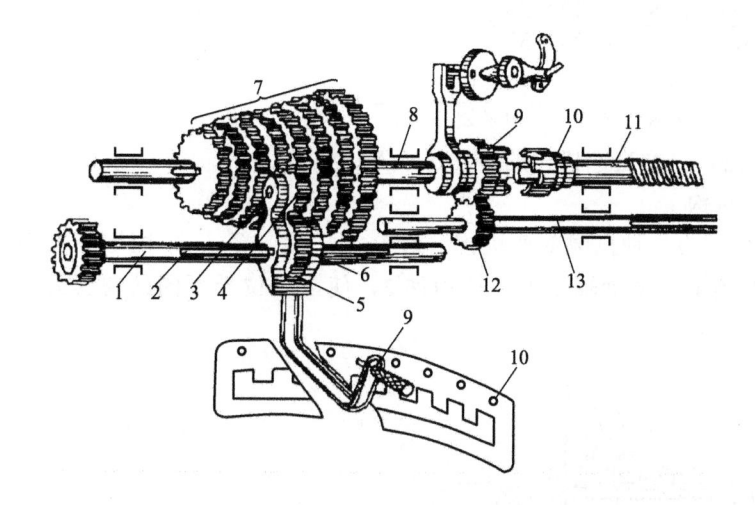

图 7-1-2　塔齿轮变速机构

塔齿轮变速机构的传动比与塔齿轮的齿数成正比，因此很容易由塔齿轮的齿数实现传动比成等差数列的变速机构（即基本螺距机构），用以变更螺距。

3. 倍增变速机构

如图 7-1-3 所示为倍增变速机构，其中的齿轮类型有滑移齿轮、空套齿轮和固定齿轮三种。传动路线分别为：

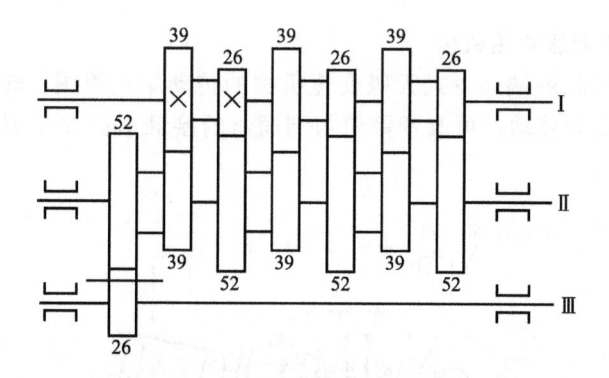

图 7-1-3　倍增变速机构

(1) Ⅰ轴→39/39→52/26→Ⅲ轴

(2) Ⅰ轴→26/52→52/26→Ⅲ轴

(3) Ⅰ轴→26/52→39/39→26/52→52/26→Ⅲ轴

(4) Ⅰ轴→26/52→39/39→26/52→39/39→26/52→52/26→Ⅲ轴

传动比分别为：

(1) $i_{ⅠⅢ} = \dfrac{n_Ⅰ}{n_Ⅲ} = \dfrac{39 \times 26}{39 \times 52} = \dfrac{1}{2}$

(2) $i_{ⅠⅢ} = \dfrac{n_Ⅰ}{n_Ⅲ} = \dfrac{52 \times 26}{26 \times 52} = 1$

(3) $i_{ⅠⅢ} = \dfrac{n_Ⅰ}{n_Ⅲ} = \dfrac{52 \times 39 \times 52 \times 26}{26 \times 39 \times 26 \times 52} = 2$

(4) $i_{ⅠⅢ} = \dfrac{n_Ⅰ}{n_Ⅲ} = \dfrac{52 \times 39 \times 52 \times 39 \times 52 \times 26}{26 \times 39 \times 26 \times 39 \times 26 \times 52} = 4$

由此可以看出，倍增变速机构的传动比成等比数列。

4. 拉键变速机构

如图 7-1-4 所示为一种拉键变速机构，齿轮 Z_1，Z_3，Z_5，Z_7 固定在主动轴 3 上，齿轮 Z_2，Z_4，Z_6，Z_8 空套在从动轴 2 上，拉动件 2，使键 1 位于不同的空套齿轮内，实现四种不同的传动比。

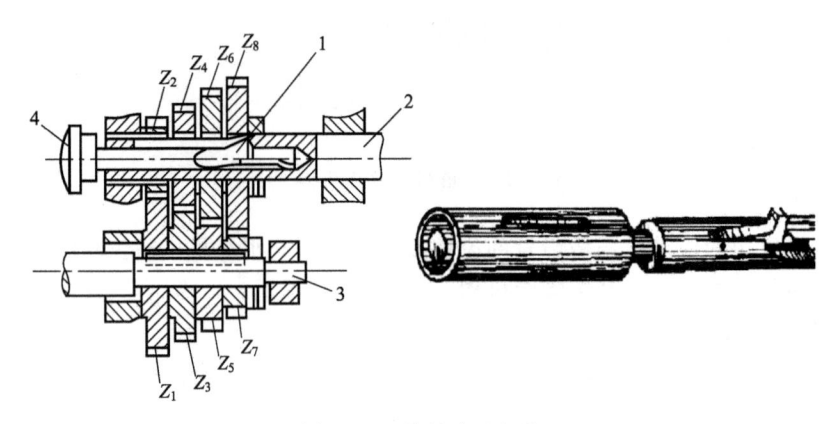

图 7-1-4 拉键变速机构

5. 锥轮-端面盘式无级变速机构

如图 7-1-5 所示为锥轮-端面盘式无级变速机构的传动结构简图。转动齿轮 5 使固定在底板上的齿条 4 连同支架移动，可改变锥轮与端面盘的接触半径 R_1，从而获得不同的传动比，实现无级变速。

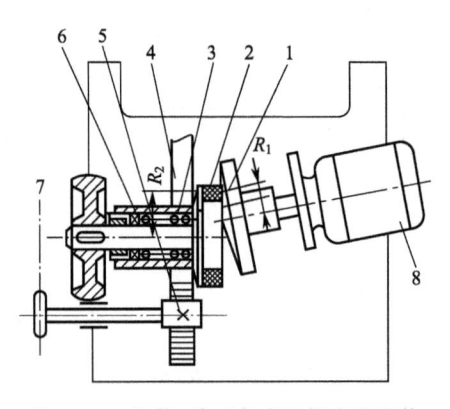

图 7-1-5 锥轮-端面盘式无级变速机构

6. 分离锥轮式无级变速机构

如图 7-1-6 所示为分离锥轮式无级变速机构，其变速原理：操纵丝杆转动，使两个螺母 9 作相反方向移动；在杠杆 3 的作用下，轮 2 和轮 4 分别作合拢和分离运动，从而使带与轮 2、轮 4 的接触半径同时改变，实现无级变速。

通过上述分析可知：有级变速机构是通过改变某一级齿数比来实现变速的，其传动比准

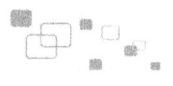

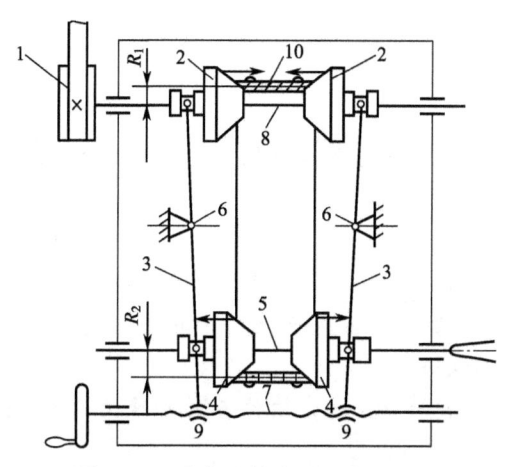

图 7-1-6 分离锥轮式无级变速机构

确，变速可靠，但零件数量多，变速时有噪声。无级变速机构采用摩擦传动，通过改变主动轮或从动轮的接触半径来实现变速，其传动比不准确，过载会打滑，但传动平稳性好。

二、变向机构

变向机构是指在输入轴旋转方向不变的条件下，改变从动轮（轴）的旋转方向的装置。常用的有三星轮变向机构（如图 7-1-7 所示）、滑移齿轮变向机构（如图 7-1-8 所示）和圆锥齿轮变向机构（如图 7-1-9 所示）等。

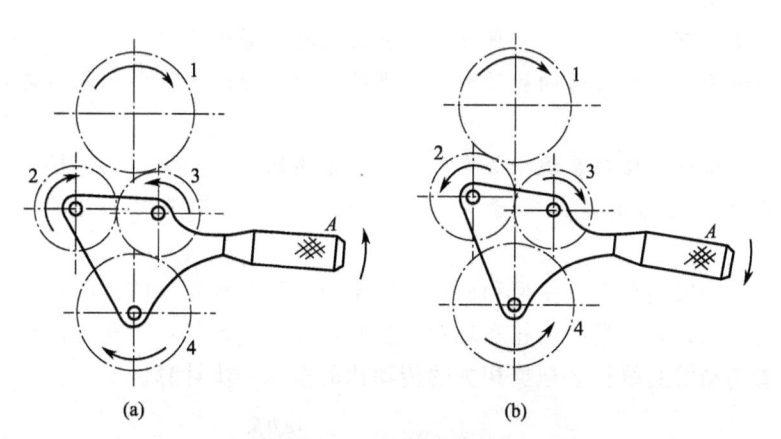

图 7-1-7 三星轮变向机构

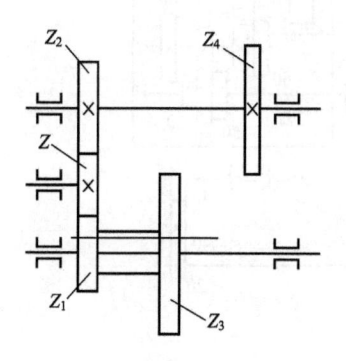

图 7-1-8 滑移齿轮变向机构

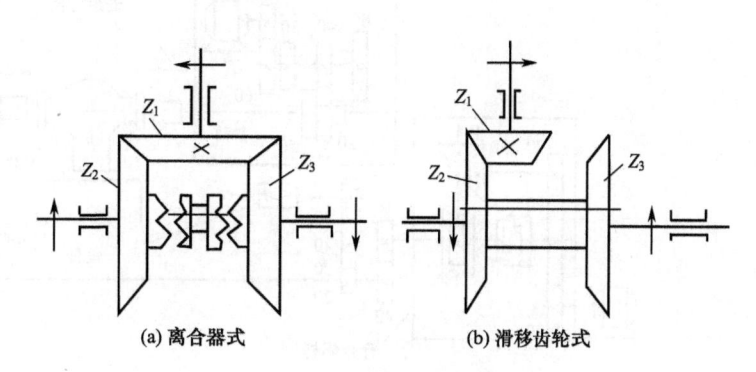

图 7-1-9 圆锥齿轮变向机构

(a) 离合器式　　(b) 滑移齿轮式

例题解析

【例 7-1-1】 根据图 7-1-6 所示的分离锥轮式无级变速机构的简图，分析并回答下列各题：

(1) 该机构主要由_____、_____机构组合而成。

(2) 螺杆 7 两段螺纹的旋向_____（相同、相反）。

(3) 如果输入转速不变，要使输出转速比图示状态下高，则 R_1 _____（变大、变小），R_2 _____（变大、变小）。

(4) 若已知 $R_1 = 20\text{mm}$，$R_2 = 30\text{mm}$，构件 5 的转速为 200r/min，则构件 8 的转速为_____r/min。

【要点解析】 该题的难点在于无级变速原理的分析。由 $n_2 = n_1 \times R_1/R_2$ 可知，若 R_1 越大、R_2 越小，则 n_2 越大。

【解】 (1) 螺旋传动，带传动；(2) 相反；(3) 变大，变小；(4) 300。

【例 7-1-2】 某加工阀门壳体内孔专用机床的传动示意图如图 7-1-10 所示。已知，动力头通过离合器和开合蜗杆（左旋）实现快速和正常两种进给速度的变换，电动机的转速均为 1440r/min，开合蜗杆的头数 $Z_1 = 1$，丝杆的导程 $P_h = 6\text{mm}$，各齿轮的齿数如图所示。通过分析或计算回答下列问题：

(1) 动力头主轴有_____种转速，其最高转速等于_____r/min。

(2) 动力头进给电动机的转向和动力头的进给方向如图所示，则丝杆的旋向为_____。

(3) 动力头进给运动传动系统中共有_____个惰轮。

(4) 动力头快速进给的速度等于_____m/min，正常进给的速度等于_____m/min。

【要点解析】 一般情况下，变速和变向机构常应用于各种轮系的传动中，本题中的轮系采用了惰轮实现变向，采用滑移齿轮实现变速。解本题的关键是：①看清传动系统中各种传动元件；②理清传动的路线；③根据相关的传动比的概念分步计算。

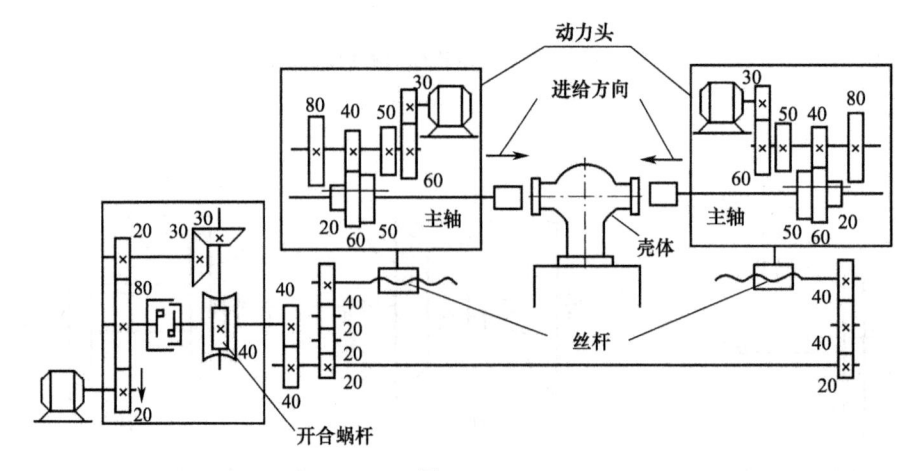

图 7-1-10

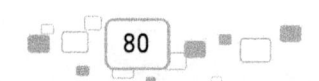

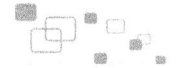

【解】 （1）3，2880；（2）右旋；（3）3；（4）1.08，0.108。

巩固练习

一、选择题

1. 变速范围大，广泛应用于各类机床主轴变速的变速机构是（　　）。
   A. 滑移齿轮变速机构　　　　　　　　B. 齿轮有级变速机构
   C. 倍增有级变速机构　　　　　　　　D. 拉键有级变速机构
2. 容易实现传动比成等差数列，常用于车床进给箱中的基本螺距机构的是（　　）。
   A. 滑移齿轮变速机构　　　　　　　　B. 塔齿轮有级变速机构
   C. 倍增有级变速机构　　　　　　　　D. 拉键有级变速机构
3. 下列描述中，（　　）不是有级变速机构的特点。
   A. 通过改变某一级齿数比来实现变速的　　B. 传动比准确，变速可靠
   C. 过载会打滑，传动平稳性好　　　　　　D. 零件数量多，变速时有噪声
4. 以下不是通过改变齿轮传动比大小来改变从动件转速的变速机构是（　　）。
   A. 塔齿轮变速机构　　　　　　　　B. 拉键变速机构
   C. 倍增变速机构　　　　　　　　　D. 分离锥轮式变速机构
5. 摩擦盘式无级变速机构是通过改变两盘的（　　）来获得不同传动比的。
   A. 接触角度　　　B. 接触半径　　　C. 接触面积　　　D. 接触点

二、判断题

6. 卧式车床进给箱中的基本螺距机构常采用倍增变速机构。（　　）
7. 塔齿轮变速机构的传动比一般成等比数列。（　　）
8. 变速机构是指改变输入轴转速时，使输出轴转速发生变化的传动装置。（　　）
9. 变向机构是指在输入轴旋转方向不变的条件下，改变从动轮（轴）的旋转方向的装置。（　　）
10. 无级变速机构的传动比准确，过载会打滑，传动平稳性好。（　　）
11. 无论是有级变速机构还是无级变速机构，均只能在一定的速度范围内实现变速。（　　）
12. 所有的变向机构都是采用增减惰轮的数量来实现变向的。（　　）

三、填空题

13. 变速机构是指在_____的条件下，使输出轴获得不同转速的传动装置。
14. 有级变速机构通常通过改变机构中_____实现转速的变换。
15. 无级变速机构依靠_____来传递转矩，其原理是通过改变主动轮或从动轮的_____，使输出轴的转速在一定范围内无级地变化。
16. 倍增有级变速机构中，按照齿轮与轴的装配关系的不同，可分成_____齿轮、_____齿轮、_____齿轮三种。
17. 变向机构是指在_____的条件下，改变从动轮（轴）的旋转方向的装置。
18. 常用的变向机构有_____变向机构、_____变向机构和_____变

向机构等。

四、综合分析题

19. 图 7-1-11 所示为一机械传动方案，Ⅰ轴为输入轴，按图中箭头所示方向转动。已知：$Z_1 = Z_2 = Z_3 = 30$，$Z_4 = Z_{12} = 20$，$Z_5 = Z_8 = 40$，$Z_6 = Z_7 = Z_9 = Z_{11} = 60$，$Z_{10} = 80$，$Z_1$、$Z_2$ 和 Z_3 为直齿圆锥齿轮，Z_4、Z_6 为斜齿轮，Z_{12} 为标准直齿圆柱齿轮。分析该传动方案，回答下列问题：

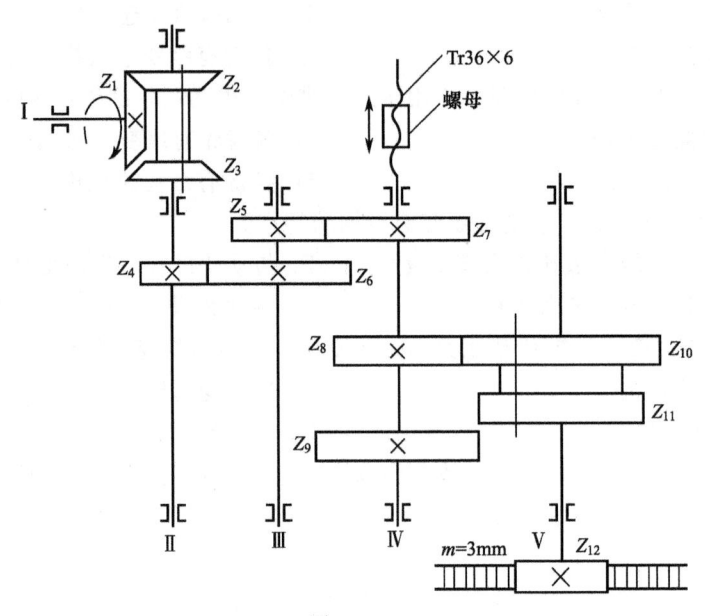

图 7-1-11

（1）图中 Z_1、Z_2 和 Z_3 构成_____机构。Z_2 所受的周向力_____（垂直纸面向里、垂直纸面向外）。

（2）齿轮 Z_1 和 Z_2 的啮合条件为_____和_____。

（3）如图所示状态下，螺母的移动方向为_____，齿条的运动方向为_____。

（4）该传动系统中，齿条向左运动的速度有_____种。齿条快速运动时，该系统的传动比是____。

（5）为了使Ⅱ轴上的轴向力尽可能小，齿轮 Z_6 的旋向为____，Z_6 产生的轴向力方向为_____。

（6）若该传动系统在结构上要求Ⅲ轴和Ⅳ轴的中心距为 102mm，齿轮 Z_5 的模数为 $2mm$。则 Z_5 和 Z_7 这对齿轮传动应为_____（高度变位、正角度变位、负角度变位）齿轮传动。此时的啮合角_____（大于、小于、等于）分度圆上齿形角，Z_7 的齿廓形状为_____。

（7）齿轮 Z_{12} 的齿顶圆直径 d_{a12} = _____ mm，齿根圆直径 d_{f12} = _____ mm。

（8）如图所示状态下，螺母移动 1mm，齿条移动的距离为_____ mm。

20. 图 7-1-12 所示传动机构中，已知，蜗杆 $Z_1 = 4$（右旋），蜗轮 $Z_2 = 30$，齿轮 3 到齿轮 8 的齿数分别是：$Z_3 = 24$、$Z_4 = 50$、$Z_5 = 23$、$Z_6 = 69$、$Z_7 = 15$、$Z_8 = 12$。齿轮 3 为滑移齿轮，与齿轮 4、5 分离时，手轮带动齿轮 7、6，使小齿轮 8 带动齿条 9 移动，实现手动进给。齿条 9 的模数 $m_9 = 3mm$。试回答下列问题：

(1) 图 7-1-12 所示左侧虚线方框内是＿＿＿＿＿变速机构，常用于转速＿＿＿＿＿（填"高"或"不高"或"中等"），但需要有多种转速的场合。

(2) 该机构因传动比容易实现＿＿＿＿＿＿（填"等差数列"或"等比数列"或"任意关系"），故常用于卧式车床进给箱中的＿＿＿＿＿＿机构，用以变更螺距。

(3) 输入轴Ⅰ上齿轮 a 从安装角度看，是＿＿＿＿＿＿（填"滑移齿轮"或"空套齿轮"或"固定齿轮"）。该齿轮与轴采用＿＿＿＿＿＿（填"普通平键"或"导向平键"）实现周向固定。

(4) 该传动系统中有＿＿＿＿＿（填"1"或"2"或"3"）个惰轮，其主要作用是＿＿＿＿＿。

(5) 若输入轴Ⅰ转速为 n_1，输出轴Ⅵ有＿＿＿＿＿种不同的转速。

(6) 轴Ⅱ与轴Ⅲ用＿＿＿＿＿＿＿＿（填"离合器"或"联轴器"）连接，在运动中＿＿＿＿＿＿（填"可以"或"不可以"）分离。

(7) 图示状态下，齿轮 3 与 4 啮合时，齿条 9 的移动方向向＿＿＿＿＿。

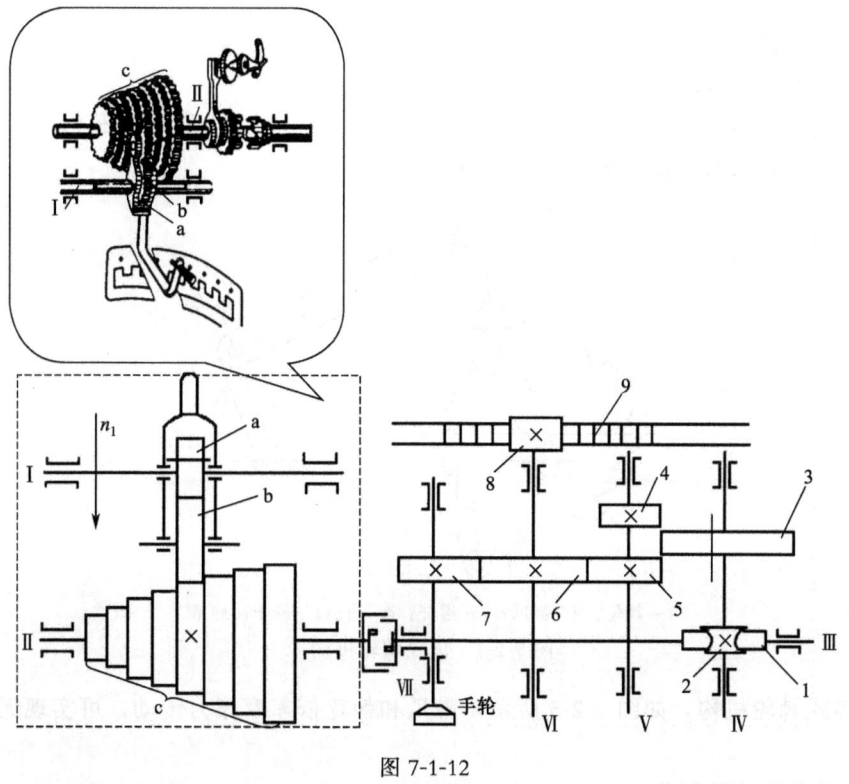

图 7-1-12

7.2 间歇运动机构

学习目标

1. 掌握棘轮机构的组成、工作原理，熟悉其应用。
2. 掌握槽轮机构的组成、工作原理，熟悉其应用。

3. 了解其他常用间歇运动机构的应用特点。

内容提要

当主动件作连续运动时，从动件作周期性时动时停的间歇运动，这种机构称为间歇运动机构。间歇运动机构的种类很多，常用的有棘轮机构和槽轮机构两种。

一、棘轮机构

1. 棘轮机构的组成及工作原理

如图 7-2-1 所示，棘轮机构主要由棘轮、棘爪和机架组成。当主动摇杆逆时针摆动，摇杆上铰接的主动棘爪插入棘轮的齿槽内，推动棘轮同向转动一定角度。当主动摇杆顺时针摆动，主动棘爪在棘轮的齿背上滑回原位，此时止回棘爪阻止棘轮反向转动，使棘轮静止不动，从而实现了主动件连续往复摆动，从动棘轮作单向的间歇运动。

棘轮机构中棘轮的最小转角 $\theta_{\min} = \dfrac{360°}{Z}$，其中 Z 为棘轮齿数。

2. 棘轮机构的类型

（1）按结构不同划分

① 齿式棘轮机构。齿式棘轮机构分为外啮合式（如图 7-2-1 所示）和内啮合式（如图 7-2-2 所示）两种，只能实现有级的角度调节。

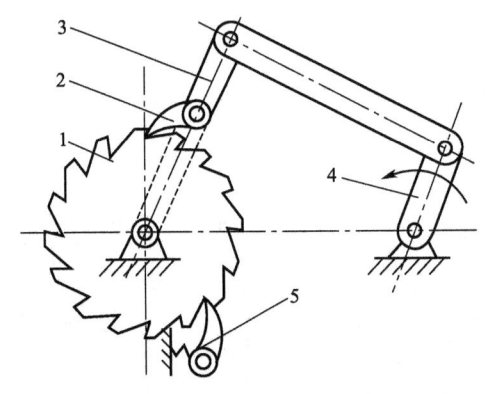

1—棘轮；2—棘爪；3—摇杆；4—曲柄；5—止回棘爪
图 7-2-1 齿式棘轮机构

② 摩擦式棘轮机构，如图 7-2-3 所示，棘爪和棘轮依靠摩擦力传动，可实现无级的角度调节。

（2）按运动形式不同分

① 单向式棘轮机构，如图 7-2-1 所示。其特点：棘轮只能作单向转动，棘轮齿为锯齿形。

② 双向式（可变向式）棘轮机构，如图 7-2-4 所示。其特点：棘轮的齿为对称齿形，如矩形、等腰梯形等。当棘爪位于不同位置（或改变棘爪的方向）时，可推动棘轮向不同方向转动。

③ 双动式棘轮机构，如图 7-2-5 所示。其特点：主动件往复摆动一次时，棘轮动作两次，棘轮停歇时间短，棘轮每次的转角小。

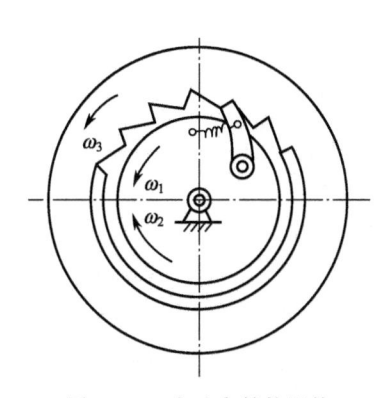

图 7-2-2　内啮合棘轮机构　　　　　　图 7-2-3　摩擦式棘轮机构

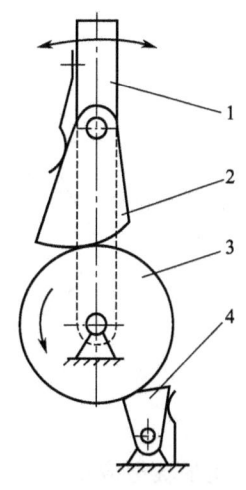

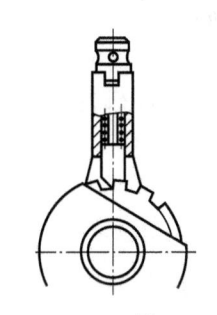

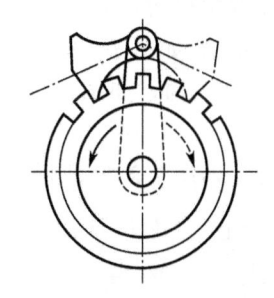

图 7-2-4　双向式棘轮机构

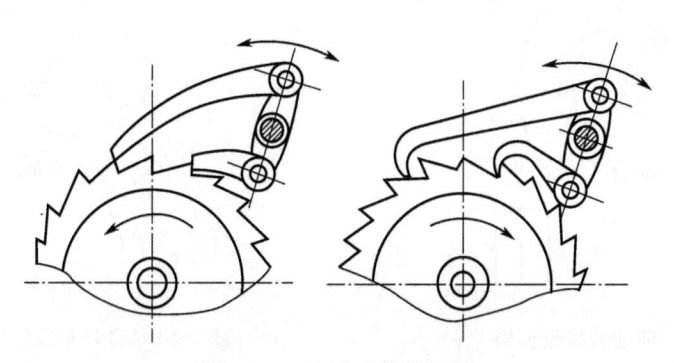

图 7-2-5　双动式棘轮机构

3. 棘轮转角的调节

（1）改变摇杆摆角的大小

如图 7-2-1 所示的棘轮机构中，棘轮转角的大小取决于摇杆的摆角，摇杆摆角越大，则棘轮转角越大。这里，摇杆摆角的调节可通过改变曲柄的长度来实现。曲柄长度增大，摇杆摆角变大，棘轮转角变大。

（2）改变遮板的位置

如图 7-2-6 所示的棘轮机构，摇杆的摆角固定不变，通过改变遮板的位置来实现棘轮转角的调节。若摇杆摆角范围内被遮板遮住的齿数越多，则棘轮转角越小。需说明的是，此方法不适于摩擦式棘轮机构。

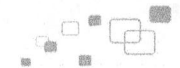

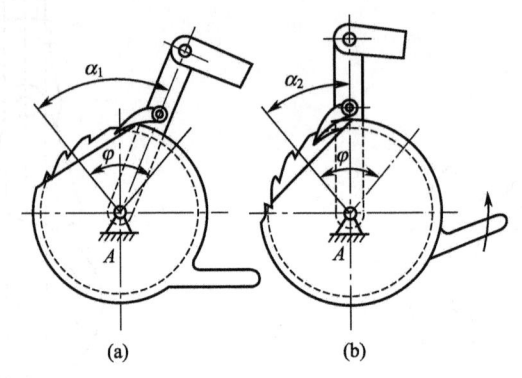

图 7-2-6 改变遮板的位置

4. 棘轮机构的典型应用

棘轮机构结构简单，制造方便，运动可靠，典型应用如下。

（1）起重机械中防逆转棘轮机构，如图 7-2-7 所示。
（2）自行车后轴的"飞轮"，如图 7-2-8 所示。
（3）牛头刨床的横向进给机构，如图 7-2-9 所示。该机构包含齿轮机构、曲柄摇杆机构、棘轮机构、螺旋机构。
（4）冲床自动转位机构，如图 7-2-10 所示。

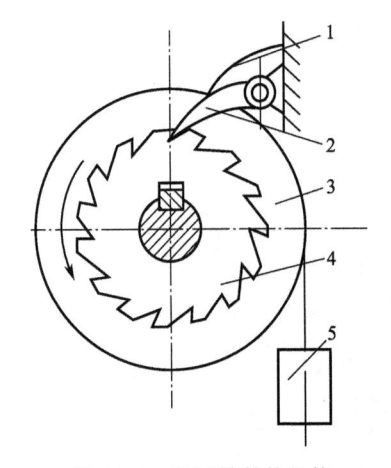

图 7-2-7 防逆转棘轮机构

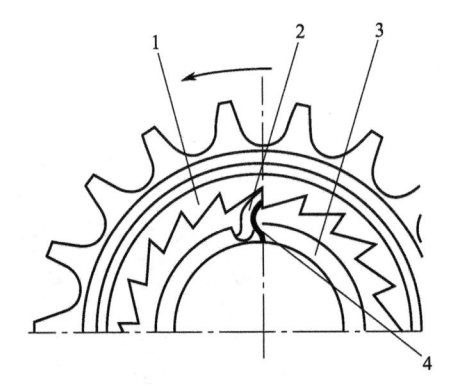

图 7-2-8 自行车后轴的"飞轮"

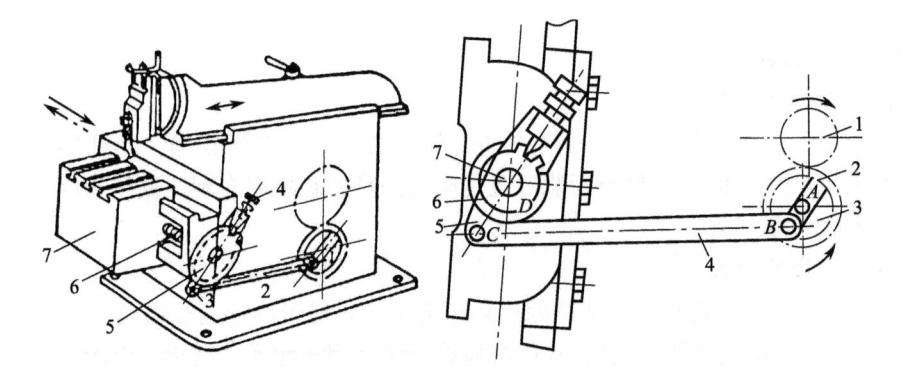

图 7-2-9 牛头刨床的横向进给机构

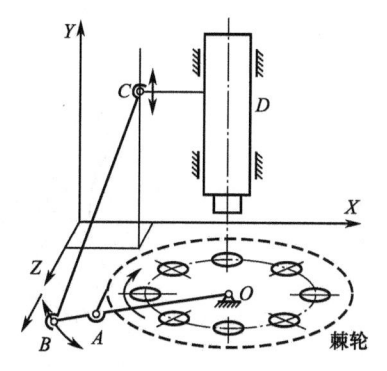

图 7-2-10　冲床自动转位机构

5. 棘轮机构的应用特点

（1）摩擦式棘轮机构的特点：利用摩擦力工作，承载小，噪声低；过载打滑，起安全保护作用；传动精度低；棘轮转角无级调节；用于低速轻载的场合。

（2）齿式棘轮机构的特点：存在刚性冲击，运动平稳性差；工作时有噪声，棘爪易磨损；用于低速场合；棘轮转角调节方便，且调节是有级的。

二、槽轮机构

1. 槽轮机构的工作原理

如图 7-2-11 所示，槽轮机构由带圆销的曲柄盘（拨盘）、槽轮和机架组成，主动件为曲柄盘（拨盘），该机构属于高副机构。

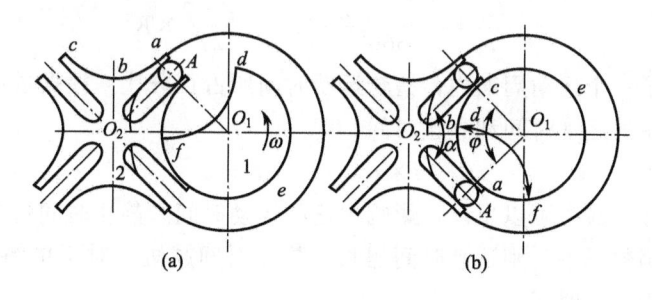

图 7-2-11　槽轮机构

曲柄盘上的凸弧和槽轮上的凹弧称为锁止弧。锁止弧作用是使槽轮可靠停止，并能防止槽轮逆转。当圆销进入槽时，锁止凸弧与凹弧分离，槽轮转动。当圆销离开槽时，锁止凸弧与凹弧接触，槽轮停止。

2. 槽轮机构的基本类型

（1）按啮合方式分

① 外啮合槽轮机构，如图 7-2-11 所示。此时，曲柄与槽轮转向相反。

② 内啮合槽轮机构，如图 7-2-12 所示。此时，曲柄与槽轮转向相同。

（2）按圆销数分

① 单圆销槽轮机构，如图 7-2-11 所示。此类槽轮机构中曲柄转动 1r，槽轮转动 1 次。

② 多圆销槽轮机构，如图 7-2-13 所示。此类槽轮机构中曲柄转动 1r，槽轮转动多次。

图 7-2-12　内啮合槽轮机构　　　　　　图 7-2-13　双圆销槽轮机构

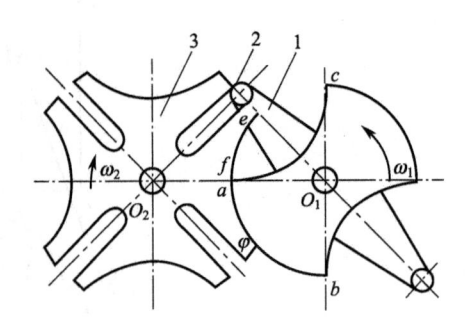

3. 槽轮机构的主要参数

（1）槽数 Z 和槽轮的每次转角 φ。槽轮的每次转角取决于槽轮的槽数，即

$$\varphi = \frac{360°}{Z}$$

（2）圆销数 K。主动件转 1r 时，圆销数 K 决定了槽轮转动的次数。

需说明的是：内啮合槽轮机构中，圆销数只能为 1 个。

（3）运动系数 τ。主动拨盘在一个运动周期内，槽轮的运动时间 $t_{动}$ 与拨盘回转一周时间 t 的比值称为运动系数，用 τ 表示。

$$\tau = \frac{t_{动}}{t} = \frac{180° - \frac{360°}{Z}}{360°} \times K = \frac{Z-2}{2Z} \times K$$

运动系数表示了一个运动周期内，槽轮运动时间所占百分比。根据运动系数，可以计算一个运动周期内槽轮的运动时间和静止时间，即

$$t_{动} = t \times \tau \qquad t_{静} = t - t_{动}$$

从运动系数的计算式中可以发现，影响槽轮的运动时间和静止时间的因素主要有槽数和圆销数。槽数和圆销数越多，则运动时间越长，静止时间越短。对于单销外啮合槽轮机构，槽轮的静止时间大于运动时间。

从运动系数的计算式中还可以发现，槽数的取值范围为 $Z \geqslant 3$。

4. 槽轮机构的应用特点

槽轮机构主要用于转角较大且不需要经常调节的场合，并具有如下特点。

（1）结构简单，工作可靠，转位方便。

（2）转角大，且不能调节。

（3）无刚性冲击，转速较高。

（4）槽轮转动时，角速度变化大，存在惯性力，转速不宜过高。

（5）内啮合槽轮机构，槽轮运动时间长，平稳性好。

5. 应用实例

（1）电影放映机的卷片机构，如图 7-2-14 所示。

（2）刀架转位机构，如图 7-2-15 所示。

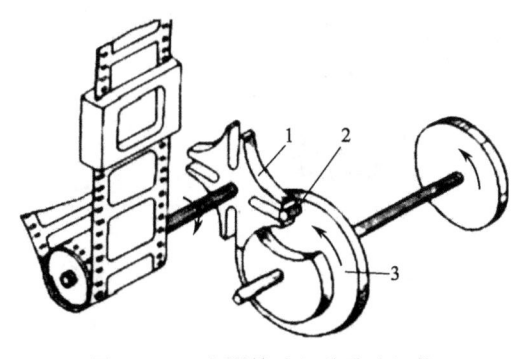

图 7-2-14　电影放映机的卷片机构　　　　图 7-2-15　刀架转位机构

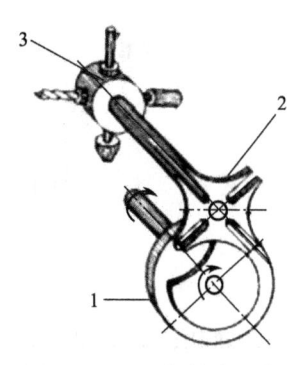

三、其他间歇运动机构

1. 不完全齿轮机构

如图 7-2-16 所示为不完全齿轮机构。不完全齿轮机构的主动轮一般为只有一个或几个齿的不完全齿轮，从动轮可以是普通的完整齿轮，也可以是一个不完全齿轮。这样当主动轮的有齿部分作用时，从动轮随主动轮转动，当主动轮无齿部分作用时，从动轮应停止不动，因而当主动轮作连续回转运动时，从动轮可以得到间歇运动。为了防止从动轮在停止期间的运动，一般在齿轮上装有锁止弧。

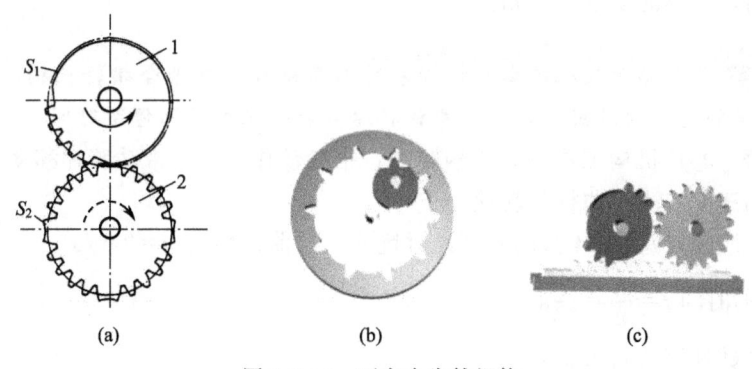

图 7-2-16　不完全齿轮机构

不完全齿轮机构与其他机构相比，结构简单，制造方便，从动轮的运动时间和静止时间的比例可不受机构结构的限制。但由于齿轮传动为定传动比运动，所以从动轮从静止到转动或从转动到静止时，速度有突变，冲击较大，所以一般只用于低速或轻载场合。

不完全齿轮机构常用于多工位、多工序的自动机械或生产线上，作为工作台的间歇转位机构和进给机构，如压制蜂窝煤工作台机构等。

2. 凸轮间歇运动机构

如图 7-2-17 所示为凸轮间歇运动机构。凸轮式间歇运动机构由主动凸轮、从动转盘和机架组成，以主动凸轮带动从动转盘完成间歇运动。一般有两种形式：圆柱凸轮间歇运动机构和蜗杆凸轮间歇运动机构。

凸轮式间歇运动机构可以通过适当选择从动件的运动规律和合理设计凸轮的轮廓曲线，减小动载荷和避免刚性与柔性冲击，可适用于高速运转的场合。

凸轮式间歇运动机构在轻工机械、冲压机械等高速机械中常用作高速、高精度的步进进

(a)　　　　　　　　　　(b)

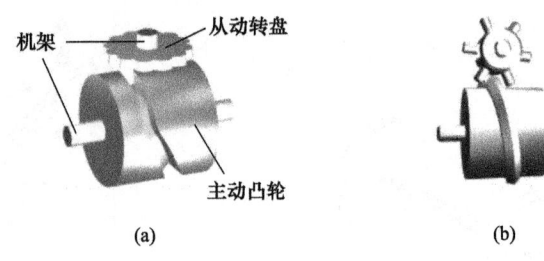

图 7-2-17　凸轮间歇运动机构

给、分度转位等机构，如纸烟包装机等。

例题解析

【例 7-2-1】 某齿式棘轮机构，已知摇杆摆角为 $40°$，摇杆往复摆动一次时，棘轮转过 8 个齿，则棘轮的最小转角为多少？棘轮的齿数为多少？能否实现 $12°$ 的棘轮转角？

【要点解析】 棘轮的最小转角是指棘轮转过 1 个齿的角度，由于齿式棘轮的转角调节为有级调节，故棘轮的每次转角应为最小转角的整数倍。

【解】 棘轮的最小转角 $\theta_{\min} = 40°/8 = 5°$；棘轮的齿数 $Z = 360°/5° = 72$；由于 $12°$ 不是最小转角的整数倍，故不能实现该转角。

【例 7-2-2】 某电影放映机的卷片机构采用单圆销 6 槽外啮合槽轮机构，放映电影时，胶片以每秒 24 张的速度通过镜头，求：曲柄转速 n 和每张画面的停留时间。

【要点解析】 卷片机构工作时，曲柄转 1r，槽轮动作 1 次，带动胶片移动 1 个画面，故胶片通过镜头的速度取决于曲柄的转速。

【解】 因为胶片以每秒 24 张的速度通过镜头，故曲柄转速 $n = 24 \mathrm{r/s}$

曲柄转 1r 的时间 $t = \dfrac{1}{n} = \dfrac{1}{24} \mathrm{s}$

根据运动系数计算公式可知：

$$\tau = \frac{t_{动}}{t} = \frac{Z-2}{2Z} \times K = \frac{6-2}{2 \times 6} \times 1 = \frac{1}{3}$$

$$t_{动} = \frac{1}{3}t = \frac{1}{3} \times \frac{1}{24} = \frac{1}{72} \mathrm{s}$$

每张画面的停留时间 $t_{静} = t - t_{动} = \dfrac{1}{24} - \dfrac{1}{72} = \dfrac{1}{36} \mathrm{s}$

【例 7-2-3】 图 7-2-18(a) 为牛头刨床结构示意图，其中轮 1、2 为标准直齿圆柱渐开线齿轮，且 $Z_1 = 40$、$Z_2 = 60$；工作台的横向进给丝杆 3 的螺纹标记为 Tr36×5。图 7-2-18(b) 所示为该刨床横向进给传动简图，其中轮 1 顺时针转动，与丝杆 3 连接在一起的轮 4 齿数为 40。试分析并回答下列问题：

(1) 该工作台的横向进给机构由齿轮传动机构、_____ 机构、_____ 机构和螺旋传动机构组成。

(2) 轮 1 的齿形角等于_____，齿顶圆处的压力角_____（大于、等于、小于）齿

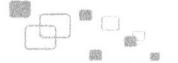

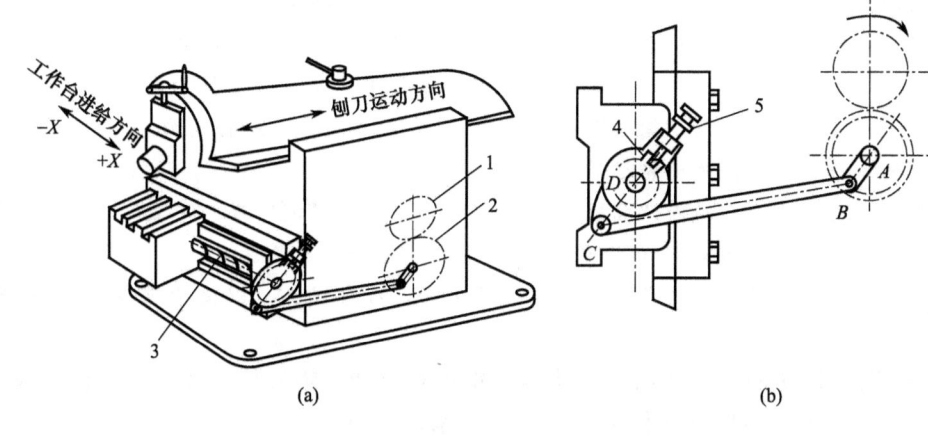

图 7-2-18

根圆处的压力角。

(3) 图示状态下丝杆 3 转一周,工作台将沿_____($+X$、$-X$)方向移动_____mm。

(4) 图 7-2-18(b) 中构件 AB、BC、CD 和 DA 组成的机构_____(有、无)急回特性、_____(有、无)死点位置。若改变构件 AB 的长度,则构件 CD 的摆角将_____(变化、不变)。

(5) 图示工作台可采用在轮 4 上加_____的方法来改变横向进给量,可通过提起构件 5、回转_____(90°、145°、180°)并落下的方法改变进给方向。

(6) 图中轮 1 和轮 2 连续传动的条件是重合度系数_____(大于、小于)1,若将两轮的中心距增大,则啮合角将_____(变大、不变、变小)。

(7) 若图中轮 1 和轮 2 的标准中心距等于 150mm,则轮 2 的模数等于_____,齿根圆的直径等于_____mm,齿顶圆的直径等于_____mm。

(8) 图中构件 4 的最小转角是_____,工作台的最小进给量是_____mm/r;该工作台的进给量_____(能、不能)调整到 0.4mm/r。

【要点解析】 图 7-2-18 所示牛头刨床是由两种以上的基本机构组成的组合机构。此类题型的解题要点:①正确分清各种基本机构;②利用基本机构的特性独立分析;③根据各基本机构间的关联性实施综合分析。

【解】 (1) 曲柄摇杆,棘轮; (2) 20°,大于; (3) $-X$,5; (4) 有,无,变化;
(5) 遮板,180°; (6) 大于,变大; (7) 3mm,172.5,186; (8) 9°,0.125,不能。

【例 7-2-4】 图 7-2-19 所示为某组合传动机构简图。图中,圆锥齿轮 1 为主动轮,且与轮 2 构成直齿圆锥齿轮传动;蜗杆 3 为阿基米德蜗杆,与蜗轮 4 构成蜗杆传动;曲柄 5 与蜗轮 4 同轴并绕 O_1 转动;槽轮 6 绕 O_2 转动并与曲柄 5 构成槽轮机构。轮 2 的转向如图所示,要求 Ⅰ 轴蜗杆轴上的轴向力尽可能小,试回答下列问题。

(1) 锥齿轮 1 的转动方向为_____(填"顺时针"或"逆时针"),与锥齿轮 2 的正确啮合条件是_____模数、齿形角分别相等。

(2) 蜗杆 3 的轴向力_____(填"向上"或"向下"),旋向为_____(填"左"或"右")旋,蜗轮 4 的转向为_____(填"顺时针"或"逆时针")。

(3) 槽轮 6 的运动方向为_____(填"顺时针"或"逆时针")。

(4) 蜗杆3的端面齿廓是_____，轴向齿廓是_____。

(5) 蜗轮4标准值所在的平面是_____（填"端平面"或"法平面"）。

(6) 蜗轮4的轴向力_____（填"垂直纸面向外"或"垂直纸面向里"），与蜗杆3的_____（填"轴向"或"周向"或"径向"）力为作用力与反作用力。

(7) 曲柄5转动1周，槽轮转过的角度为_____。

(8) 图示状态，槽轮6的内凹圆弧 efg _____（填"起"或"不起"）锁紧作用。

(9) 为了避免槽轮6在起动和停歇时发生冲击，曲柄5凸弧上的_____和_____（填"a"或"b"或"c"或"d"）两点，应分别处于 O_1O_2 的连线上，以便于圆销进入槽轮时，锁止弧就能脱开。

【要点解析】 图7-2-19所示组合机构是有锥齿轮传动、蜗杆传动和槽轮机构组成的组合机构。解题的关键：①理解各种机构的传动关系；②对齿轮及蜗杆传动实施正确的受力分析；③分析槽轮机构的啮合过程及结构特点。

【解】 （1）顺时针，大端端面；（2）向上，右，逆时针；（3）顺时针；（4）阿基米德螺旋线，直线（或直线齿条）；（5）端平面；（6）垂直纸面向里，周向；（7）90°；(8) 起；(9) a，c。

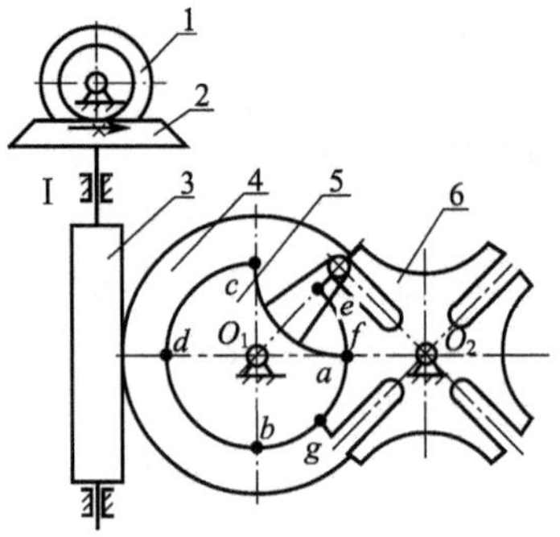

图 7-2-19

巩固练习

一、选择题

1. 作单向运动的棘轮机构，棘轮的齿形常为（　　）。
   A. 梯形　　　　　B. 矩形　　　　　C. 锯齿形　　　　　D. 以上均可以

2. 棘轮机构的主动件常作（　　）运动。
   A. 连续摆动　　　B. 间歇　　　　　C. 旋转　　　　　D. 连续直线

3. 在摇杆摆角范围内遮板遮住的轮齿越多，则棘轮的转角（　　）。
   A. 越大　　　　　B. 越小　　　　　C. 不变　　　　　D. 不确定

4. 双圆销槽轮机构，槽轮的径向槽数为6，当主动件拨盘转两圈时，槽轮转过（　　）。
   A. 60°　　　　　B. 120°　　　　　C. 180°　　　　　D. 240°

5. 当要求从动件的转角须经常改变时，下面的间歇运动机构中哪种合适。（　　）
   A. 不完全齿轮机构　B. 槽轮机构　　　C. 棘轮机构　　　D. 凸轮机构

6. 幻灯机的投影片卷片机构可以采用（　　）。
   A. 凸轮机构　　　B. 摩擦轮机构　　C. 槽轮机构　　　D. 齿轮机构

7. 槽轮每次转过的角度取决于（　　）。
   A. 圆销数　　　　B. 曲柄转速　　　C. 槽数　　　　　D. 曲柄长度

8. 转角可调节的间歇运动机构是（　　）。
   A. 槽轮机构　　　B. 棘轮机构　　　C. 不完全齿轮机构　D. 凸轮式间歇运动机构

9. 下列机构中不带锁止弧的间歇机构有（　　）。
   A. 电影放映机卷片机构　　　　　　B. 冲床自动转位机构
   C. 压制蜂窝煤工作台机构　　　　　D. 车床刀架转位机构

10. 下列中能完成间歇运动的机构是（　　）。
   A. 平行四边形机构　　　　　　　B. 螺旋传动机构
   C. 凸轮机构　　　　　　　　　　D. 摆动导杆机构
11. 用于速度较快或定位精度要求较高的转位装置中，实现间歇运动的机构是（　　）。
   A. 凸轮式间歇机构　　　　　　　B. 内啮合槽轮机构
   C. 外啮合槽轮机构　　　　　　　D. 不完全齿轮机构
12. 在不更换构件的前提下，以下各机构中从动件的转角可调节的是（　　）。
   A. 冲床自动转位机构　　　　　　B. 刀架转位机构
   C. 放映机卷片机构　　　　　　　D. 压制蜂窝煤工作台间隙机构

二、判断题

13. 棘轮机构的主动件一般是棘轮。（　　）
14. 止回棘爪作用是阻止棘轮反转，使棘轮可靠静止。（　　）
15. 利用曲柄摇杆机构带动的棘轮机构，棘轮的转向与曲柄的转向相同。（　　）
16. 调节摩擦式棘轮机构的棘轮转角，可采用遮板的方法。（　　）
17. 对于只有 1 个圆销的外槽轮机构，槽轮的运动时间一定小于静止时间。（　　）
18. 槽轮机构无刚性冲击，可用于转速较高的场合。（　　）
19. 在相同条件下，圆销数越多，一个周期内槽轮静止时间越长。（　　）
20. 槽轮在转动时，角速度是不变的。（　　）
21. 在单圆销的外槽轮机构中，槽轮机构的运动系数总小于 1。（　　）
22. 内啮合槽轮机构的圆销数为 1，其运动平稳性好于外啮合槽轮机构。（　　）

三、填空题

23. 主动件作_____运动时，从动件作周期性_____运动，该机构称为间歇运动机构。
24. 棘轮机构由_____、_____和_____组成，该机构的主动件为_____，属于_____（高、低）副机构。
25. 有些棘轮机构中设置止回棘爪，其作用是_____。
26. 棘轮机构中，棘轮转角的调节方法有_____、_____。其中，_____方法不适于摩擦式棘轮机构。
27. 槽轮机构由_____、_____及_____组成。其主动件是_____，属于_____（低、高）副机构。
28. 槽轮机构工作中，当锁止凸弧与凹弧相互接触时，槽轮_____，当锁止凸弧与凹弧相互分离时，槽轮_____。
29. 内啮合槽轮机构，圆销数只能为_____个。
30. 槽轮的槽数 $Z=6$，且槽轮静止时间为其运动时间的两倍，则圆销的数目等于_____。
31. 当槽轮机构拨盘角速度一定时，槽轮受到的柔性冲击将随槽数的增多而_____，运动系数将随拨盘圆销数的增多而_____。
32. 有一不完全齿轮机构，欠齿齿轮有 1 个齿，另一个全齿齿轮有 8 个齿，则当主动件转过 2 转时，从动件转过_____转，计_____个齿。

四、计算题

33. 某单圆销 6 槽外啮合槽轮机构，曲柄转速为 30r/min，求：一个周期内槽轮的运动

时间 $t_{动}$ 和静止时间 $t_{静}$。

34. 电影放映机的卷片机构采用双圆销 6 槽外啮合槽轮机构，放映电影时，胶片以每秒 24 张的速度通过镜头，求：曲柄转速 n 和每张画面的停留时间。

35. 图 7-2-20 所示为凸轮、连杆、棘轮组合机构。主动凸轮 1 转速 $n_1 = 60\text{r/min}$，偏心距 e 等于轮廓圆半径 R 的三分之一；凸轮回转中心 O_2、尖顶从动杆 2、A 点、C 点位于同一水平位置。连杆 3、摇杆 4 的长度 $L_3 = L_4 = 200\text{mm}$，摇杆摆角 $\Psi = 15°$，摇杆往复摆动一次可通过棘爪 5 推动棘轮 6 转过一齿。当凸轮几何中心 O_1 位于 O_2 正左侧时，连杆与摇杆垂直。试计算：

（1）摇杆 4 往复摆动一次所需的时间。

（2）棘轮 6 的最少齿数 Z。

（3）当 O_1 位于 O_2 正上侧时，凸轮机构压力角的正弦值。

（4）凸轮偏心距 e 的值。

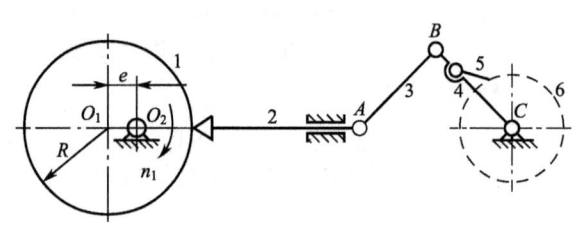

图 7-2-20

五、综合分析题

36. 如图 7-2-21 所示的棘轮机构，已知曲柄转速为 30r/min，摇杆摆角为 36°，曲柄摇杆机构的极位夹角为 30°，摇杆摆动一次时，推动棘轮转过 6 个齿，试求：

(1) 棘轮的最小齿数 Z。

(2) 棘轮最小转角。

(3) 作出曲柄摇杆机构的极限位置，标出极位夹角 θ。

(4) 标出摇杆的急回方向。

(5) 棘轮的运动时间和静止时间。

(6) 棘轮作什么方向转动？若改变曲柄 4 的转向，则棘轮的转向会改变吗？图示位置的下一瞬间，棘轮是停止还是运动？

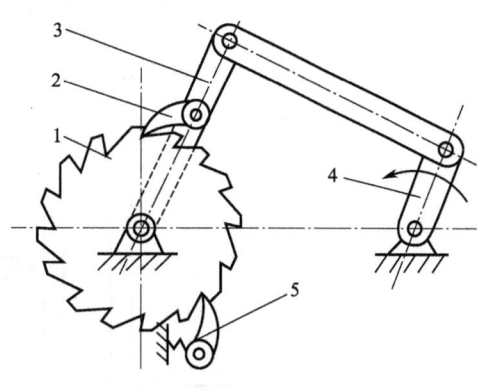

图 7-2-21

37. 在图 7-2-22 所示的传动装置中，电机转速 $n_1 = 960$ r/mim，$D_1 = 100$mm，$D_2 = 200$mm，三联滑移齿轮 A—B—C 和齿轮 4、5、6 为模数相等的标准直齿圆柱齿轮，齿轮 7、8 为斜齿轮，$Z_A = Z_5 = 30$，$Z_4 = 50$，$Z_6 = 40$，$Z_7 = Z_{11} = Z_{12} = 25$，$Z_8 = 50$，$Z_9 = 1$，$Z_{10} = 40$，输出端为单圆销六槽槽轮机构。解答下列问题。

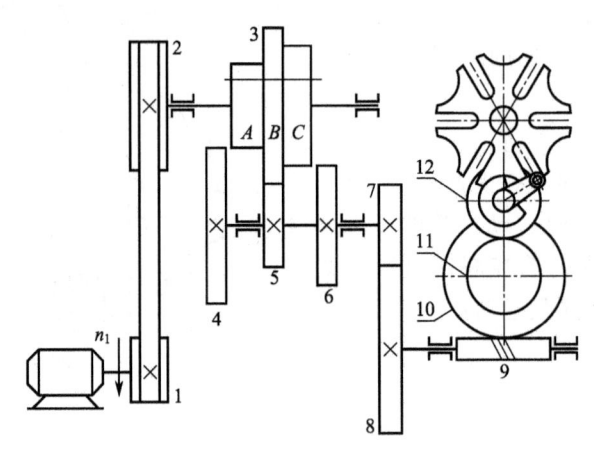

图 7-2-22

（1）为使蜗杆 9 与斜齿轮 8 之间轴的轴向力较小，斜齿轮 8 的螺旋线方向应为____旋，斜齿轮 7 的螺旋线方向应为____旋。（填"左"或"右"）

（2）蜗轮 10 沿_____方向转动，槽轮沿_____方向转动。（填"顺时针"或"逆时针"）

（3）蜗杆传动的正确啮合条件之一是：蜗杆分度圆柱面_____角与蜗轮分度圆柱面_____角相等，且旋向一致。

（4）齿轮 Z_B 等于_____，齿轮 Z_C 等于_____。

（5）齿轮 12 转速分三挡，最大转速为_____ r/min。

（6）槽轮机构曲柄与齿轮 12 为同一构件。当滑移齿轮 3 处于图示位置时，槽轮每小时转动_____圈，槽轮停歇时间是运动时间的____倍。

第三模块

机械传动与轴系零件

第8章　摩擦轮传动与带传动　　◇/98
第9章　螺旋传动　　　　　　　◇/115
第10章　链传动和齿轮传动　　　◇/128
第11章　蜗杆传动　　　　　　　◇/158
第12章　轮系　　　　　　　　　◇/171
第13章　轮系零件　　　　　　　◇/181
巩固练习参考答案　　　　　　　◇/216

第 8 章

摩擦轮传动与带传动

考纲要求

◇ 理解摩擦轮传动与带传动的类型、工作原理及应用场合。
◇ 掌握带传动的主要参数的含义及带传动传动比的计算。
◇ 熟悉三角带的型号，了解其选用方法。
◇ 理解带传动的安装、调整及维护方法。

8.1 摩擦轮传动

学习目标

1. 理解摩擦轮传动的类型、工作原理及应用场合。
2. 了解摩擦轮传动的工作特点。
3. 掌握摩擦轮传动的传动比计算。

内容提要

一、摩擦轮传动的原理

摩擦轮传动是利用两轮直接接触所产生的摩擦力来传递运动和动力，其属于高副机构。正常传动时，主动轮回转，使两轮接触处产生摩擦力，从动轮在摩擦力的作用下随主动轮转动。但是如果传动中摩擦力矩小于阻力矩，则会产生打滑现象，此时，主动轮保持转动，而从动轮停止不动。

为了提高摩擦轮传动的能力，可采用增加正压力和增大摩擦系数两种方法。其中，增大摩擦系数是通过在主动轮的轮面衬上一层皮革、橡胶等较软材料而实现的，这样还可避免打滑时在从动轮上产生局部磨损。

二、摩擦轮传动的类型

根据两摩擦轮的轴线位置不同，摩擦轮传动可分为平行轴摩擦轮传动和相交轴摩擦轮传动两类。

1. 平行轴摩擦轮传动

平行轴摩擦轮传动分为外接圆柱式（图 8-1-1）和内接圆柱式（图 8-1-2）两种。其中，外接圆柱式的两轮回转方向相反，中心距为两轮半径之和，即 $a = r_1 + r_2$；内接圆柱式的两轮回转方向相同，中心距为两轮半径之差，即 $a = r_2 - r_1$。

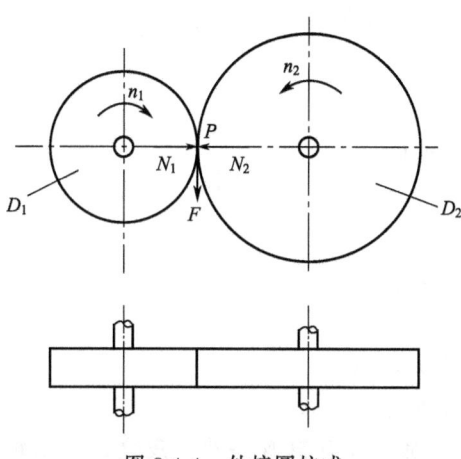

图 8-1-1 外接圆柱式

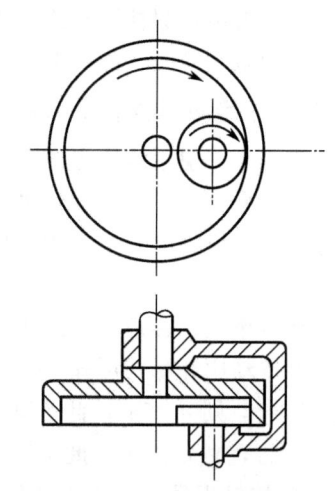

图 8-1-2 内接圆柱式

2. 相交轴摩擦轮传动

相交轴摩擦轮传动有外接圆锥式（图 8-1-3(a)）、内接圆锥式（图 8-1-3(b)）和圆柱平盘式（图 8-1-3(c)）三种。其中，外接圆锥式、内接圆锥式在安装时，应使两轮的锥顶重合，目的是保证两轮锥面上各接触点处的线速度相等。

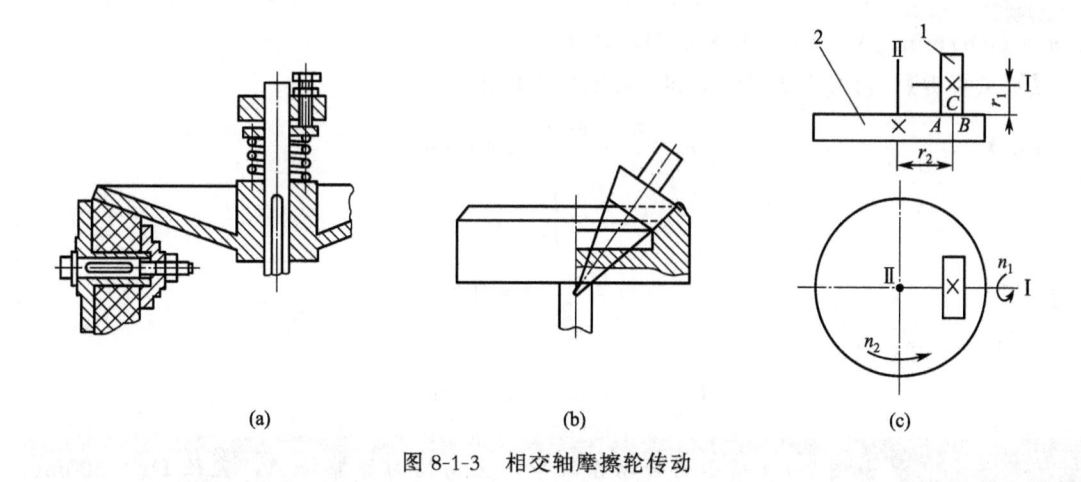

图 8-1-3 相交轴摩擦轮传动

三、摩擦轮传动的传动比

摩擦轮传动的传动比是指主动轮转速 n_1 与从动轮转速 n_2 之比，用符号 i_{12} 表示。

1. 圆柱式摩擦轮传动的传动比

$$i_{12} = \frac{n_1}{n_2} = \frac{D_2}{D_1} \qquad n_2 = n_1 \times \frac{D_1}{D_2}$$

由公式可以看出，圆柱式摩擦轮传动的传动比等于它们直径的反比。

2. 圆柱平盘式摩擦轮传动的传动比

$$i_{12} = \frac{n_1}{n_2} = \frac{r_2}{r_1} \qquad n_2 = n_1 \times \frac{r_1}{r_2}$$

式中，r_1、r_2 分别为两轮的接触半径（接触半径是指接触点到各自轮心的距离）。

由公式可以看出，圆柱平盘式摩擦轮传动的传动比为两轮接触半径的反比。当改变主动轮或从动轮的接触半径时，即可改变从动轮的转速，这种变速称为无级变速。

四、摩擦轮传动的特点及应用

(1) 结构简单，使用维修方便，适用于近距离传动。
(2) 传动时噪声小，可在运转中实现无级变速和变向。
(3) 过载时打滑，起安全保护作用。
(4) 因打滑，故传动比不准确。
(5) 传动效率低，转矩小，适用于高速、小功率传动。

提示：由传动比计算式可知
① 若 $i_{12} > 1$，则 $n_2 < n_1$，此为减速传动（小轮带大轮）；
② 若 $i_{12} < 1$，则 $n_2 > n_1$，此为增速传动（大轮带小轮）；
③ 从动轮接触半径越大或主动轮接触半径越小，则从动轮转速越小，反之，从动轮转速越大。

例题解析

【例 8-1-1】 某外接圆柱式摩擦轮传动，传动比 $i_{12} = 3$，中心距 $a = 200\text{mm}$，主动轮转速 $n_1 = 600\text{r/min}$。求：D_1、D_2 和从动轮转速 n_2。

【要点解析】 利用传动比公式和中心距公式计算。

【解】
$$n_2 = \frac{n_1}{i_{12}} = \frac{600}{3} = 200\text{r/min}$$

$$i_{12} = \frac{D_2}{D_1} = 3 \qquad ①$$

$$a = \frac{D_1 + D_2}{2} = 200 \qquad ②$$

由①②式可求出：

$$D_1 = 100\text{mm}，D_2 = 300\text{mm}$$

【例 8-1-2】 如图 8-1-4 所示的传动系统中，主动轮为摩擦轮 A，直径 $D_A = 300\text{mm}$，转速为 100r/min，P 为摩擦轮 A 的轮宽中点，可在 M、N 点之间上下移动。求：从动摩擦轮 B 的最高和最低转速。

【要点解析】 当主动轮 A 上下移动时，主动轮 A 的接触半径保持不变，从动轮 B 的接触半径发生改变。由传动比计算式可知，从动轮接触半径越大，则从动轮转速越小，反之，从动轮转速越大。

【解】
$$n_{B\max} = n_A \times \frac{r_A}{r_N} = 100 \times \frac{150}{100} = 150\text{r/min}$$

$$n_{B\min} = n_A \times \frac{r_A}{r_M} = 100 \times \frac{150}{300} = 50\text{r/min}$$

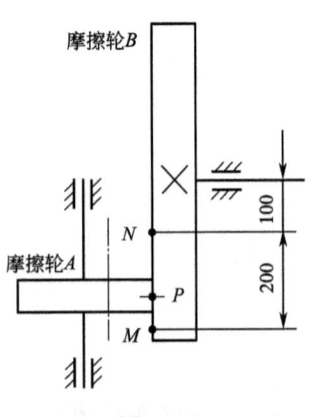

图 8-1-4

巩固练习

一、判断题

1. 摩擦轮传动具有结构简单、维修容易、传动比精确、成本低等特点。（   ）
2. 摩擦轮传动是利用摩擦力将主动轮的运动和动力传递给从动轮的。（   ）
3. 欲增加摩擦轮传动的功率，可通过增大摩擦系数、增加正压力等途径实现。（   ）
4. 摩擦轮传动中，通常从动轮的周缘大都采用软材料制成。（   ）
5. 为防止过载打滑时在从动轮的轮面上产生局部磨损，从动轮则多使用硬质材料制成。（   ）
6. 外接圆柱形摩擦轮传动两轮转向相同，中心距为两轮半径之和。（   ）
7. 圆锥形摩擦轮可实现两轴交错的传动。（   ）
8. 滚子平盘式摩擦轮传动可实现无级变速。（   ）

二、选择题

9. 下列关于摩擦力传动的特点描述，错误的是（   ）。
   A. 传动平稳、噪声小   B. 结构简单，维修容易
   C. 传动比不精确   D. 能传递较大的动力
10. 增加摩擦轮传动的能力，下列方法错误的是（   ）。
    A. 主动轮的周缘采用软材料制成   B. 增大两轮间的摩擦系数
    C. 增加两轮间的正压力   D. 从动轮的周缘采用软材料制成
11. 下列关于外接圆柱式摩擦轮传动的特点描述，错误的是（   ）。
    A. 两轮转向相反，中心距为两轮半径之和   B. 传动比等于它们直径的反比
    C. 两轮轴线平行   D. 两轮转向相反，中心距为两轮半径之差
12. 下列关于圆锥式摩擦轮传动的特点描述，错误的是（   ）。
    A. 按接触位置不同，可分为外接与内接两种
    B. 适用于两轴交错传动
    C. 外接圆锥式摩擦轮传动，两轮的回转方向箭头同时指向或同时背离接触点
    D. 两轮的中心线应在同一平面内

三、填空题

13. 摩擦轮传动的不打滑条件是_____。
14. 提高摩擦轮传动能力的措施有_____、_____。
15. 摩擦轮传动中，_____轮面衬上一层较软的材料，这样可防止打滑时在_____轮面上产生_____磨损。
16. 无级变速原理：由 $n_2 = n_1 \times r_1 / r_2$ 可知，改变主动轮或从动轮的_____即可改变从动轮的转速。
17. 外接圆柱式摩擦轮传动，两轮转向_____，中心距为_____；内接圆柱式摩擦轮传动，两轮转向_____，中心距为_____。
18. 圆锥式摩擦轮传动，两轮锥顶_____，以保证两轮接触点的_____相等。
19. 摩擦轮传动的传动比_____（准确、不准确），原因是_____。
20. 摩擦轮传动噪声_____，传动平稳性_____，可实现_____变速，传动距

离____，传递功率____，效率_____。

21. 摩擦轮传动的传动比就是_____与_____的比值，也等于它们接触半径的_____。

四、计算题

22. 某内接圆柱形摩擦轮传动，中心距为 150mm，传动比为 2，主动轮转速为 500r/min。求：两轮直径、从动轮转速。

23. 如图 8-1-5 所示滚子平盘式摩擦轮传动，已知轮 1 为主动轮，转速为 $n_1 = 100$r/min，直径为 $D_1 = 200$mm，轮 2 的直径 $D_2 = 500$mm，图示位置 $r_2 = 150$mm，主动轮 1 可作水平方向左右移动，A、B 点为其移动范围，其中 A 点到 Ⅱ 轴的距离为 50mm。

(1) 求图示位置时的传动比；
(2) 求图示位置时轮 2 的转速；
(3) 求轮 2 的最高转速和最低转速；
(4) 当主动轮从 A 点移动到 B 点的过程中，轮 2 的转速如何变化？

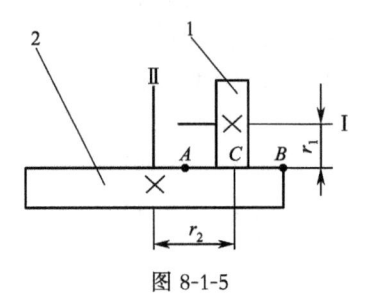

图 8-1-5

8.2 带传动

学习目标

1. 掌握带传动的主要参数的含义及带传动传动比的计算。
2. 熟悉三角带的型号，了解其选用方法。
3. 理解带传动的安装、调整及维护方法。

内容提要

一、带传动概述

带传动由主动带轮、从动带轮、带、机架组成。按其工作原理不同，可分为摩擦型带传动和啮合型带传动两类，如图 8-2-1 所示。摩擦型带传动主要包括平带传动、V 带传动、圆带传动等，它们是依靠带与带轮之间的摩擦力来传递运动和动力。啮合型带传动主要有同步带传动，它是依靠带与带轮之间的啮合来传递运动和动力。

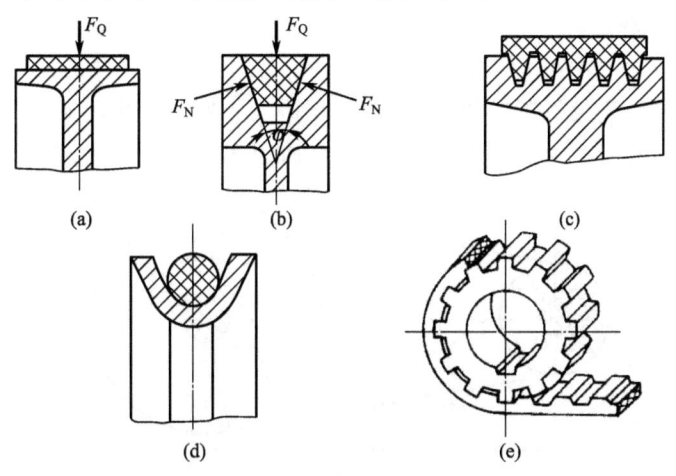

图 8-2-1　带传动类型

1. 摩擦型带传动的打滑和弹性滑动

摩擦型带传动工作时，进入主动轮一边的带称为紧边，离开主动轮一边的带称为松边。两边拉力差为带传动有效拉力，即带传递的有效圆周力。正常工作时，有效圆周力的数值等于带与带轮间的摩擦力，当有效圆周力超过带轮上的极限摩擦力时，就会产生打滑现象。由于小带轮带与带轮接触面小，摩擦力小，所以打滑都发生在小带轮上。

需要说明的是：打滑与弹性滑动不同。弹性滑动是由于带的弹性变形和两边拉力差引起的滑动，传动中不可以避免，而打滑是可以避免的；弹性滑动造成传动比不准确，而打滑造成带传动失效。

2. 带传动的传动比 i_{12}

带传动的传动比是指主、从动轮转速之比，其计算表达式为

$$i_{12}=\frac{n_1}{n_2}=\frac{D_2}{D_1}, \ n_2=n_1\times\frac{D_1}{D_2}$$

由计算表达式可以看出，带传动的传动比等于它们直径的反比。

3. 摩擦型带传动的特点

（1）带能缓冲、吸振，传动平稳，无噪声。常布置在机器的高速级。

（2）能实现远距离传动。

（3）由于弹性滑动，传动比不准确。

（4）过载打滑，能避免传动系统中薄弱零件损坏，起保护作用。

（5）安装制造要求低，结构简单，成本低廉，维护方便，不需润滑。

（6）带需张紧，作用在轴与轴承上的力较大，传动效率低。

二、平带传动

平带传动中，平带的横截面为扁平矩形，工作面为带的

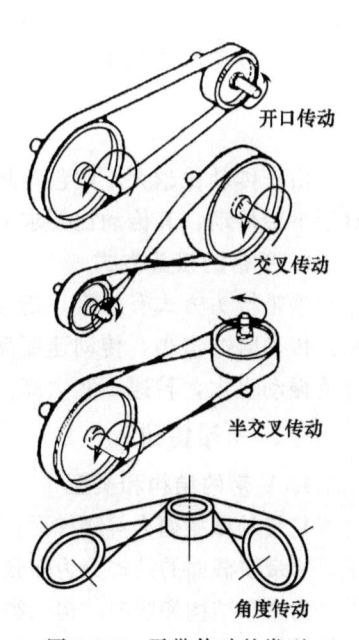

图 8-2-2　平带传动的类型（开口传动、交叉传动、半交叉传动、角度传动）

内表面，其传动形式分为开口传动、交叉传动、半交叉传动和角度传动四种，如图 8-2-2 所示。其中，开口传动的两轮轴线平行，两轮转向相同，应用最广；交叉传动的两轮轴线平行，两轮转向相反，承载比开口式大，安装时平带会扭曲，交叉处有磨损。

1. 平带传动的主要参数

（1）包角 α

包角是指带与带轮接触弧所对的圆心角，如图 8-2-3 所示。相同条件下，包角越小，接触弧长越短，接触面间所产生的摩擦力越小，传动能力也越小，因此要求 α≥150°。

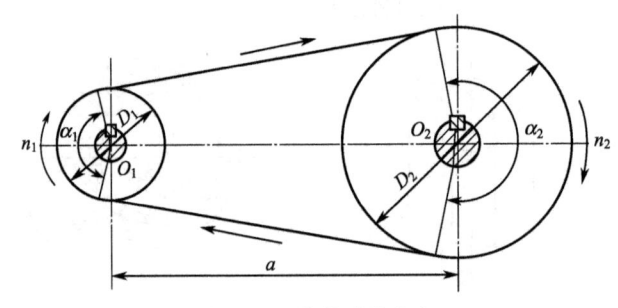

图 8-2-3 带传动的包角

由于大带轮上的包角总是比小带轮上的包角大，因此，只需验算小带轮上的包角是否满足要求。小轮包角计算式为

$$\alpha_1 = 180° - \frac{D_2 - D_1}{a} \times 60°$$

从小轮包角计算式可以看出，带轮直径一定时，中心距 a 越大，包角越大；中心距一定时，两带轮直径差越大，包角越小。中心距和 D_1 一定时，传动比越大，包角越小。

（2）带长 L

带长是指带的内周长度，其计算表达式为

$$L = 2a + \frac{\pi}{2}(D_2 + D_1) + \frac{(D_2 - D_1)^2}{4a}$$

（3）传动比计算式

$$i_{12} = \frac{n_1}{n_2} = \frac{D_2}{D_1}, \quad n_2 = n_1 \times \frac{D_1}{D_2}$$

由于传动比越大，则包角越小，且带传动外廓尺寸变大，故带传动的传动比不宜过大。对于平带传动，其传动比要求 $i_{12} \leq 5$。

2. 平带的接头方式

平带接头方式有胶合、缝合、铰链带扣等几种，如图 8-2-4 所示。经胶合、缝合的接头，传动时冲击小，传动速度高，但传递功率小。铰链带扣接头的平带传递功率大，但冲击力及振动也大，转速不宜太高。

三、V 带传动

1. V 带的结构和类型

V 带的横截面为等腰梯形，工作面为两侧面，两侧面夹角（楔角）为 40°。如图 8-2-5 所示，V 带横截面的结构分为伸张层、压缩层、强力层和包布层四个层。按强力层的材质分，V 带分为帘布结构和线绳结构两类，其中，帘布结构制造方便，抗拉强度大，应用广泛；线绳结构柔韧性好，抗弯性能好，但抗拉强度低，适用于载荷小、带轮直径小和转速高的场合。

(a) 胶合　　　　　　　(b) 缝合　　　　　　　(c) 铰链带扣

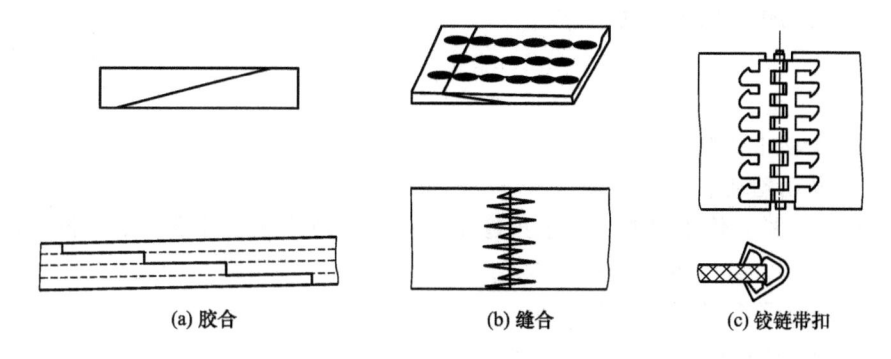

图 8-2-4　平带的接头方式

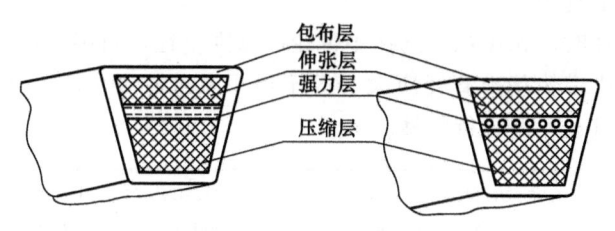

图 8-2-5　V 带的横截面结构

普通 V 带已标准化，按截面尺寸由小到大分为 Y、Z、A、B、C、D、E 七种，Y 型带截面尺寸最小，E 型带截面尺寸最大；相同条件下，截面尺寸越大，带传递功率也越大。

标准规定，V 带的基准长度是指沿截面处测得的带的周长。V 带的标记由型号、基准长度和标准号三部分组成。

2．V 带轮参数与结构

（1）V 带轮的基准直径

V 带轮的基准直径是指基准宽度处的带轮直径。V 带轮基准直径不能太小，基准直径越小，带在带轮上弯曲变形越严重，弯曲应力越大，带的寿命越短。要求带轮的基准直径应大于等于最小基准直径（$d \geqslant d_{dmin}$），而最小基准直径取决于带的型号。

（2）V 带轮的槽角 ϕ

V 带轮的槽角有 38°、36°、34°三种，其值取决于带轮的直径，带轮直径越大，槽角取较大值，反之，取较小值。通常，大带轮的槽角大于小带轮的槽角。

（3）V 带轮的结构

如图 8-2-6 所示 V 带轮的结构有实心式、腹板式、孔板式和轮腹式四种，结构形式取决于带轮的直径。

(a) 实心式　　　　(b) 腹板式　　　　(c) 孔板式　　　　(d) 轮腹式

图 8-2-6　V 带轮的结构

3. V带传动的传动比计算式

$$i_{12} = \frac{n_1}{n_2} = \frac{d_{d2}}{d_{d1}} \quad n_2 = n_1 \times \frac{d_{d1}}{d_{d2}}$$

式中，d_{d1}——主动轮基准直径；

d_{d2}——从动轮基准直径。

与平带传动一样，传动比越大，包角越小，且带传动外廓尺寸变大，故传动比不宜过大。对于V带传动，其传动比要求 $i_{12} \leqslant 7$。

4. V带传动主要参数选择要点

(1) V带型号的选用

V带型号是根据计算功率 P_c 和主动轮转速 n_1 选定的。

(2) 确定带轮基准直径

确定带轮基准直径时，先按标准选择小带轮的基准直径，再根据传动比计算大带轮的基准直径。选用时要求小带轮基准直径应大于等于最小基准直径 d_{dmin}，大带轮基准直径的计算结果要按带轮标准直径系列进行圆整。

标准 直径系列值	20、22.4、25、28、31.5、35.5、40、45、50、56、71、75、100、125、140、150、160、180、200、212、224、236、250、280、300、315、400、500、530、630、710、800、1000、1060、1250、1400、1600、1800、2000、2240、2500

(3) 验算带速 v

V带传动的带速不宜过高，也不宜过低。带速过高，由于离心惯性力增大，使带与带轮间压力减小，摩擦力减小，从而引起打滑。带速过小，传递相同功率时，所需有效圆周拉力过大，也易引起打滑。一般带速控制在 $5\text{m/s} \leqslant v \leqslant 25\text{m/s}$ 之间。

带速的计算式：$v = \pi d_{d1} n_1 = \pi d_{d2} n_2$

(4) 中心距选用要求

带传动的中心距要适中，不能过大，也不能过小。过大，则外廓尺寸过大，传动时带易颤动；过小，则小带轮包角小，传动能力下降，且带的弯曲次数多，寿命短。

(5) 带的基准长度 L_d 的计算

$$L_d = 2a + \frac{\pi}{2}(d_{d1} + d_{d2}) + \frac{(d_{d2} - d_{d1})^2}{4a}$$

注：计算出的基准长度要按标准圆整。

(6) 验算小带轮包角 α_1

小带轮包角的计算式为

$$\alpha_1 = 180° - \frac{d_{d2} - d_{d1}}{a} \times 57.3°$$

V带传动的传动要求：$\alpha_1 \geqslant 120°$。

(7) 单根带传递的额定功率 P_0

单根带传递的额定功率 P_0 取决于带型、小轮直径及带速。

5. V带传动安装与正确使用

(1) V带安装时，一般先缩小中心距，再安装带，然后扩大中心距。若中心距不可调节时，一般先将带套在小带轮上。

(2) 带的型号及基准长度不能搞错。带的型号正确时，V带顶面与带轮轮槽顶面应平

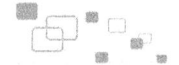

齐，底面不接触，如图 8-2-7(a) 所示。图 8-2-7(b) 所示的带的型号选用过大，图 8-2-7(c) 所示的带的型号选用过小。

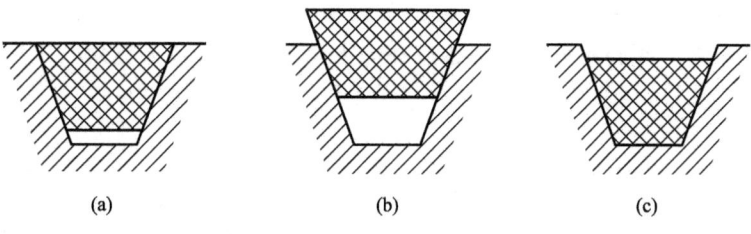

图 8-2-7　V 带型号的正确使用

(3) 两带轮轴线要相互平行，两轮的槽要在同一旋转平面内，否则，带发生扭曲和工作面过早磨损，缩短带的寿命，如图 8-2-8 所示。

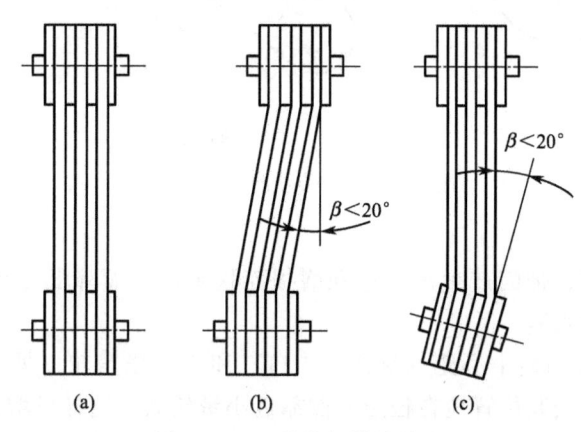

图 8-2-8　V 带轮的轴线关系

(4) 带的张紧要适当。若带的张紧过松，则不能保证足够的摩擦力，传动时易打滑；过紧，则传动中带磨损加剧，寿命缩短。

张紧是否适当的判断方法：中等中心距情况下，以大拇指能够将带压下 15mm 左右为宜，如图 8-2-9 所示。

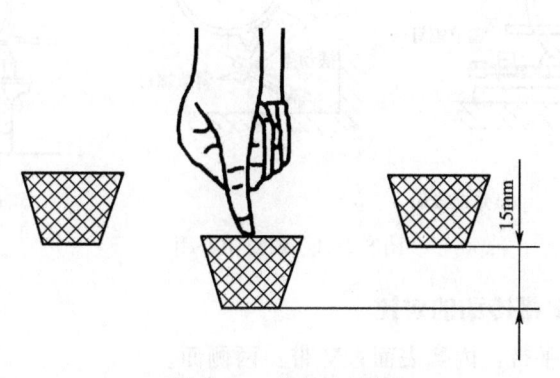

图 8-2-9　张紧的判断

(5) 定期检查与调整。若发现不宜使用的带应及时更换，更换时应一组同时更换，不能新、旧带混用，其目的是保证各带受力均匀。

(6) 要加装防护罩。

四、带传动的布置、张紧

1. 带传动的布置方式

带传动的布置方式分为水平布置、倾斜布置和垂直布置三种，如图 8-2-10 所示。需要说明的是：水平布置、倾斜布置时，松边应在上方，这样可以增大包角。

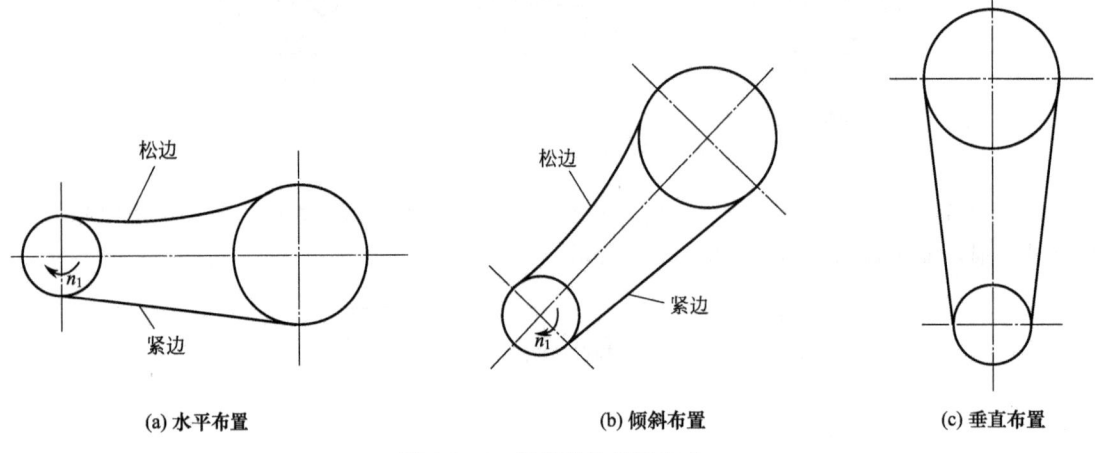

(a) 水平布置　　(b) 倾斜布置　　(c) 垂直布置

图 8-2-10　带传动的布置方式

2. 带传动的张紧

带传动长久工作后，带因产生永变形和磨损而松弛，从而降低传动能力，影响正常工作，因此，带传动需要张紧。

常用的张紧方法有调整中心距（见图 8-2-11）和安装张紧轮（见图 8-2-12）两种。其中，平带传动的张紧轮安装位置应在松边外侧靠近小带轮处，这样可增大小轮包角，提高传动能力。V 带传动的张紧轮安装位置应在松边内侧靠近大带轮处，目的是使带只受单方向弯曲，且小轮包角不会减小过多。

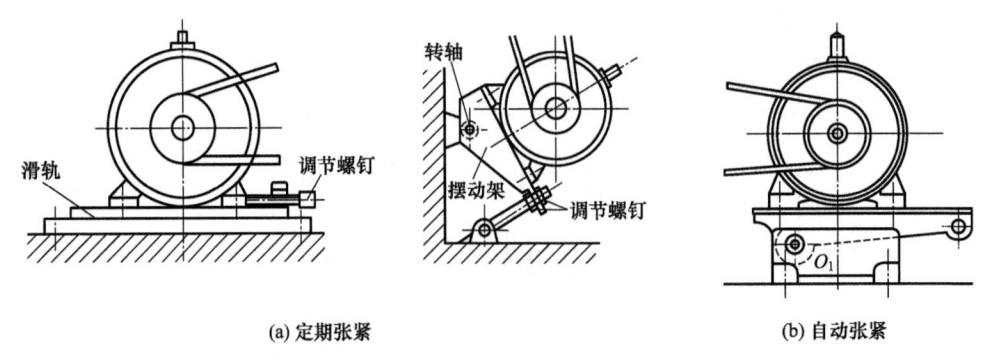

(a) 定期张紧　　(b) 自动张紧

图 8-2-11　调整中心距

五、V 带传动与平带传动的对比

(1) 工作面不同。平带：内侧表面；V 带：两侧面。
(2) 横截面形状不同。平带：扁平矩形；V 带：等腰梯形。
(3) 接头情况不同。平带：有接头；V 带：无接头。
(4) 传动方式不同。平带：开口式、交叉式、半交叉式、角度式；V 带：只有开口式。
(5) 弯曲、扭转性能不同。平带：好；V 带：差，不能扭转。

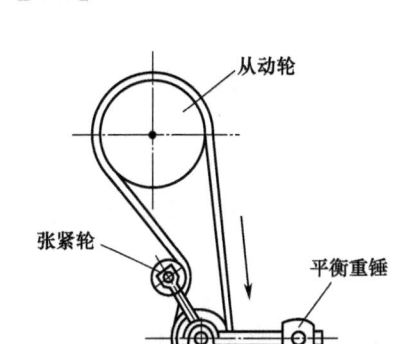

(a) 平带传动的张紧轮安装位置 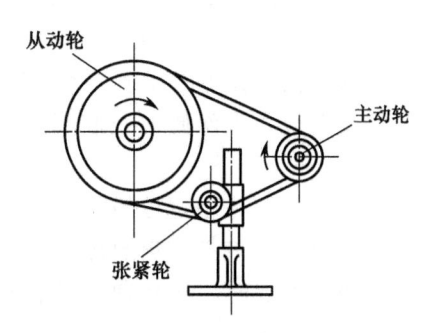　　(b) V带传动的张紧轮安装位置

图 8-2-12　安装张紧轮

(6) V 带传动能力高于平带。相同条件下，V 带传动能力为平带的三倍。
(7) 相同功率下，V 带传动的结构紧凑。
(8) V 带传动的平稳性更好，应用比平带广泛。
(9) V 带传动效率低于平带，价格高、寿命短。

【例 8-2-1】　某开口式平带传动，已知小带轮直径 $D_1 = 120$mm，大带轮直径 $D_2 = 480$mm，两带轮中心距 $a = 1000$mm，主动轮转速 $n_1 = 1200$r/min。试计算平带传动比 i_{12}，从动轮转速 n_2，包角 α 及平带长度 L。

【要点解析】　利用传动比公式、包角公式、带长公式计算。

【解】　$i_{12} = \dfrac{n_1}{n_2} = \dfrac{D_2}{D_1} = \dfrac{480}{120} = 4$

$n_2 = n_1 \times \dfrac{D_1}{D_2} = 1200 \times 120/480 = 300\text{r/min}$

$\alpha = 180° - \dfrac{D_2 - D_1}{a} \times 60° = 180° - \dfrac{480 - 120}{1000} \times 60° = 158.4°$

$L = 2a + \dfrac{\pi}{2}(D_2 + D_1) + \dfrac{(D_2 - D_1)^2}{4a} = 2 \times 1000 + \dfrac{\pi}{2}(480 + 120) + \dfrac{(480 - 120)^2}{4 \times 1000} = 2974.4\text{mm}$

巩固练习

一、判断题

1. 带传动都是通过摩擦力传递运动和动力的。(　　)
2. 带传动的传动效率较高，但带的使用寿命短。(　　)
3. 包角 α 是指带与带轮接触弧所对的圆心角，其大小反映了带传动的传动能力。(　　)
4. 在验算开口式带传动包角时，通常大、小带轮的包角都要验算。(　　)
5. 若开口式带传动包角过小，可采取增大中心距的办法。(　　)
6. 包角越小，接触弧长越短，带传动的传动能力越弱。(　　)
7. 相同条件下，对开口式带传动，两带轮的直径差越大，则小轮包角越大。(　　)
8. 普通 V 带是一种有接头的环形带，工作面为两侧面，楔角为 40°。(　　)

9. 强力层是V带承受拉力的主要部分。（　　）
10. 线绳结构抗拉强度较高，但柔韧性不如帘布结构，适用于载荷较大的传动。（　　）
11. B1400 GB 11544—1989 表示 B 型普通 V 带，内周长度为 1400mm。（　　）
12. V带带轮的直径不能过小，否则弯曲应力过大而使带的寿命下降。（　　）
13. V带安装时，带两侧面及底部与带轮轮槽接触，这样可保证具有较大的摩擦力。（　　）
14. 同组使用的V带型型号相同、长度相等。（　　）
15. 安装V带时，应按规定的初拉力张紧，不能太紧，也不能太松。（　　）
16. 带传动在安装时，必须使两带轮轴线平行，两轮相对应轮槽的对称平面应重合。（　　）
17. 对于中等中心距的带传动，带的张紧程度以大拇指能将带按下25mm为宜。（　　）
18. 为保证弯曲变形后的带与带轮两侧面接触良好，V带轮的槽角应小于带的楔角。（　　）
19. 水平带传动中，松边应放在下方。（　　）
20. 平带传动张紧轮应安放在松边内侧靠近大带轮处，V带传动张紧轮应安放在松边外侧靠近小带轮。（　　）
21. 带传动能缓冲、吸振，传动平稳，无噪声，能传递较远轴间运动和动力。（　　）
22. 由于带的打滑，其传动比不准确。（　　）
23. 平带传动的张紧轮可置于紧边外侧并靠近小带轮。（　　）
24. V带传动安装张紧轮时，为增大包角，一般安装在松边内侧。（　　）
25. 根据两带轮轴线之间的位置关系，V带传动有开口传动、交叉传动、半交叉传动三种传动形式。（　　）

二、选择题

26. 机床的传动系统中，在高速级采用带传动的主要目的是（　　）。
　　A. 能获得较大的传动比　　　　B. 制造和安装方便
　　C. 传动平稳　　　　　　　　　D. 可传递较大的功率
27. 带传动不能保证精确的传动比，其原因（　　）。
　　A. 带容易变形和磨损　　　　　B. 带在带轮上打滑
　　C. 带的弹性滑动　　　　　　　D. 带的材料不遵守胡克定律
28. 以下关于带传动优点的表述中，（　　）是错误的。
　　A. 带传动的吸振性好　　　　　B. 带传动平稳、无噪声
　　C. 带传动的传动距离大　　　　D. 带传动可以保证精确的传动比
29. 下列关于包角的描述中，错误的是（　　）。
　　A. 小带轮包角总大于大带轮包角。
　　B. 带与带轮接触弧所对的圆心角称为包角。
　　C. 包角越大，接触面间所产生的摩擦力就越大。
　　D. 对开口式带传动，中心距越大，则包角越大。
30. 某传动采用带传动，要求两轴平行，且两轮转向相反，那么可采用（　　）。
　　A. V带传动　　B. 平带开口式传动　　C. 平带交叉传动　　D. 平带半交叉传动
31. 对开口式平带传动的包角验算后，发现包角过小，则可采取的措施是（　　）。

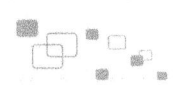

A. 增大中心距   B. 增大大带轮直径   C. 增大传动比   D. 减小带速

32. 三角带的传力性能主要取决于（　　）。
A. 强力层   B. 伸张层   C. 压缩层   D. 包布层

33. 在 V 带传动中，若带速超过允值，带传动能力（　　）。
A. 升高   B. 降低   C. 不变   D. 不确定

34. 单根三角带所能传递的功率主要与以下因素有关（　　）。
A. 转速、型号、中心距   B. 小轮包角、型号、工况情况
C. 带速、型号、小轮直径   D. 小轮直径、小轮包角、中心距

35. 在相同条件下，V 带传动的结构比平带传动紧凑，是因为（　　）。
A. V 带传动的传动效率高   B. V 带传动能传递较大的载荷
C. V 带传动的平稳性好   D. V 带传动的结构简单

36. V 带轮的结构选择取决于（　　）。
A. 带速   B. 带轮直径   C. 带的型号   D. 功率

37. 带轮的最小直径取决于（　　）。
A. 带速   B. 带轮直径   C. 带的型号   D. 功率

38. 带传动的使用时，新旧带不能混用，原因是（　　）。
A. 混用会不安全   B. 混用会使效率降低
C. 混用会使各根带寿命不一致   D. 混用会使各根带载荷分布不匀

39. 安装 V 带时，张紧应适当，张紧程度一般以大拇指能将带按下（　　）为宜。
A. 15mm   B. 25mm   C. 35mm   D. 20mm

40. 带传动在安装时，必须使两带轮轴线平行，否则（　　）。
A. 带传动的效率将降低   B. 将加剧带的磨损，甚至使带从带轮上脱落
C. 小带轮的包角将减小   D. 各根带载荷分布不匀

41. 带传动中采用张紧装置的目的是（　　）。
A. 减轻带的弹性滑动   B. 提高带的寿命
C. 改变带的运动方向   D. 调节带的预紧力

42. 在带传动中若用张紧轮张紧，则张紧轮的正确位置为（　　）。
A. 对平皮带，应放松边外侧，三角带应放紧边内侧
B. 平皮带应放在靠大轮处，三角带应放在靠小轮处
C. 平皮带应放在靠小轮处，三角带应放在靠大轮处
D. 平皮带和三角带均应放在松边的内侧

43. 带传动的张紧目的是（　　）。
A. 防止带的松弛而影响带的传动能力   B. 提高带的使用寿命
C. 提高带传动的效率   D. 提高的速度

44. 平带传动的张紧轮位置，正确的是（　　）。
A. 松边内侧并靠近大带轮   B. 松边外侧并靠近小带轮
C. 松边内侧并靠近小带轮   D. 紧边外侧并靠近小带轮

45. 三角带传动张紧轮位置一般安装在松边内侧，目的是（　　）。
A. 避免减小小带轮的包角   B. 减少带的磨损
C. 使带只受单弯曲   D. 提高带传动的效率

三、填空题

46. 按原理不同，带传动分为_____和_____两类，其中同步带传动属于_____。

47. 摩擦型带传动的打滑条件是_____，打滑位置发生在_____上。

48. 进入主动轮的那段皮带为_____边，反之为_____边。

49. 有效圆周力等于_____与_____的拉力差。

50. 带传动的传动比_____（准确、不准确），原因是_____。

51. 考虑弹性滑动，主动轮速度 $v_主$、从动轮速度 $v_从$、带速 $v_带$ 关系是_____。

52. 弹性滑动与打滑相比，_____可避免，_____不可避免；造成传动比不准确，_____造成失效。

53. 带传动的特点有：传动距离_____，传动平稳性_____，噪声_____，效率_____，常布置于机床的_____级，作用在轴与轴承上的力_____，过载会_____，起保护作用。

54. 摩擦型带传动是依靠带与带轮之间的_____来传递运动和动力，啮合型带传动是依靠带与带轮之间的_____来传递运动和动力。

55. 带传动的传动比等于它们直径的_____。

56. 平带传动的形式有_____传动、_____传动、_____传动、_____传动。

57. 开口传动和交叉传动中，两轮转向相同的是_____，极限转速高的是_____，承载大的是_____，寿命长的是_____。

58. 带传动的包角是指带与带轮的_____所对应的_____角。包角越小，则传动能力_____，故对平带传动，要求包角_____。若包角不符合要求，在带轮直径不变时，可采用_____方法。

59. 平带传动的包角计算式为_____。

60. 带轮直径一定时，中心距 a 越大，则包角越_____；中心距一定时，两带轮直径差越大，则包角越_____；中心距与 D_1 一定时，传动比越大，包角越_____。

61. 验算包角时，只须验算_____带轮上的包角是否满足要求。

62. 平带的接头方式有_____、_____、_____。其中平稳性差、速度低、承载大的是_____。

63. 平带传动的传动比不应超过_____，否则会造成传动尺寸变_____，包角变_____。

64. V带的横截面分为_____层、_____层、_____层、_____层，其中，_____层为承力层，该层结构分为_____结构和_____结构。

65. V带标记B2240的含义是_____。

66. V带轮直径越小，带弯曲越_____，产生_____越大，寿命_____；V带轮的最小直径取决于_____。

67. V带轮的槽角有_____，选择时，通常小带轮的槽角选_____（较大、较小）值，大带轮的槽角选_____（较大、较小）值。

68. V带的型号是根据_____和_____选择。

69. V带传动的带速范围是_____，过低，则_____大，易打滑，过高，则_____大，使传动能力下降。

70. 单根 V 带所传递的功率取决于_____、_____、_____。
71. V 带正确安装时，带的外表面与轮缘_____，带的底部与带轮底_____。
72. V 带传动安装时，两轮轴线要_____，两轮的轮槽要_____，否则，带会_____及两侧面_____。
73. V 带出现损坏而换带时，应更换_____，新旧带____（能、不能）混用。
74. 带传动的张紧方法有_____和_____。
75. 采用张紧轮张紧时，平带传动的张紧轮应安放在_____，目的是_____；V 带传动的张紧轮应安放在_____，目的是_____。

四、计算题

76. 某带传动，小带轮为主动轮，已知小带轮直径 $D_1 = 100$mm，传动比 $i_{12} = 3$，主动轮转速 $n_1 = 1200$r/min。试计算大带轮直径 D_2，从动轮转速 n_2。

77. 已知某平带传动，主动轮直径 $D_1 = 200$mm，转速 $n_1 = 1200$r/min，从动轮转速 n_2 为 300r/min，中心距为 1000mm。试求传动比 i_{12}，从动轮直径 D_2，带的长度，并校核小带轮的包角是否合适。

78. 一开口式平带传动，已知小带轮直径 $D_1 = 200$mm，大带轮直径 $D_2 = 600$mm，主动轮转速 $n_1 = 1200$r/min。试计算平带传动比 i_{12}，从动轮转速 n_2，最小中心距 a。

79. 已知某 V 带传动，主动轮直径 $d_{d1} = 200$mm，转速 $n_1 = 1200$r/min，从动轮转速 n_2 为 300r/min，中心距为 1000mm。试求传动比 i_{12}，从动轮直径 d_{d2}，带的基准长度 L，并校核小带轮的包角和带速是否合适。

四、综合分析题

80. 如图 8-2-13 所示 V 带传动示意图。试回答：

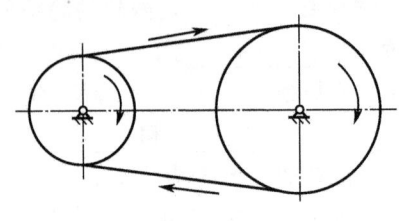

图 8-2-13

(1) V 带轮的最小直径取决于_____，过小则因_____过大而影响使用寿命。

(2) V 带传动中通常判别_____（回答"大"或"小"）带轮的包角是否合适即可。若 $D_1 = 200\text{mm}$ $D_2 = 600\text{mm}$，$a = 800\text{mm}$，则包角 α _____（回答"合适"或"不合适"），若不合适，可采用_____的方法。

(3) 若图示带传动为增速传动，则所标的转向_____（合理、不合理），判别的根据是_____。

(4) 带在工作中所受的力为_____（回答"静载荷"或"动载荷"），带在正常工作下的失效形式为_____。

(5) 安装 V 带时，一般先_____，再安装带，装好后需检查带的_____，一般的检查方法为_____。

(6) 传动时若出现打滑现象，则打滑一般发生在_____轮上。

(7) 传动带长期使用后，张紧能力将下降。一般情况下，在_____不能调整时，可采用安装张紧轮的方法来保持传动能力。此时，应将张紧轮放在 V 带的_____，并要靠近_____，使包角不至于过分减小。

(8) V 带的型号是由_____和_____确定的。

(9) V 带结构分为_____结构和线绳结构。

(10) 传动时若出现打滑现象，则打滑一般发生在_____上。

(11) 单根 V 带所能传递的功率取决于_____、_____、_____。

(12) 若 $n_1 = 1440\text{r/min}$，则带速为_____m/s。经验算后_____（符合、不符合）要求。

第 9 章

螺旋传动

考纲要求

◇ 熟悉螺纹的种类、应用和主要参数，正确识读螺纹标记。
◇ 了解螺旋传动应用形式，掌握差动螺旋传动移距的计算方法。

9.1 螺纹的种类及应用

学习目标

1. 熟悉螺纹的种类、应用。
2. 熟悉螺纹的主要参数。
3. 正确识读螺纹标记。

内容提要

一、螺纹的种类

（1）按螺纹所在的表面位置，螺纹可分为外螺纹和内螺纹，如图 9-1-1 所示。

（2）按螺纹的旋向，螺纹可分为右旋螺纹和左旋螺纹，如图 9-1-2 所示。其中，右旋螺纹顺时针旋入（较常用），左旋螺纹逆时针旋入。

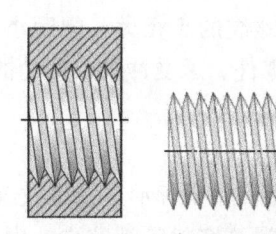

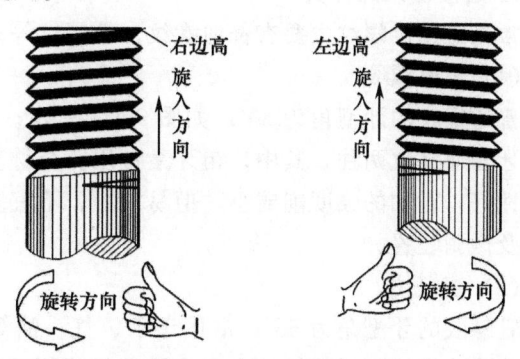

图 9-1-1 内螺纹和外螺纹　　图 9-1-2 右旋螺纹和左旋螺纹

螺纹旋向的判断方法：将螺纹竖放，螺旋线左边高，则为左旋；右边高，则为右旋。

（3）按螺旋线的线数，螺纹可分为单线螺纹、双线螺纹和多线螺纹，如图 9-1-3 所示。

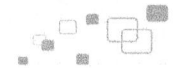

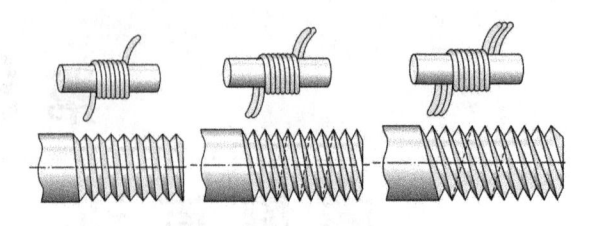

图 9-1-3　螺纹的线数

（4）按螺纹牙型，螺纹可分为三角形螺纹、梯形螺纹、锯齿形螺纹和矩形螺纹等，如图 9-1-4 所示。

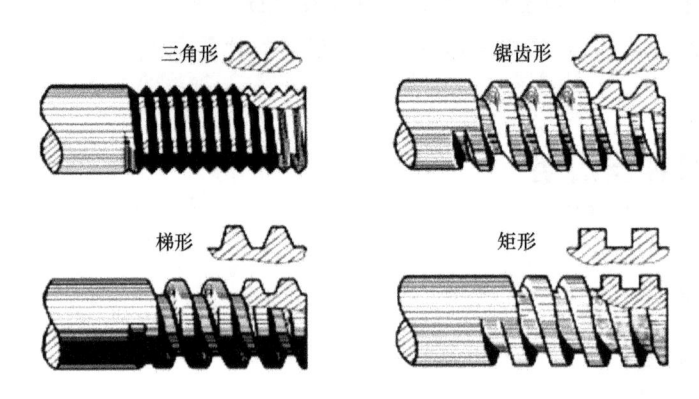

图 9-1-4　螺纹的牙型

（5）按用途，螺纹可分为连接螺纹和传动螺纹两类，其中，连接螺纹的牙型多为三角形，传动螺纹的牙型常为梯形、锯齿形和矩形。

二、螺纹的应用

螺纹的用途主要有固定连接和传动两个方面，其中，用于零件间固定连接的螺纹称为连接螺纹，传递运动、动力的螺纹称为传动螺纹。在连接螺纹中，内、外螺纹相互旋合形成螺纹副，在传动螺纹中，内、外螺纹相互旋合形成螺旋副。

1. 连接螺纹的种类

常见的连接螺纹主要有普通螺纹、管螺纹等。

（1）普通螺纹

普通螺纹的牙型角为 60°，如图 9-1-5 所示。按螺距大小，普通螺纹分为粗牙普通螺纹和细牙普通螺纹两种，其中，粗牙最常用。公称直径相同时，细牙螺纹的小径大，螺距小，自锁性好，对轴的强度削弱小，但易滑扣，不宜多拆，常用于薄壁零件、承受冲击、振动的连接及微调装置。

（2）管螺纹

管螺纹的牙型角为 55°，常用于水、气、油等管路的连接，如图 9-1-6 所示。管螺纹又可以分为非螺纹密封管螺纹和用螺纹密封管螺纹两大类，其中，非螺纹密封管螺纹中，内、外螺纹都是圆柱螺纹，螺纹本身不具有密封性能，需在密封面间添加密封物；用螺纹密封管螺纹包括圆锥内螺纹与圆锥外螺纹连接和圆柱内螺纹与圆锥外螺纹连接，连接本身具有一定的密封性能。

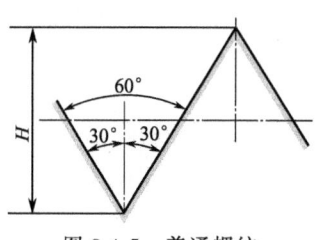

图 9-1-5 普通螺纹

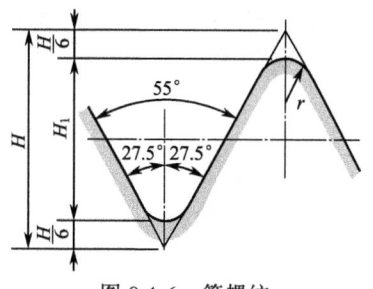

图 9-1-6 管螺纹

2. 传动螺纹

传动螺纹的牙型常为梯形、锯齿形和矩形。

(1) 梯形螺纹，如图 9-1-7 所示。牙型为等腰梯形，牙型角为 30°，牙根强度高，对中性好，传动精度高，加工工艺性好，但效率略低，应用广泛。

(2) 锯齿形螺纹，如图 9-1-8 所示。牙型为锯齿形，牙型角为 33°，承载侧牙侧角为 3°，非承载侧牙侧角为 30°，牙根强度高，对中性好，效率较高，用于单向受力的传动机构。

(3) 矩形螺纹，如图 9-1-9 所示。牙型为矩形，牙型角为 0°，牙厚等于螺距的一半，牙根强度低，对中精度低，磨损后难于补偿和修复，但传动效率最高。

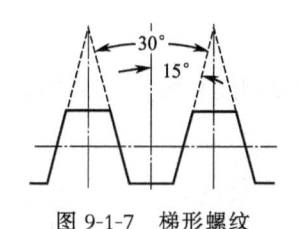

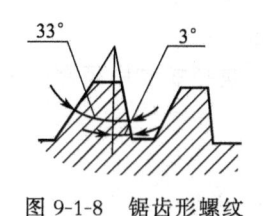

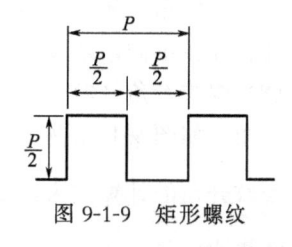

图 9-1-7 梯形螺纹

图 9-1-8 锯齿形螺纹

图 9-1-9 矩形螺纹

三、螺纹的主要参数

螺纹的主要参数包括大径、中径、小径、螺距、牙型角等，如图 9-1-10 所示。

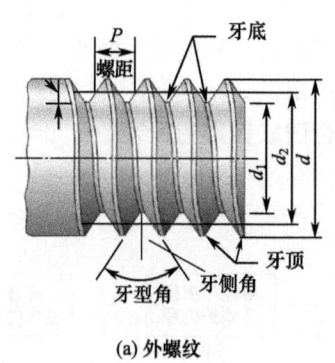

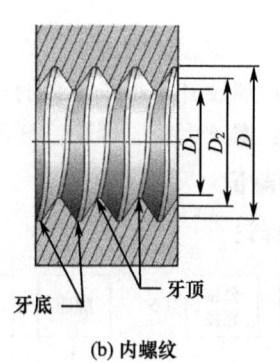

(a) 外螺纹

(b) 内螺纹

图 9-1-10 螺纹的主要参数

(1) 大径（d，D）：指外螺纹的顶径或内螺纹的底径，又称为螺纹公称直径。

(2) 小径（d_1，D_1）：指外螺纹的底径或内螺纹的顶径。

(3) 中径（d_2，D_2）：牙厚与牙槽宽相等处的螺纹直径。

(4) 螺距（P）：相邻两牙中径线上对应点之间的轴向距离。

(5) 导程（P_h）：同一条螺旋线上相邻两牙中径线上对应点之间的轴向距离。

导程与螺距的关系是：$P_h = ZP$（如图 9-1-11 所示），式中 Z——螺纹线数。

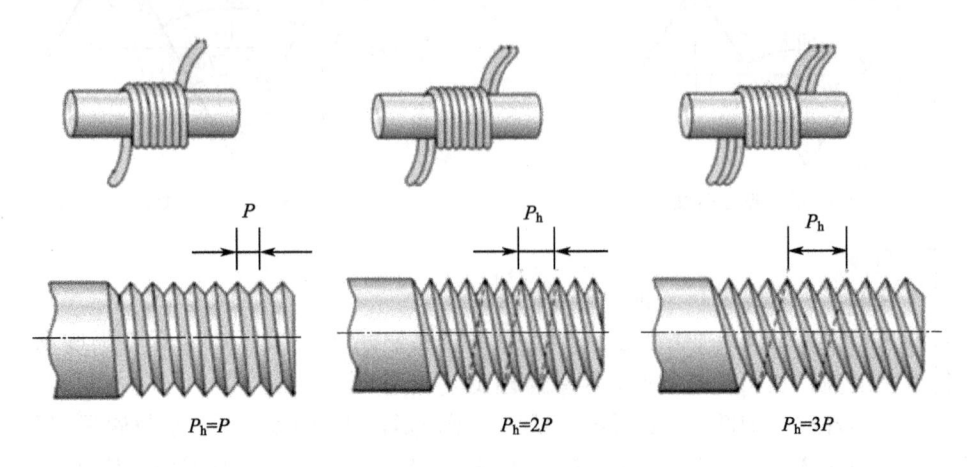

$P_h=P$　　　　$P_h=2P$　　　　$P_h=3P$

图 9-1-11　导程与螺距的关系

(6) 牙型角：牙的两侧边的夹角。

(7) 牙侧角：牙的一侧边与螺纹轴线的垂线间的夹角。

注：牙型不同，牙型角和牙侧角也不同。

(8) 螺纹升角（ϕ），又称导程角，是指螺纹中径圆柱上，螺旋线切线与螺纹轴线的垂线间的夹角，如图 9-1-12 所示。

螺纹升角的计算式为：$\tan\phi = \dfrac{P_h}{\pi d_2}$

需说明的是：

① 螺纹升角与螺纹连接自锁性和传动效率有关：螺纹升角越小，自锁性越好；螺纹升角越大，自锁性越差，传动效率越高。

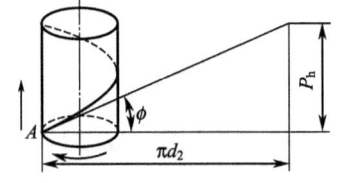

图 9-1-12　螺纹升角

② 相同条件下，螺纹线数越多，则传动效率越高；螺纹线数越少，则自锁性越好。

③ 自锁条件：螺纹升角小于材料的当量摩擦角。

④ 标准螺纹：螺纹大径、螺距、牙型均符合国家标准的螺纹。

四、螺纹的标记

1. 普通螺纹标记

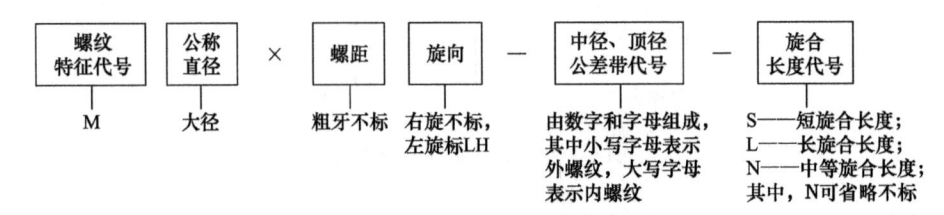

螺纹特征代号	公称直径	×	螺距	旋向	—	中径、顶径公差带代号	—	旋合长度代号
M	大径		粗牙不标	右旋不标，左旋标LH		由数字和字母组成，其中小写字母表示外螺纹，大写字母表示内螺纹		S——短旋合长度；L——长旋合长度；N——中等旋合长度。其中，N可省略不标

螺纹副标注：内、外螺纹基本参数完全相同才能旋合在一起组成螺纹副，其标注与螺纹标注基本相同，但需同时注出内、外螺纹公差带代号，并用"/"分开，左边表示内螺纹公差带代号，右边表示外螺纹公差带代号。

2. 梯形螺纹的标记

(1) 单线螺纹标记

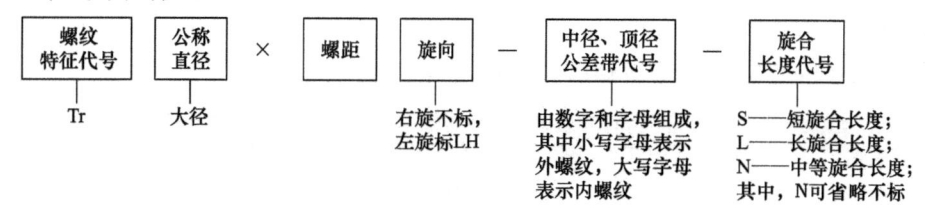

```
[螺纹特征代号] [公称直径] × [螺距] [旋向] — [中径、顶径公差带代号] — [旋合长度代号]
     Tr          大径              右旋不标,      由数字和字母组成,        S——短旋合长度;
                                  左旋标LH      其中小写字母表示        L——长旋合长度;
                                                外螺纹,大写字母        N——中等旋合长度;
                                                表示内螺纹              其中,N可省略不标
```

(2) 多线螺纹标记

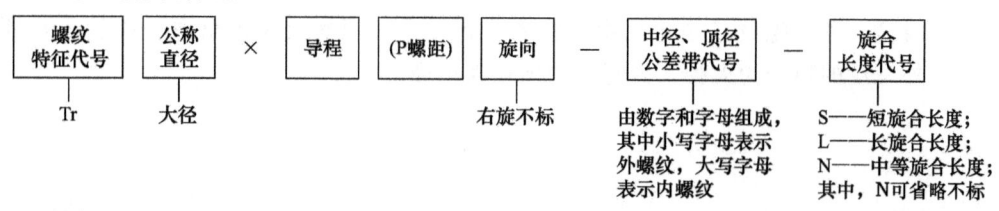

```
[螺纹特征代号] [公称直径] × [导程] [(P螺距)] [旋向] — [中径、顶径公差带代号] — [旋合长度代号]
     Tr          大径                        右旋不标       由数字和字母组成,        S——短旋合长度;
                                                          其中小写字母表示        L——长旋合长度;
                                                          外螺纹,大写字母        N——中等旋合长度;
                                                          表示内螺纹              其中,N可省略不标
```

梯形螺旋副标注：装配在一起的梯形螺旋副需同时标注内、外螺纹公差带代号且用"/"分开，斜线左边表示内螺纹公差带代号，斜线右边表示外螺纹公差带代号。

3. 管螺纹标记

(1) 用螺纹密封的管螺纹标记

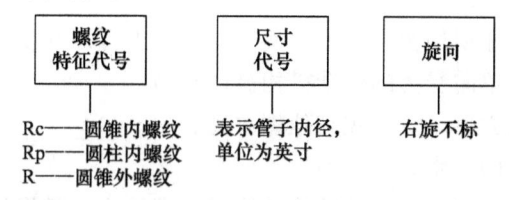

```
[螺纹特征代号]     [尺寸代号]           [旋向]
  Rc——圆锥内螺纹   表示管子内径,      右旋不标
  Rp——圆柱内螺纹   单位为英寸
  R——圆锥外螺纹
```

(2) 非螺纹密封的管螺纹

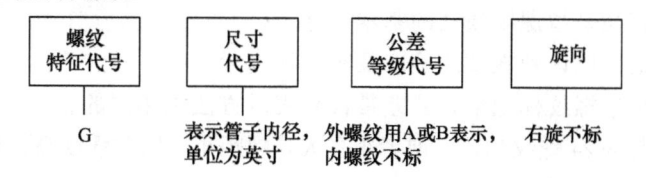

```
[螺纹特征代号]  [尺寸代号]         [公差等级代号]         [旋向]
     G         表示管子内径,      外螺纹用A或B表示,     右旋不标
              单位为英寸         内螺纹不标
```

例题解析

【例 9-1-1】 下列普通螺纹标记中，哪些为普通粗牙螺纹？哪些为外螺纹？哪些为右旋螺纹？① M30 × 1.5LH—5g6g—S；② M30LH—5g6g—S；③ M30 × 1.5LH—6H—L；④ M30×1.5—6H；⑤M30—5g；⑥M30—5H6H—S。

【要点解析】 在标记中，粗牙与细牙的区别在于有没有标出螺距，内、外螺纹的区别在于中、顶径公差带代号的字母大小写，左、右旋的区别在于有没有标出 LH。

【解】 普通粗牙螺纹：②⑤⑥；外螺纹：①②⑤；右旋螺纹：④⑤⑥

【例 9-1-2】 下列管螺纹标记中，哪些为外螺纹？哪些为右旋螺纹？①R1$\frac{1}{4}$—LH；②Rc1$\frac{3}{4}$；③Rp1$\frac{3}{4}$—LH；④G1$\frac{1}{4}$—LH；⑤G1$\frac{1}{4}$A—LH；⑥G1$\frac{3}{4}$B。

【要点解析】 在标记中，左、右旋的区别在于有没有标出 LH，用螺纹密封管螺纹的内、外螺纹的区别在于特征代号不同，非螺纹密封管螺纹的内、外螺纹的区别在于有没有标出公差等级代号。

【解】 外螺纹：①⑤⑥；右旋螺纹：②⑥。

[例 9-1-3] 下列螺纹标记中，表示出螺纹大径公差带代号的是（　　）。

A. M24×2—5g
B. M30×1.5LH—5G6G
C. Tr24×9（P3）—6H
D. Tr42×8LH—5g

【要点解析】 梯形螺纹只表示出中径公差带代号，普通螺纹表示出中、顶径公差带代号，其中，外螺纹的顶径为大径，内螺纹的顶径为小径。

【解】 A

巩固练习

一、判断题

1. 在相同大径情况下，细牙螺纹的小径较粗牙螺纹大，强度较高，且导程角较小，自锁性好，因此应用比粗牙螺纹广泛。（　　）
2. 普通螺纹和管螺纹牙型均为三角形，两者在应用上可以互换。（　　）
3. 锯齿形螺纹常用于单向受力的传动机构。（　　）
4. 矩形螺纹牙型为正方形，效率较其他螺纹高。（　　）
5. 牙侧角就是牙型角的一半。（　　）
6. 常用于高压、高温、密封要求高的管路连接的螺纹应是梯形螺纹。（　　）
7. 螺纹的公称直径是指螺纹顶径的基本尺寸。（　　）
8. 普通螺纹标记可以识别螺纹的旋向及粗牙和细牙。（　　）
9. 普通螺纹与梯形螺纹标记中，公差带代号表示方法是相同的。（　　）
10. M24×1.5 与 M24 螺纹相比，前者小径大，螺距小，因此强度高，自锁性好。（　　）
11. 螺纹代号中，右旋螺纹用 LH 表示。（　　）
12. 螺纹代号中，中等旋合长度的代号常可省略。（　　）
13. 螺纹的牙型、大径和螺距三要素都符合国家标准的螺纹称为标准螺纹。（　　）

二、选择题

14. 传动效率高，但强度和对中性差的传动螺纹是（　　）。
A. 普通螺纹　　　B. 锯齿形螺纹　　　C. 矩形螺纹　　　D. 梯形螺纹

15. 锯齿形螺纹牙型角为（　　）。
A. 33°　　　B. 3°　　　C. 30°　　　D. 55°

16. 车床中丝杆常使用（　　）螺纹。
A. 普通螺纹　　　B. 锯齿形螺纹　　　C. 矩形螺纹　　　D. 梯形螺纹

17. 下列螺纹中，（　　）不用于传动。
A. 管螺纹　　　B. 锯齿形螺纹　　　C. 矩形螺纹　　　D. 梯形螺纹

18. 用于机械静连接的螺栓，其螺纹应是（　　）。
A. 矩形螺纹　　　B. 三角形螺纹　　　C. 梯形螺纹

19. 螺纹顶径是指（　　）。
    A. 螺纹大径　　　　　　　　　　　B. 螺纹小径
    C. 外螺纹大径和内螺纹小径　　　　D. 内螺纹大经和外螺纹小径
20. 以下标记的螺纹中，最可能用做轴上零件轴向固定的是（　　）。
    A. M27×1　　　B. M27—5g—6g　　　C. Tr36×6/7H　　　D. G1.5A
21. 下列螺纹标记中，表示细牙普通螺纹的是（　　）。
    A. M24×1.5　　　B. M12—6H　　　C. Tr42×8LH　　　D. Tr24×9（P3）
22. 下列螺纹标记中，属于内螺纹的是（　　）。
    A. M24×2—5g　　　　　　　　　B. M30×1.5LH—5g6g
    C. Tr24×9（P3）—6H　　　　　　D. Tr42×8LH—5g
23. 下列螺纹标记中，表示出螺纹大径公差带代号的是（　　）。
    A. Tr42×8LH—5g　　　　　　　B. M30×1.5LH—5H
    C. Tr24×9（P3）—6H　　　　　　D. M24—5g6g
24. 下列螺纹标记中，属于左旋内螺纹的是（　　）。
    A. M24×2—5g　　　　　　　　　B. M30×1.5LH—5G6G
    C. Tr24×9（P3）—6H　　　　　　D. Tr42×8LH—5g
25. 常用于高压、高温、密封要求高的管路连接的螺纹是（　　）。
    A. 普通螺纹　　　B. 梯形螺纹　　　C. 圆柱管螺纹　　　D. 圆锥管螺纹

三、填空题

26. 顺时针旋入的螺纹是_____螺纹；逆时针旋入的螺纹是_____螺纹。
27. 连接螺纹的牙型常为_____，传动螺纹的牙型常为_____，其中单向传动常用_____螺纹。
28. 普通螺纹的牙型角为_____，且常为___线，其自锁性___。按螺距不同，可分为_____螺纹和_____螺纹。
29. 公称直径相同的粗牙普通螺纹和细牙普通螺纹相比，牙型小的是_____，小径小的是_____，螺距小的是_____，自锁性好的是_____，对轴的削弱小的是_____，不易滑扣的是_____，不宜多拆的是_____，常用于薄壁零件连接和微调机构的是_____。
30. 管螺纹的牙型角为_____，类型有_____和_____两种。
31. 梯形螺纹牙型角为___，牙根强度___，对中性___，加工工艺性___，应用最广。
32. 锯齿形螺纹牙型角为_____，非工作面牙侧角为_____，工作面牙侧角为___，牙根强度_____，对中性_____，常用于_____传动。
33. 矩形螺纹牙型为_____，牙厚等于螺距_____，牙型角为___，效率_____，牙根强度_____，对中性_____，精确加工_____。
34. 螺纹的公称直径是指_____，外螺纹的顶径是螺纹的_____径、内螺纹的顶径是螺纹的_____径，外螺纹的底径是螺纹的_____径、内螺纹的底径是螺纹的_____径。
35. 螺距、导程、线数的关系是_____。

36. 矩形螺纹、锯齿形螺纹、梯形螺纹、三角形螺纹用于传动时，其效率大小顺序是_____。
37. 螺纹导程角是指在_____圆柱上，螺旋线的___线与_____的夹角；其计算公式为_____；导程角越大，则传动效率_____，自锁性_____；中径和螺距相同的单线和多线螺纹相比，效率高的是_____。
38. 螺纹的自锁条件是_____。
39. _____、_____、_____均符合国家标准的螺纹称为标准螺纹。
40. 在螺纹特征代号中，M 代表_____螺纹，R 代表_____螺纹，Rc 代表_____螺纹，Rp 代表_____螺纹，Tr 代表_____螺纹。

9.2 螺旋传动

学习目标

1. 了解螺旋传动应用形式。
2. 掌握普通螺旋传动移距的计算方法。
3. 掌握差动螺旋传动移距的计算方法。

内容提要

一、普通螺旋传动

1. 普通螺旋传动的类型及移动方向判定

普通螺旋传动的类型主要有：①螺母固定不动，螺杆转动且移动，如图 9-2-1 所示；②螺杆固定不动，螺母转动且移动，如图 9-2-2 所示；③螺杆转动，螺母移动，如图 9-2-3 所示；④螺母转动，螺杆移动，如图 9-2-4 所示。

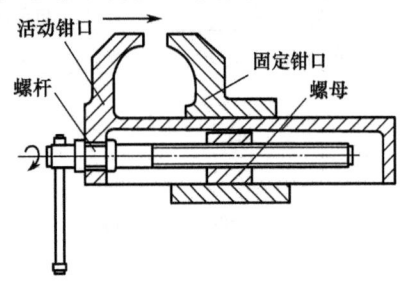

图 9-2-1 台虎钳

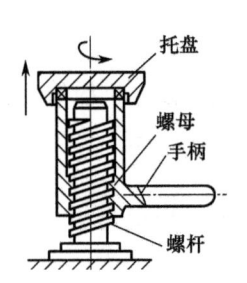

图 9-2-2 螺旋千斤顶

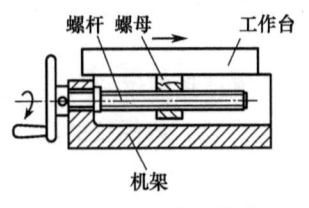

图 9-2-3 机床工作台

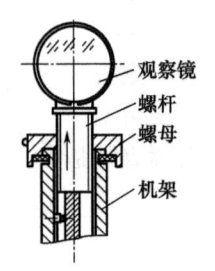

图 9-2-4 观察镜

判断直线移动方向时，右旋螺纹用右手，左旋螺纹用左手。手握空拳，四指指向与回转方向相同，大拇指竖直。对于前两种类型，大拇指指向即为直线移动方向；对于后两种类型，大拇指反向即为直线移动方向。

2. 普通螺旋传动移动距离（速度）的计算

移动距离计算式：$L = NP_h$；

移动速度计算式：$v = nP_h$。

式中，N——转数（r）；

n——转速（r/min）；

P_h——导程（mm）。

3. 普通螺旋传动的特点

（1）结构简单，工作连续，传动平稳、无噪声。

（2）承载大，传动精度高。

（3）摩擦损失大，传动效率低。

二、差动螺旋传动

1. 差动螺旋传动组成

图 9-2-5 所示为差动螺旋传动，分析该传动可知：

（1）有 3 个构件，2 个螺旋副，1 个移动副；

（2）两个螺旋副传动中，一个为"边转边移"类型，另一个为"一转一移"。

2. 差动螺旋传动的计算及移动方向的判断

如图 9-2-5 所示，差动螺旋传动的位移计算包括构件 1 相对于机架 3 的位移量 L_1、构件 2 相对于构件 1 的位移量 L_2、构件 2 相对于机架 3 的位移量 L 三种。其中，$L_1 = NP_{ha}$，$L_2 = NP_{hb}$。

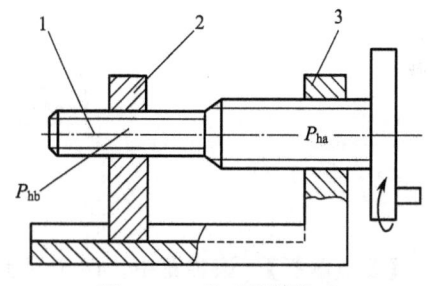

图 9-2-5 差动螺旋传动

而构件 2 相对于机架 3 的位移量 L 由 L_1、L_2 合成，即：

$$L = N(P_{ha} \pm P_{hb})$$

式中，当两螺旋副旋向相同时，取"－"，当两螺旋副旋向相反时，取"＋"。

构件 2 相对于机架 3 的位移方向判断：若两螺旋副旋向相同时，L 的方向取决于 L_1、L_2 中较大值的方向；若两螺旋副旋向相反时，L 的方向与 L_1、L_2 的方向均相同。

例题解析

【例 9-2-1】 如图 9-2-3 所示螺旋传动，螺旋副导程为 12mm，手轮上有刻度线，刻度线个数为 100，问：

（1）若手轮回转 5 圈，工作台移动距离为多少？

（2）若手轮转速为 0.5r/min，工作台移动速度为多少？

（3）若手轮转 1 个刻度，则工作台移动距离为多少？

（4）若手轮转 1 个刻度时，工作台移动 0.3mm，则手轮上应该有多少刻度线？

【要点解析】 直接利用位移、速度的计算公式进行计算，注意的是，刻度线个数为

100，手轮转一个刻度时，相当于转 0.01r。

【解】 （1） $L = NP_h = 5 \times 12 = 60\text{mm}$

（2） $v = nP_h = 0.5 \times 12 = 6\text{mm/min}$

（3） $L = NP_h = 0.01 \times 12 = 0.12\text{mm}$

（4） $L = NP_h = N \times 12 = 0.3\text{mm}$

$N = 0.025$

所以，刻度线个数为 40。

【例 9-2-2】 如图 9-2-6 所示差动螺旋传动，方头螺杆 1 只能移动不能转动，旋钮 2 分别与机架与方头螺杆构成螺旋副。现转动旋钮一转使方头螺杆向下移动 0.5mm，问方头螺杆 1 的导程为多少？方头螺杆 1 相对于旋钮 2 的移动距离为多少？

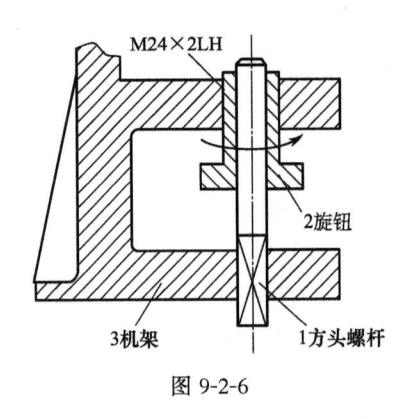

图 9-2-6

【要点解析】 该装置中，两个螺旋副分别为：件 1 与件 2 组成的螺旋副和件 2 与件 3 组成的螺旋副，由件 1 与件 2 组成的螺旋副可计算件 1 相对于件 2 的位移量 L_1，由件 2 与件 3 组成的螺旋副可计算件 2 相对于件 3 的位移量 L_2，而件 1 相对于件 3 的位移量 L 是通过 L_1、L_2 合成的。由于件 1 相当于件 3 的位移量为 0.5，所以，L 的计算采用减号，两螺旋副旋向相同，L 的方向取决于 L_1、L_2 中较大值的方向。根据题意，件 2 相对于件 3 的移动方向向下，故方头螺杆 1 的导程小于 2。

【解】 （1） 设方头螺杆 1 的导程为 P_h

$$0.5 = 1 \times (2 - P_h)$$

$$P_h = 1.5\text{mm}$$

（2） 设方头螺杆 1 相对于旋钮 2 的移动距离为 L_{12}

$$L_{12} = N \times P_h = 1 \times 1.5 = 1.5\text{mm}$$

巩固练习

一、判断题

1. 普通螺旋传动时，从动件作直线运动的方向，仅与螺纹的转动方向有关。（ ）

2. 普通螺旋传动具有结构简单，传动连续、平稳，承载能力大，精度、效率高等特点。（ ）

3. 在普通螺旋传动中，螺杆（或螺母）的移动距离与螺纹的导程有关。（ ）

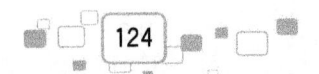

4. 两螺纹旋向相同的差动螺旋传动机构中，活动螺母的移动方向不仅与螺纹的转向、旋向有关，还与螺纹的导程有关。（　　）

5. 测微器、计算器、分度器等仪器常采用两螺纹旋向相反的差动螺旋传动机构。（　　）

6. 两螺纹旋向相反的差动螺旋传动机构，活动螺母的移动方向仅与螺纹的转向、旋向有关。（　　）

二、选择题

7. 用于微调装置的差动螺旋传动的两段螺纹应（　　）。

A. 旋向相同，导程相差很大　　　B. 旋向相反，导程相差很大

C. 旋向相同，导程相差很小　　　D. 旋向相反，导程相差很小

8. 如图 9-2-7 所示是某差动螺旋传动的微调镗刀结构简图。螺杆 1 在 a、b 两处均为右旋螺纹，刀套 2 固定，镗刀 3 在刀套 2 中不能回转只能移动。若螺杆 1 上 a 处螺纹的导程为 2mm，b 处螺纹的导程为 1.6mm，则螺杆 1 图示方向旋转 180°时，镗刀 3 移动的距离和方向分别为（　　）。

A. 0.2mm、向右　　B. 0.2mm、向左　　C. 0.4mm、向右　　D. 0.4mm、向左

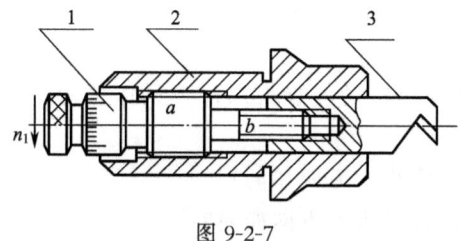

图 9-2-7

三、填空题

9. 普通螺旋传动可将_____转化为_____移动，其结构简单，工作连续、平稳，承载_____，传动精度_____，但摩擦_____，效率_____。

10. 滚珠螺旋传动为_____接触，_____摩擦，摩擦____，效率____，动作灵敏，传动_____，但结构复杂、成本高，常应用于_____传动。

11. 差动螺旋传动中，若两螺旋副旋向相反，则可实现_____，若两螺旋副旋向相同，则可产生_____。

四、计算题

12. 某普通螺旋传动机构，采用的螺纹为 Tr42×15(P5)，该机构为螺杆原位回转，螺母往复移动。问：(1) 当螺母移动 90mm 时，螺杆需转多少圈？(2) 螺杆转 90°时，螺母移动多少？(3) 若螺杆的圆周上有刻度，刻度数为 50，那么当螺杆转 1 个刻度时，螺母移动多少？

13. 图 9-2-8 所示是某差动螺旋传动的微调镗刀结构简图。螺杆 1 在 a、b 两处相同，刀套 2 固定，镗刀 3 在刀套 2 中不能回转只能移动。已知，b 处螺纹的导程为 1.5mm，螺杆 1 图示方向旋转 180°时，镗刀 3 向右移动 0.25mm，试分析：

(1) 若 b 处螺纹旋向为右旋，则 a 处螺纹旋向和导程为多少？

(2) 若 b 处螺纹旋向为左旋，则 a 处螺纹旋向和导程为多少？

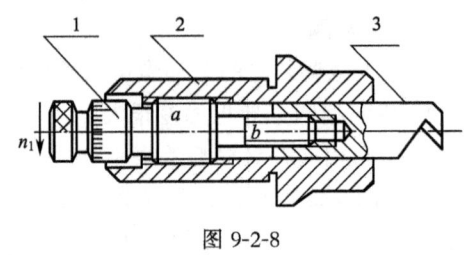

图 9-2-8

14. 如图 9-2-9 所示差动螺旋传动，方头螺杆 1 只作移动，当旋钮 2 按图示方向转 10r 时，问：

(1) 旋钮 2 移动的距离是多少？方向如何？

(2) 方头螺杆移动的距离是多少？方向如何？

(3) 旋钮 2 相对方头螺杆 1 移动的距离是多少？方向如何？

(4) 当旋钮 2 移动 1mm 时，方头螺杆 1 移动的距离是多少？

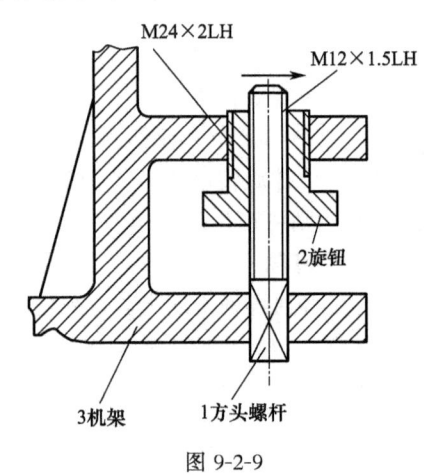

图 9-2-9

15. 如图 9-2-10 所示差动螺旋传动，3 为机架，构件 2 只作移动，已知 A 处螺纹导程为 2.5mm，构件 1 向下转 1/4 圈时，构件 2 向右移动 0.1mm，问：

（1）若 A 处螺纹旋向为右旋，则 B 处螺纹旋向和导程为多少？

（2）若 A 处螺纹旋向为左旋，则 B 处螺纹旋向和导程为多少？

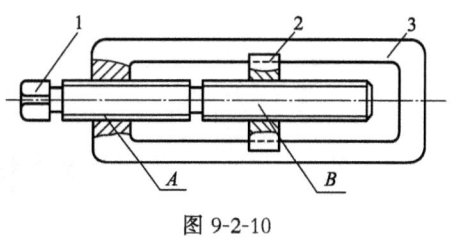

图 9-2-10

第 10 章

链传动和齿轮传动

考纲要求

◇ 了解链传动和齿轮传动的常用类型与应用特点。
◇ 了解渐开线齿廓的形成与渐开线的性质。
◇ 掌握直齿圆柱齿轮的主要参数和几何尺寸的计算。
◇ 了解渐开线齿轮的啮合特点,掌握直齿圆柱齿轮的正确啮合条件。
◇ 了解斜齿圆柱齿轮、直齿圆锥齿轮和齿条的形成和应用特点及其相关参数,熟悉它们的正确啮合条件。
◇ 掌握常用齿轮的受力分析。
◇ 了解齿轮的加工方法、根切现象产生的原因,掌握标准直齿圆柱齿轮不产生根切的最少齿数。
◇ 了解变位齿轮、齿轮的精度及齿轮常见失效形式。

10.1 链传动

学习目标

1. 了解链传动的类型。
2. 熟悉滚子链的结构。
3. 了解链传动的应用特点。

内容提要

一、链传动的组成和传动比

如图 10-1-1 所示,链传动由主动链轮、从动链轮、链条及机架组成,其属于高副机构。

链传动的传动比是指主动链轮的转速与从动链轮的转速之比,其计算表达式为

$$i_{12} = \frac{n_1}{n_2} = \frac{Z_2}{Z_1} \qquad n_2 = n_1 \times \frac{Z_1}{Z_2}$$

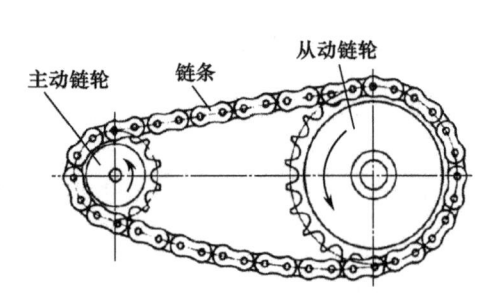

图 10-1-1 链传动

二、链传动常用类型

根据用途不同分，链传动可分为起重链、输送链、传动链。其中，传动链又包括滚子链和齿形链。

1. 滚子链

（1）滚子链的结构

滚子链的基本组成单元为链节，链节又分为内链节和外链节，其结构形式与零件间的配合关系如图 10-1-2 所示。

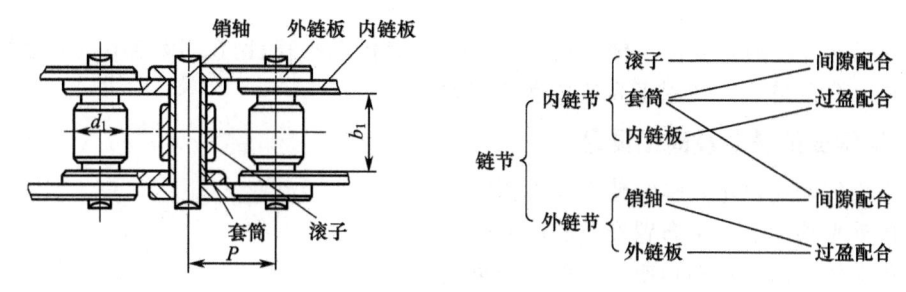

图 10-1-2　滚子链的结构

（2）链传动的多边形效应

链传动相当于多边形传动，链传动的多边形效应造成瞬时传动比不恒定，使传动平稳性下降。若链条节距越大，链轮齿数越少，则多边形效应越显著。

（3）滚子链的主要参数

① 链轮的齿数 Z。链轮齿数的多少影响链传动的平稳性、工作寿命和尺寸。链轮齿数 Z 越少，则多边形效应越大、传动越不平稳，链轮的寿命越短，尺寸越小。

② 节距。节距是指链条的相邻两销轴中心线之间的距离。节距越大，链条的承载能力越大，但多边形效应越显著、传动平稳性越差。

③ 多排链及其排数。图 10-1-3 所示多排链主要用于载荷较大的场合，但排数不宜过多，否则链条制造困难，且各排受载不均匀，一般使用双排或三排，四排以上很少使用。

④ 链条节数及接头。链条接头如图 10-1-4 所示。当链条的节数为偶数时，接头处一般采用开口销或弹簧卡片锁住，当节数为奇数时，接头处采用过渡链节。过渡链节制造复杂、强度低，弯链板工作时还会受到附加弯曲应力，故尽量不用。

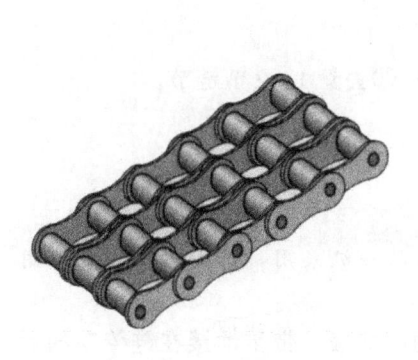

图 10-1-3　多排链

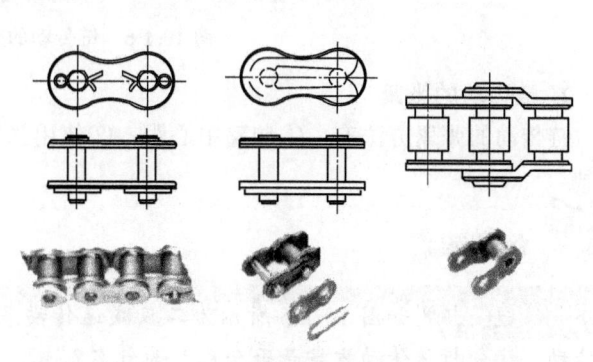

(a) 用开口销固定　(b) 用弹簧卡片固定　(c) 过渡链节

图 10-1-4　链条的接头

（4）滚子链的标记

滚子链的标记为：链号—排数×链节数　标准编号。

例如

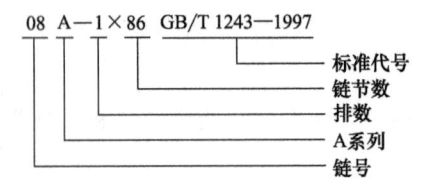

```
08 A—1×86 GB/T 1243—1997
         │ │  │    │
         │ │  │    └── 标准代号
         │ │  └─────── 链节数
         │ └────────── 排数
         └──────────── A系列
         └──────────── 链号
```

2. 齿形链

齿形链又称无声链，与滚子链相比，齿形链具有传动平稳性好、噪声小，但结构复杂、质量大、成本高的特点。常用于高速传动的传动。

三、链传动的特点及应用场合

（1）平均传动比恒定，瞬时传动比不恒定。

（2）传动平稳性差，常布置在机器的低速级。

（3）传动效率高，传动功率大，传动距离较远。

（4）张紧力小，作用在轴和轴承上的力小。

（5）能在低速、重载、高温、多尘、油污等恶劣环境下工作。

（6）无过载保护功能。

（7）链条磨损后，链条节距会变大，传动中链条易脱落。

四、链传动的布置与张紧

1. 链传动的布置

如图 10-1-5 所示，链传动的布置有有水平布置、垂直布置及倾斜布置三种，其中，水平布置和倾斜布置时，紧边应位于上方。

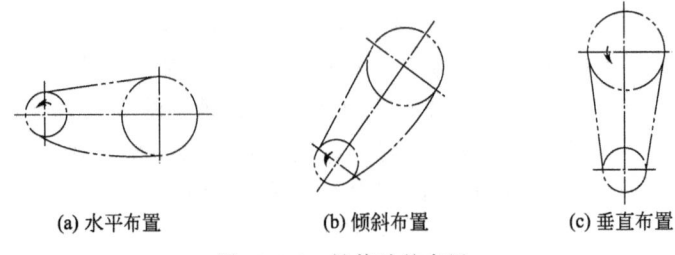

(a) 水平布置　　(b) 倾斜布置　　(c) 垂直布置

图 10-1-5　链传动的布置

2. 链传动的张紧

链传动的张紧方法有：①调整中心距；②使用张紧轮；③去除1~2节链节。

例题解析

【例 10-1-1】　如图 10-1-6 所示为二级减速传动装置，第一级采用链传动，第二级采用带传动，试分析该传动方案是否合理？为什么？

【要点解析】　链传动与电机相连，属于传动装置中的高速级，带传动接在链传动的后面，属于传动装置的低速级。再结合链传动和带传动的工作特点不同分析。

图 10-1-6

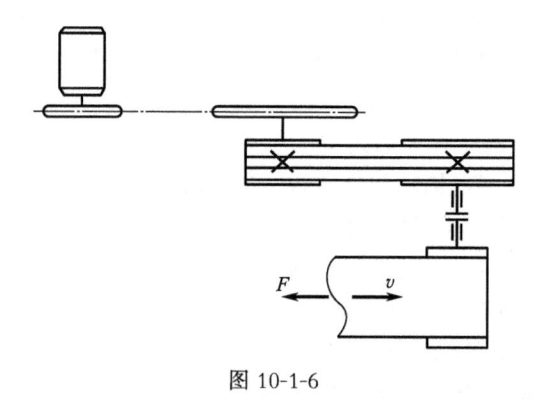

【解】 该传动方案不合理。

原因：链传动具有多边形效应，瞬时传动比不恒定，造成其传动平稳性较差，不宜布置在高速级。带传动具有缓冲吸震能力，传动的平稳性好，常布置在高速级。

巩固练习

一、判断题

1. 多边形效应是造成链传动的瞬时传动比不恒定的原因。（   ）
2. 因为链传动的传动比是恒定的，故高速运转时，平稳性好，噪声小。（   ）
3. 链传动具有传动距离远，平均传动比准确、传动效率高等特点。（   ）
4. 传动中链条脱落的原因在于平均传动比不恒定。（   ）
5. 套筒滚子链采用的接头形式有开口销，弹簧夹和过渡链节三种，其中过渡链节是用于链节数为偶数的链条上的。（   ）
6. 链传动可在高速，重载，高温条件下及尘土飞的不良环境中工作。（   ）
7. 滚子链的内链板与套筒，外链板与销轴均为间隙配合。（   ）
8. 滚子链的链节距越大，所能传递的功率就越小。（   ）
9. 滚子链的排数越多，承载能力越强，但一般不超过8排。（   ）
10. 过渡链节的链板在工作时要承受附加弯矩，通常应避免采用。（   ）

二、选择题

11. 下列关于链传动的特点描述，错误的是（   ）。

A. 传动距离远，过载打滑

B. 不受湿气及高温等不良环境的影响，使用寿命长

C. 高速运转时易产生振动，发出噪声

D. 链条的铰链磨损后易脱落

12. 下列关于链传动多边形效应的描述，错误的是（   ）。

A. 多边形效应将导致从动轮转速不均匀

B. 多边形效应是造成瞬时传动比不恒定的原因

C. 多边形效应是影响转速稳定的因素

D. 使用长链节、多齿数的链轮，降低多边形效应

13. 链传动中，要求传动速度高和噪音小时，宜选用（   ）。

A. 套筒滚子链　　　　B. 牵引链　　　　C. 齿形链　　　　D. 起重链

14. （　　）是链传动承载能力、链及链轮尺寸的主要参数。

A. 链轮齿数　　　　B. 链节距　　　　C. 链节数　　　　D. 中心距

15. 套筒滚子链中组成的零件间为过盈配合的是（　　）。

A. 销轴与内链板　B. 销轴与外链板　C. 套筒与外链板　D. 销轴与套筒

16. 滚子链的结构中，属于间隙配合是（　　）。

A. 套筒与销轴　B. 内链板与套筒　C. 外链板与销轴　D. 外链板与套筒

17. 下列关于滚子链的描述，错误的是（　　）。

A. 滚子链是应用最广泛的输送链

B. 内、外链板均制作成"8"字形，以减轻质量

C. 滚子链可制成单排链和多排链

D. 滚子链已标准化，分为 A、B 两个系列

18. 下列关于齿形链的描述，错误的是（　　）。

A. 传动平稳无噪声　B. 结构复杂　C. 适合低速传动　D. 齿形链又称为无声链

三、填空题

19. 链条按用途不同分为＿＿＿链、＿＿＿链、＿＿＿链，其中自行车中的链条属于＿＿＿链。

20. 滚子链的基本结构单元为＿＿＿，其中，内链节由＿＿＿＿＿＿＿组成，外链节由＿＿＿＿＿＿＿组成。

21. 多排链排数不宜超过＿＿＿排，否则，易使各排链＿＿＿＿＿＿＿。

22. 链条接头时，链节数为偶数，常用＿＿＿＿＿＿＿，链节数为奇数，常用＿＿＿＿＿＿＿。

23. 链条标记：24A—2×60 表示＿＿＿＿＿＿＿＿＿＿＿＿＿＿＿＿＿。

24. 齿形链的传动平稳性＿＿＿，噪声＿＿＿，转速＿＿＿，但结构复杂，＿＿＿（易、不易）磨损，成本＿＿＿。

25. 链传动的瞬时传动比不恒定原因是＿＿＿＿＿＿＿，＿＿＿（宜、不宜）精密传动，常布置在＿＿＿级。

26. 水平布置的链传动中，松边常在＿＿＿方。

27. 链传动的张紧方法有＿＿＿＿＿＿＿、＿＿＿＿＿＿＿、＿＿＿＿＿＿＿。

10.2　直齿圆柱齿轮传动

学习目标

1. 了解齿轮传动的常用类型与应用特点。
2. 了解渐开线齿廓的形成与渐开线的性质。
3. 掌握直齿圆柱齿轮的主要参数和几何尺寸的计算。
4. 了解渐开线齿轮的啮合特点，掌握直齿圆柱齿轮的正确啮合条件。

第10章 链传动和齿轮传动

内容提要

一、齿轮传动的类型

齿轮传动的类型有很多，按不同方式划分，具有不同的类型。

按两齿轮轴线的相对位置不同，齿轮传动可分为平行轴齿轮传动、相交轴齿轮传动、交错轴齿轮传动三类。按啮合方式不同，齿轮传动可分为外啮合齿轮传动、内啮合齿轮传动、齿轮齿条传动。按工作条件不同，齿轮传动可分为开式传动、闭式传动。按齿轮的旋转空间不同，齿轮传动可分平面传动、空间传动。

二、齿轮传动的应用特点

（1）瞬时传动比恒定，传动平稳性和准确性好。
（2）传递功率和速度范围大，传动效率高。
（3）工作可靠、使用寿命长。
（4）制造和安装精度要求高，制造成本高。
（5）不宜远距离传动。
（6）不能实现无级变速。

三、渐开线的形成及其性质

如图10-2-1所示，当一条直线沿着某个圆作纯滚动时，直线上任意一点的运动轨迹，即为渐开线。形成渐开线的圆称为基圆，在基圆上作纯滚动的直线称为发生线，渐开线上的点到基圆圆心的距离称为向径。

根据渐开线的形成过程可知，渐开线具有以下特性：

（1）发生线在基圆上滚过的线段长度等于基圆上被滚过的弧长。
（2）渐开线上任意一点的法线必定与基圆相切。
（3）渐开线上各点的曲率半径不等。越靠近基圆，曲率半径越小，渐开线越弯曲；越远离基圆，曲率半径越大，渐开线越平直。渐开线在基圆上的曲率半径为零。

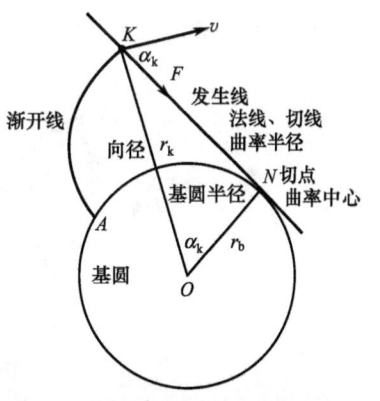

图10-2-1 渐开线的形成及其性质

（4）渐开线的形状取决于基圆的大小。基圆越小，渐开线越弯曲，基圆越大，渐开线越平直，基圆半径趋于无穷大时，渐开线演化成直线，齿轮演化为齿条。
（5）基圆内无渐开线。
（6）渐开线上各点的齿形角不相等。

齿形角 α_k 是指渐开线上任意一点的法线方向与该点运动方向间所夹锐角。越靠近基圆齿形角越小，越远离基圆齿形角越大，基圆上齿形角为0。

四、直齿圆柱齿轮传动

1. 直齿圆柱齿轮的基本参数

直齿圆柱齿轮的基本参数包括齿数、模数、齿形角、齿顶高系数、顶隙系数。

（1）模数 m。模数是指分度圆上的齿距 p 与 π 的比值（取标准值），用 m 表示，其单位

为毫米，计算式为

$$m = \frac{p}{\pi}$$

在相同条件下，模数越大，则齿轮的轮齿越大，承载能力越强；齿轮的几何尺寸越大；基圆越大，渐开线越平直（如图 10-2-2 所示）。

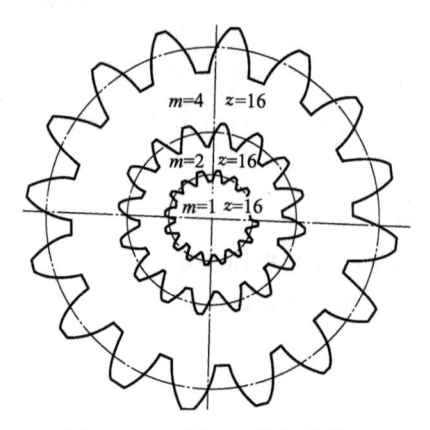

图 10-2-2 模数对齿轮的影响

（2）齿形角 α。齿轮的齿形角是指渐开线在分度圆上的齿形角，国标规定 $\alpha = 20°$。

当 m、z 一定时，齿形角大于 $20°$，r_b 减小，齿顶变尖，齿根变厚，承载能力增强，但传动费力。齿形角小于 $20°$，r_b 增大，齿顶变宽，齿根变窄，承载能力降低，但传动省力（如图 10-2-3 所示）。

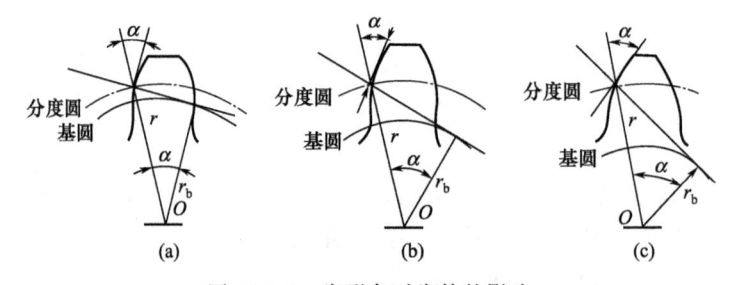

图 10-2-3 齿形角对齿轮的影响

（3）齿顶高系数 h_a^*。齿顶高系数为齿轮齿顶高与模数的比值，用 h_a^* 表示。即 $h_a^* = \frac{h_a}{m}$。

正常齿制中 $h_a^* = 1$，短齿制中 $h_a^* = 0.8$。

（4）顶隙系数 c^*。齿轮顶隙与模数的比值称为顶隙系数，用 c^* 表示。即 $c^* = \frac{c}{m}$。

正常齿制中 $c^* = 0.25$，短齿制中 $c^* = 0.3$。

齿轮副中，一齿轮的齿顶与另一齿轮的齿根间留有的间隙称为顶隙，其作用是储存润滑油、防止齿顶与另一齿轮根部相抵触而卡死。

2. 直齿圆柱外齿轮的几何尺寸

直齿圆柱外齿轮的几何尺寸计算公式如下：

分度圆直径 $d = mz$；

齿顶圆直径 $d_a = d + 2h_a = m(z + 2h_a^*)$；

齿根圆直径 $d_f = d - 2h_f = m(z - 2h_a^* - 2c^*)$；

基圆直径 $d_b = d\cos\alpha = mz\cos\alpha$；

齿距 $p = \pi m$；

齿厚 $s = p/2 = \pi m/2$；

齿槽宽 $e = p/2 = \pi m/2$；

基圆齿距 $p_b = p\cos\alpha = \pi m\cos\alpha$；

齿顶高 $h_a = h_a^* m$；

齿根高 $h_f = (h_a^* + c^*)m$；

全齿高 $h = h_a + h_f = (2h_a^* + c^*)m$；

顶隙 $c = c^* m$；

标准中心距 $a = \dfrac{d_1}{2} + \dfrac{d_2}{2} = \dfrac{m(z_1 + z_2)}{2}$；

3. 直齿圆柱内齿轮的几何尺寸

除了齿顶圆直径 d_a、齿根圆直径 d_f 及中心距 a 的计算公式外，内齿轮计算公式与外齿轮均相同。内齿轮齿顶圆直径 d_{a2}、齿根圆直径 d_{f2} 和中心距 a 计算公式如下：

$$d_{a2} = d_2 - 2h_a = m(z_2 - 2h_a^*)$$

$$d_{f2} = d_2 + 2h_f = m(z_2 + 2h_a^* + 2c^*)$$

$$a = \dfrac{d_2}{2} - \dfrac{d_1}{2} = \dfrac{m(z_2 - z_1)}{2}$$

需要说明的是：为保证内齿轮齿廓全为渐开线，其基圆为最小的圆，故最少齿数为34。

五、渐开线齿轮的啮合特点

1. 瞬时传动比恒定

如图 10-2-4 所示，一对齿轮啮合时，两轮的齿廓接触点称为啮合点，啮合点运动的轨迹称为啮合线，两基圆的内公切线称为理论啮合线 $N_1 N_2$，理论啮合线与两齿轮中心连线的交点称为节点 P，分别以两轮的轮心为圆心，过节点所作的两个圆称为节圆，过节点的运动方向线与啮合线的夹角称为啮合角。

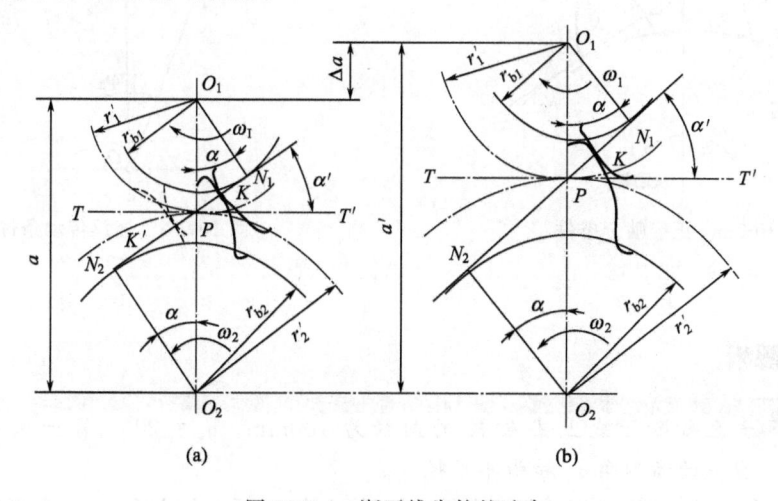

图 10-2-4 渐开线齿轮的啮合

由于齿轮传动的瞬时传动比等于基圆半径的反比，而基圆半径是定值，故齿轮传动的瞬时传动比恒定。

由图 10-2-4 可知，节圆、啮合角的大小与中心距有关。当中心距增大时，两轮的节圆和啮合角均增大。在节点处，两轮线速度相等，故齿轮传动相当于两节圆作纯滚动。

2. 具有传动可分离性

齿轮传动的传动比只与两齿轮的基圆半径有关，若两齿轮中心距大小略有变化，其瞬时传动比保持不变，这种特性称为传动的可分离性。这种特性避免了中心距的安装误差对传动比影响。

3. 齿廓间存在相对滑动

一对啮合的齿轮传动中，除了节点 P 处两轮的线速度相等外，其余任意一点啮合时，两轮啮合点处的线速度大小和方向不相等。因此，传动的齿廓间存在着相对滑动，且越远离节点，相对滑动速度越大。齿廓间的相对滑动将引起轮齿的磨损。

4. 直齿圆柱齿轮传动的正确啮合条件

如图 10-2-5 所示，为保证齿轮传动时，对轮齿依次正确啮合且互不干涉，必须保证两轮的基圆齿距相等，即 $p_{b1} = p_{b2}$。由于模数和齿形角都已标准化，所以齿轮副的正确啮合条件为

$$m_1 = m_2 = m$$
$$\alpha_1 = \alpha_2 = 20°$$

5. 连续传动条件

如图 10-2-6 所示，一对啮合的齿轮传动中，实际啮合线段长度 B_1B_2 与基圆齿距 p_b 的比值称为重合度。齿轮的连续传动条件是重合度＞1。重合度的大小受中心距变化的影响，对于外啮合：中心距增大，重合度变小；对于内啮合：中心距减小，重合度变小。

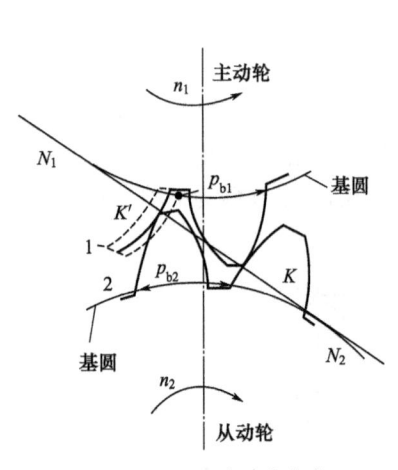

图 10-2-5 正确啮合条件

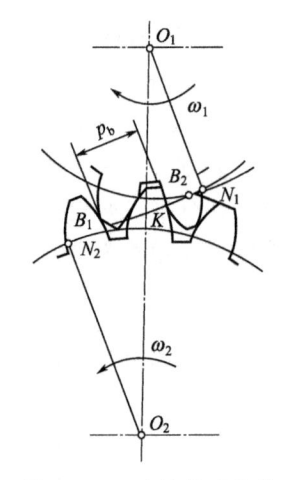

图 10-2-6 连续传动条件

例题解析

【例 10-2-1】 已知渐开线上某点 K 的向径为 100mm，$\alpha_k = 20°$，另一点 S 的向径为 200mm，试求：S 点的齿形角 α_s 和曲率半径 ρ_s。

【要点解析】 由渐开线的形成图可知，渐开线上任意一点的向径 r_k、曲率半径 ρ_k 和基

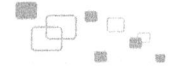

圆半径 r_b 所组成的是直角三角形。

【解】 $r_b = r_k \times \cos\alpha_k = 100 \times \cos20° = 94\text{mm}$

$$\cos\alpha_s = \frac{r_b}{r_s} = \frac{94}{200} = 0.47 \quad \alpha_s = 62°$$

$$\rho_s = r_s \times \sin\alpha_s = 176.5\text{mm}$$

【例 10-2-2】 已知一对标准直齿圆柱齿轮传动，标准安装，转向相同。小齿轮转速 $n_1 = 1450\text{r/min}$，齿数 $z_1 = 20$，大齿轮 $d_2 = 250\text{mm}$，两轮中心距 $a = 75\text{mm}$。求：m、z_2、n_2、d_{f1}、d_{a2} 的值。

【要点解析】 两齿轮转向相同时，齿轮传动属于内啮合，其中，小齿轮为外齿轮，大齿轮为内齿轮，计算时要注意内、外齿轮的计算公式的区别。

【解】 因两齿轮转向相同，可知该传动为内啮合齿轮传动

$$a = \frac{m(z_2 - z_1)}{2} \quad \text{即} \quad 75 = \frac{m(z_2 - 20)}{2} \quad \text{①}$$

$$d_2 = mz_2 \quad \text{即} \quad 250 = mz_2 \quad \text{②}$$

由①②联立解得：$m = 5\text{mm}$，$z_2 = 50$

$$i_{12} = \frac{n_1}{n_2} = \frac{z_2}{z_1} = \frac{50}{20} = 2.5 \quad \text{则} \quad n_2 = \frac{n_1}{i_{12}} = \frac{1450}{2.5} = 580\text{r/min}$$

$$d_{f1} = m(z_1 - 2h_a^* - 2c^*) = 5(20 - 2 - 0.5) = 87.5\text{mm}$$

$$d_{a2} = m(z_2 - 2h_a^*) = 5(50 - 2) = 240\text{mm}$$

巩固练习

一、判断题

1. 在渐开线齿廓的不同位置上，齿形角不同，距基圆远，齿形角大。（　）
2. 内啮合齿轮传动中，两轮转向相同。（　）
3. 齿轮传动具有瞬时传动比恒定，传动平稳性和准确性好等优点。（　）
4. 渐开线上任意一点的向径必定与基圆相切。（　）
5. 发生线在基圆上滚过的线段长度等于基圆上被滚过的弧长。（　）
6. 越靠近基圆，曲率半径越小，渐开线越平直。（　）
7. 渐开线的形状取决于基圆的大小。（　）
8. 齿形角越小，则传动时有效分力越小，传动越费力。（　）
9. 平行轴齿轮传动、相交轴齿轮传动属于平面传动，交错轴齿轮传动属于空间传动。（　）
10. 由于基圆内无渐开线，所以齿轮的齿根圆就一定大于它的基圆。（　）
11. 标准直齿圆柱齿轮的分度圆上的齿厚随齿数的增大而增大。（　）
12. 在设计齿轮时，模数可以取标准系列值，也可随意定一个模数。（　）
13. 标准模数和标准齿形角都在基圆上。（　）
14. 齿厚可用直尺测量出来。（　）
15. 标准齿轮分度圆上的齿厚和槽宽相等。（　）
16. 全齿高就等于齿顶高和齿根高之和。（　）
17. 齿轮的齿顶圆总是大于齿根圆。（　）

18. 模数反映齿轮尺寸大小和轮齿承载能力，是计算齿轮尺寸的基本参数。（　　）
19. 当模数一定时，齿数越多，齿轮的几何尺寸越大。（　　）
20. 在分度圆半径不变的条件下，齿形角越大，则齿顶变宽，齿根变瘦，承载能力降低。（　　）
21. 根据齿轮传动的可分离性，一对标准齿轮的安装中心距可以比理论中心距小。（　　）
22. 直齿圆柱齿轮传动中，两啮合齿轮的分度圆的内公切线称为理论啮合线。（　　）
23. 齿轮传动时传动比恒定是因为齿轮的齿数不变。（　　）
24. 齿轮传动的传动比与两轮的中心距无关，因而其传动比大小不受安装时中心距误差的影响。（　　）
25. 齿轮传动时，在任意一点啮合时，两轮啮合点处的线速度大小或方向都不相等。（　　）
26. 齿轮传动的连续传动是重合度等于1。（　　）
27. 直齿圆柱齿轮传动的正确啮合条件是两轮的基距相等。（　　）

二、选择题

28. 闭式传动、开式传动是按（　　）划分的。
A. 根据齿轮传动工作时的圆周速度不同　　B. 根据齿轮传动的工作条件不同
C. 根据轮齿的齿廓曲线不同　　D. 根据齿轮传动的啮合方式不同

29. 下列关于渐开线性质的描述，错误的是（　　）。
A. 基圆的切线必为渐开线上某点的法线　　B. 基圆上齿形角为零
C. 基圆内有渐开线　　D. 渐开线的形状取决于基圆大小

30. 下列关于齿轮工作特点的描述，错误的是（　　）。
A. 瞬时传动比恒定，传动平稳性好　　B. 传递功率和速度范围大，效率高
C. 可实现近距离传动　　D. 能实现无级变速

31. 标准渐开线齿轮在（　　）上的齿形角为20°。
A. 分度圆　　B. 齿根圆　　C. 节圆　　D. 齿顶圆

32. 下列关于渐开线齿轮基圆的说法中，正确的是（　　）。
A. 基圆即齿根圆
B. 基圆的直径大小可以直接用游标卡尺量出
C. 中心距增大，基圆半径随之增大
D. 基圆内无渐开线

33. 齿轮渐开线的形状取决于（　　）的大小。
A. m　　B. z　　C. m、z　　D. m、z、α

34. 齿距和槽宽都是在（　　）上。
A. 齿顶圆　　B. 齿根圆　　C. 分度圆　　D. 基圆

35. 齿轮上具有标准模数和标准齿形角的圆是（　　）。
A. 齿顶圆　　B. 齿根圆　　C. 分度圆　　D. 基圆

36. 直齿圆柱外齿轮的齿顶圆、齿根圆、分度圆的大小关系为（　　）。
A. 齿顶圆＞齿根圆＞分度圆　　B. 齿顶圆＞分度圆＞齿根圆
C. 齿根圆＞齿顶圆＞分度圆　　D. 分度圆＞齿根圆＞齿顶圆

37. 下列关于模数的描述，错误的是（　　）。
A. 模数越大，齿轮的齿形越大　　B. 模数为有理数，其值为标准值

C. 模数是有单位的，其单位为米　　　　D. 模数是计算齿轮尺寸的基本参数

38. 一对渐开线标准直齿圆柱齿轮啮合传动中，啮合角的大小是（　　）的。
   A. 由大到小逐渐变化　　　　　　　　B. 由小到大逐渐变化
   C. 由小到大再到小逐渐变化　　　　　D. 始终保持不变

39. 一对标准渐开线齿轮，安装中心距稍大于标准中心距时，其传动平稳性（　　）。
   A. 降低　　　　B. 增大　　　　C. 不变　　　　D. 不能确定

40. 渐开线齿轮传动具有可分离性的特性，所以当一对齿轮安装时，若实际中心距稍大于标准中心距，它们的节圆直径（　　）。
   A. 不变　　　　B. 增大　　　　C. 减小　　　　D. 不确定

41. 齿轮传动的连续传动的条件是（　　）。
   A. $\varepsilon=1$　　　B. $\varepsilon>1$　　　C. $\varepsilon<1$　　　D. $\varepsilon>0$

42. 一对标准直齿圆柱齿轮传动，模数为2mm，实际啮合线段长度为6.11mm，则重合度为（　　）。
   A. 1.035　　　　B. 1.256　　　　C. 1.89　　　　D. 2

三、填空题

43. 按两轴线相对位置分，齿轮传动可分为＿＿＿＿齿轮传动、＿＿＿＿齿轮传动、＿＿＿＿齿轮传动三类，其中，＿＿＿＿齿轮传动属于平面传动，＿＿＿＿齿轮传动、＿＿＿＿齿轮传动属于空间传动。

44. 按工作条件不同，齿轮传动可分为＿＿＿＿和＿＿＿＿。

45. 外啮合齿轮传动，两轮转向＿＿＿＿；内啮合齿轮传动，两轮转向＿＿＿＿。

46. 发生线在基圆上滚过的＿＿＿＿等于基圆上被滚过的＿＿＿＿。

47. 渐开线上任意一点的法线必与基圆＿＿＿＿；渐开线上各点的曲率半径＿＿＿＿，离基圆越近，曲率半径＿＿＿＿，渐开线越＿＿＿＿，渐开线在基圆上的曲率半径为＿＿＿＿。

48. 渐开线的形状取决于＿＿＿＿。基圆越＿＿＿＿，渐开线越平直，当基圆半径为无穷大时，渐开线演变成＿＿＿＿。

49. 基圆内＿＿＿＿（有、无）渐开线。

50. 渐开线上齿形角是指渐开线上任意一点的＿＿＿＿方向与该点的＿＿＿＿方向间所夹锐角。

51. 渐开线上各点的齿形角大小＿＿＿＿。离基圆越远，齿形角越＿＿＿＿，传动越＿＿＿＿；在基圆上，齿形角为＿＿＿＿。

52. 齿轮的分度圆是指齿轮上具有＿＿＿＿和＿＿＿＿的圆。

53. 直齿圆柱齿轮的基本参数有＿＿＿＿、＿＿＿＿、＿＿＿＿、＿＿＿＿，其中，＿＿＿＿、＿＿＿＿、＿＿＿＿是决定齿轮渐开线齿廓形状的基本参数。

54. 齿轮的＿＿＿＿圆上的参数为标准参数，齿轮的＿＿＿＿圆是用来形成渐开线的。

55. 模数是指分度圆上＿＿＿＿与＿＿＿＿的比值，该值＿＿＿＿的（要、不要）符合标准值，其单位是＿＿＿＿。

56. 在基本参数 m、Z、α 中，影响渐开线形状的有＿＿＿＿，影响轮齿大小的是＿＿＿＿，影响齿顶圆齿形角的是＿＿＿＿。

57. 齿轮的齿形角是指＿＿＿＿的齿形角，该齿形角的标准值为＿＿＿＿。

58. 正常齿制 h_a^* = _____、c^* = _____；短齿制 h_a^* = _____、c^* = _____。

59. 为保证直齿圆柱内齿轮的齿廓全部为渐开线，其最少齿数为_____。

60. 正常齿制直齿圆柱外齿轮中，当_____时，基圆小于齿根圆，此时齿轮的齿廓_____（全部、部分）为渐开线；当_____时，基圆大于齿根圆，此时齿轮的齿廓_____（全部、部分）为渐开线。

61. 直齿圆柱内齿轮的三角关系：α_a _____ α _____ α_f；直齿圆柱外齿轮的三角关系：α_a _____ α _____ α_f。

62. 内啮合：两轮转向_____；外啮合：两轮转向_____。

63. 齿轮瞬时传动比恒定的原因是_____。

64. 两齿轮啮合时，啮合点是指_____，啮合线是指_____，理论啮合线是指_____，实际啮合线是指_____，节点是指_____，节圆是指_____，啮合角是指_____。

65. 齿轮传动的可分离性是指中心距稍有变化时，其传动比_____的特性。

66. 在标准中心距下，节圆与分度圆_____，啮合角与齿形角_____，两齿轮的节圆_____（相切、相离、相割），两齿轮的分度圆_____（相切、相离、相割）；在安装中心距大于标准中心距时，节圆_____分度圆，啮合角_____齿形角，两齿轮的节圆_____（相切、相离、相割），两齿轮的分度圆_____（相切、相离、相割）。

67. 齿轮啮合时，离节点越远，相对滑动_____，在节点处_____（有、无）相对滑动，一对齿轮啮合相当于_____作纯滚动。

68. 直齿圆柱齿轮传动的正确啮合条件是_____。

69. 重合度 ε 是_____与_____之比。外啮合时，中心距_____，重合度减小；内啮合时，中心距_____，重合度减小。

70. 连续传动条件是_____，即实际啮合线段_____基圆齿距。

四、问答、作图与计算题

71. 已知基圆半径 r_b = 100mm，某点 K 的回转半径为 200mm，试求：该点的齿形角 α_k 和曲率半径 ρ_k。

72. 某正常齿制直齿圆柱标准齿轮，m = 2.5mm，z = 120，试求：分度圆半径 r，齿顶圆半径 r_a，齿顶圆半径 r_f，渐开线在分度圆上的曲率半径 ρ，齿顶圆的曲率半径 ρ_a，齿顶圆齿形角 α_a。

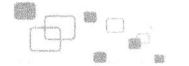

73. 一对齿数为 z_1、z_2 的标准直齿圆柱齿轮传动，正常齿制，两轮转向相同，$i_{12}=2.5$，大齿轮齿数 $z_2=60$，测得大齿轮的齿顶圆直径为 $d_{a2}=117.16\text{mm}$，试求：

(1) z_1 和 m。

(2) d_1、d_2、d_{a1}、d_{a2}、d_{f1}、d_{f2}、a。

74. 已知一对渐开线标准直齿圆柱外齿轮，正常齿制，模数均等于 4mm，齿数分别为 25 和 45，$\cos20°\approx0.94$。解答下列问题。

(1) 小齿轮分度圆直径等于_____mm。

(2) 小齿轮基圆比齿根圆_____（填"大"或"小"）。

(3) 在分度圆上，大齿轮齿廓的曲率半径_____（填"大于"或"小于"）小齿轮齿廓的曲率半径。

(4) 该对齿轮的正确啮合条件是模数和分度圆上_____分别相等。

(5) 根据渐开线的形成及其性质可知，该对齿轮的啮合点总是沿着齿轮机构的_____线移动。

(6) 由于渐开线齿廓啮合时具有_____性，若按 141mm 的中心距来安装该对齿轮，仍能保持瞬时传动比恒定不变，但齿侧出现_____，反转时会产生冲击。

(7) 实际中心距等于 141mm 时，该齿轮机构的两节圆_____（填"相割"、"相离"或"相切"）。

75. 如图 10-2-7 所示为一对渐开线直齿圆柱齿轮的啮合原理图，齿轮 O_1 为主动轮，根据图中给定的条件，完成下列各题。

(1) 补画出理论啮合线 N_1N_2，实际啮合线 B_1B_2。

(2) 标出节点 P 和啮合角 α'。

(3) 若齿轮的齿数分别为 $z_1=30$，$z_2=60$，模数 $m=2\text{mm}$，安装中心距为 90mm，则 $O_1P=$_____，$O_2P=$_____，$\alpha'=$_____。

(4) 若将安装中心距调整为 94mm，则 $O_1P/O_2P=$_____，$\alpha'=$_____相对于中心距未调整前，此时的 O_1P_____，α'_____，重合度 ε_____（填"变大"或"变小"）。

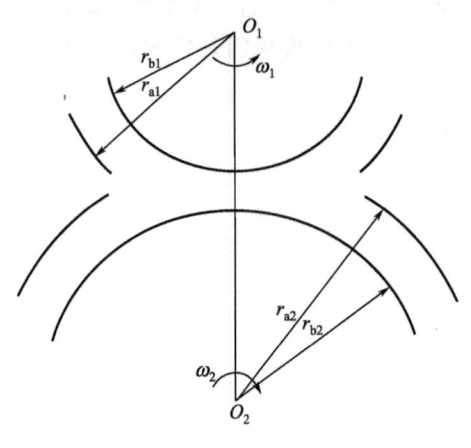

图 10-2-7

(5) z_1、z_2 这两个齿轮，齿廓曲线全部为渐开线的是_____。

(6) 当 B_1B_2 _____ p_b 时，才能保证传动连续。当 p_{b1} _____ p_{b2} 时，才能保证两齿轮正确啮合。

(7) 若测得 B_1B_2 = 6.5mm，则重合度 ε = _____。

10.3 其他齿轮传动

学习目标

1. 了解斜齿圆柱齿轮的应用特点及其相关参数，熟悉它们的正确啮合条件。
2. 了解直齿圆锥齿轮的应用特点及其相关参数，熟悉它们的正确啮合条件。
3. 了解齿条的形成及其相关参数。

内容提要

一、斜齿圆柱齿轮传动

1. 斜齿圆柱齿轮传动的特点

与直齿轮传动相比，斜齿圆柱齿轮传动具有如下特点：

(1) 承载能力大，可用于大功率传动；
(2) 传动平稳性好，可用于高速传动；
(3) 不能当做滑移齿轮使用；
(4) 在传动中会产生轴向力。

2. 斜齿圆柱齿轮的主要参数

斜齿圆柱齿轮的参数分为端面参数和法面参数两类，其中，端面参数是指与轴线垂直的平面内的参数，法面参数是指与齿线垂直的平面内的参数。斜齿轮的端面齿廓为渐开线，法面齿廓为曲线。标准规定，斜齿轮以法面参数为标准参数，即法面参数符合标准值，但几何尺寸的计算在端面内进行。

(1) 螺旋角 β

定义：分度圆柱面上，螺旋线的切线与轴线间所夹的锐角，如图 10-3-1 所示。

螺旋角对斜齿轮的影响：螺旋角越大，传动时轴向力越大，但传动平稳性越好，承载能力越大。螺旋角取值：一般取 8°～30°，常用 8°～15°。

(2) 端面模数 m_t、法面模数 m_n 的关系

$m_n = m_t \cos\beta$，如图 10-3-2 所示。

(3) 端面齿形角 α_t、法面齿形角 α_n 的关系

$$\tan\alpha_n = \tan\alpha_t \times \cos\beta$$

其中，$\alpha_n = 20°$。

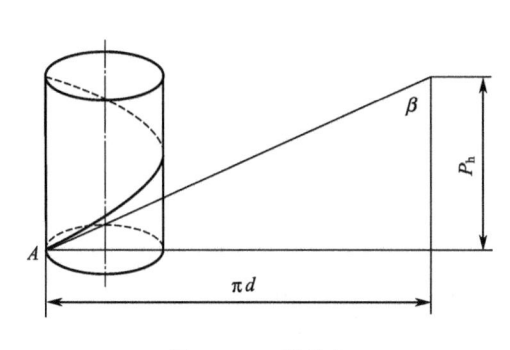

图 10-3-1　螺旋角

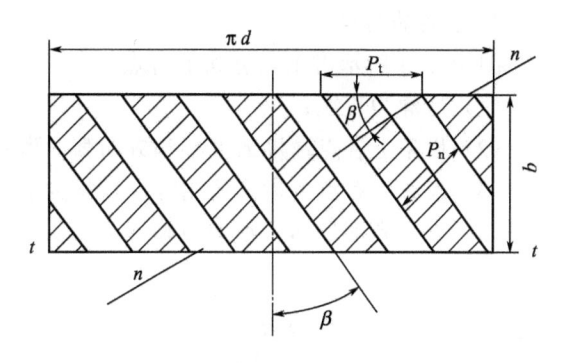

图 10-3-2　端面和法面参数

3. 外啮合斜齿轮传动的正确啮合条件

(1) 两齿轮的法面模数相等（$m_{n1} = m_{n2}$）；
(2) 两齿轮的法面齿形角相等（$\alpha_{n1} = \alpha_{n2}$）；
(3) 两齿轮的螺旋角大小相等，旋向相反（$\beta_1 = -\beta_2$）；

注：若为内啮合，则两齿轮的螺旋角大小相等，旋向相同（$\beta_1 = \beta_2$）。

二、直齿圆锥齿轮传动

1. 直齿圆锥齿轮的结构

(1) "三锥"的锥顶重合。即分度圆锥、齿顶圆锥、齿根圆锥重合，如图 10-3-3 所示。
(2) 大端的齿形大于小端的齿形。
(3) 大端的模数大于小端的模数。
(4) 国标规定：以大端参数作为标准参数，即大端模数和大端齿形角符合标准值。
(5) 背锥的展开面上的齿廓为渐开线。

2. 直齿圆锥齿轮传动

(1) 用于两轴相交的传动。
(2) 轴交角即两轮轴线的交角。通常，轴交角为 90°。

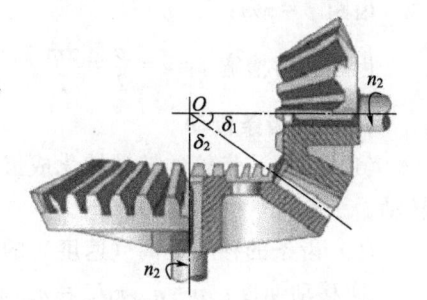

图 10-3-3　直齿圆锥齿轮传动

(3) 标准安装：两轮的分度圆锥面与节圆锥面重合。
(4) 圆锥齿轮传动，相当于一对作纯滚动的节圆锥摩擦轮传动。

(5) 传动比 $i_{12} = \dfrac{n_1}{n_2} = \dfrac{z_2}{z_1} = \dfrac{d_2}{d_1} = \cot\delta_1 = \tan\delta_2$。其中 δ_1、δ_2 为各轮的分度圆锥角的一半。

3. 直齿圆锥齿轮传动的正确啮合条件

(1) 两轮的大端模数相等且为标准值。

(2) 两轮的大端齿形角相等且为标准值。

三、齿轮齿条传动

1. 齿条的形成

当基圆半径趋于无穷大时，渐开线变成直线，齿轮演化为齿条（齿顶圆、齿根圆、分度圆演化为齿顶线、齿根线、分度线），如图 10-3-4 所示。

2. 齿条的特点

图 10-3-5 所示齿条具有如下特点：

(1) 齿廓为直线；

(2) 齿条上各点速度的大小和方向都一致；

(3) 齿廓上各点的齿形角相等，且均为 20°；

(4) 不同高度处的齿距均相等（$p = \pi m$）。

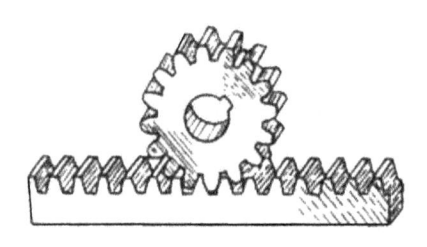

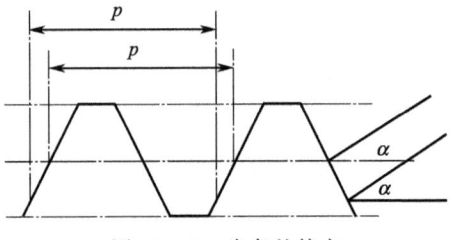

图 10-3-4　齿条传动　　　　图 10-3-5　齿条的特点

3. 齿条的几何尺寸计算

齿条的几何尺寸计算如下：

齿顶高 $h_a = m h_a^*$；

齿根高 $h_f = m(h_a^* + c^*)$；

全齿高 $h = m(2h_a^* + c^*)$；

齿距 $p = \pi m$；

齿厚和齿槽宽 $s = e = \dfrac{p}{2} = \dfrac{\pi m}{2}$。

4. 齿轮齿条传动

(1) 功用：齿轮的转动转化成齿条的往复直线移动或齿条的往复直线移动转化成齿轮的转动。

(2) 齿条的移动距离（速度）的计算。

① 移动速度：$v = n_轮 \pi d_轮 = n_轮 \pi m\, z_轮$，其中 $n_轮$ 为齿轮的转速（r/min）。

② 移动距离：$L = N_轮 \pi d_轮 = N_轮 \pi m\, z_轮$，其中 $N_轮$ 为齿轮转的圈数（r）。

第10章 链传动和齿轮传动

例题解析

【例 10-3-1】 如图 10-3-6 所示传动机构，各齿轮均为模数为 2mm 的标准直齿圆柱齿轮，齿轮 1 与齿轮 3 的轴线重合，$z_1 = z_2 = z_4 = 20$，齿轮 1 的转速为 60r/min。求：齿条的移动速度 v。

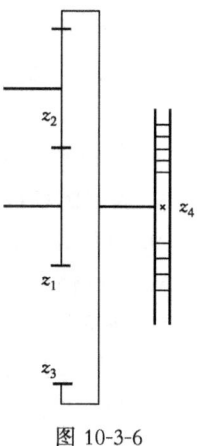

【要点解析】 由图可知，要求解齿条的移动速度，必须先计算齿轮 4（齿轮 3）的转速。求解齿轮 4（齿轮 3）的转速，必须先计算齿轮 3 的齿数。

【解】 齿轮 1、3 同轴线安装可知，$r_3 = r_1 + d_2$ 即

$$\frac{mz_3}{2} = \frac{mz_1}{2} + mz_2$$

$$z_3 = z_1 + 2z_2 = 20 + 2 \times 20 = 60$$

$$n_2 = n_1 \times \frac{z_1}{z_2} = 60 \times \frac{20}{20} = 60 \text{r/min}$$

$$n_3 = n_2 \times \frac{z_2}{z_3} = 60 \times \frac{20}{60} = 20 \text{r/min}$$

$$n_4 = n_3$$

$$v = n_4 \pi d_4 = n_4 \pi m_4 z_4 = 20 \times \pi \times 2 \times 20 = 2513 \text{mm/min}$$

图 10-3-6

巩固练习

一、判断题

1. 斜齿圆柱齿轮的法向参数为标准值，作为加工、设计、测量的依据。（　　）
2. 标准模数相同的直齿、斜齿圆柱齿轮的全齿高相等。（　　）
3. 一对标准外啮合的斜齿圆柱齿轮的正确啮合条件是：两齿轮法面模数相等，齿形角相等，螺旋角相等且螺旋方向相同。（　　）
4. 斜齿轮螺旋角越大，传动时所产生的轴向推力也越大。（　　）
5. 斜齿轮传动时，两轮的螺旋角方向应相反。（　　）
6. 斜齿轮的旋向有左旋和右旋。（　　）
7. 斜齿轮是以法面模数作为标准模数。（　　）
8. 斜齿轮的端面齿形角为 20°。（　　）
9. 相对于直齿轮而言，斜齿轮传动的的平稳性好，但承载能力弱。（　　）
10. 斜齿轮可用做滑移齿轮。（　　）
11. 直齿锥齿轮传动的轴交角都是 90°。（　　）
12. 锥齿轮是以大端模数作为标准模数的。（　　）
13. 一对圆锥齿轮传动，相当于一对作纯滚动的圆锥摩擦轮传动。（　　）
14. 锥齿轮用来传递相交轴或交错轴之间的旋转运动。（　　）

三、选择题

15. 直齿圆锥齿轮（　　）的模数是标准值。

A. 平均分度圆上　　　　B. 大端上　　　　C. 小端上　　　　D. 法面

16. 下列有关渐开线圆柱齿轮的表述中正确的是（　　）。

A. 渐开线齿形的形状取决于齿顶圆大小

B. 因为齿轮传动具有可分离性，所以无论中心距如何变化，对齿轮传动都没有影响

C. 斜齿圆柱齿轮的标准模数指端面模数是标准值

D. 标准直齿圆柱齿轮分度圆上的齿厚与齿槽宽相等

17. 标准斜齿圆柱齿轮（　　）模数是标准值。

A. 法面　　　　B. 大端　　　　C. 小端　　　　D. 端面

18. 斜齿圆柱齿轮所说的螺旋角是指（　　）的螺旋角。

A. 齿顶圆柱面上　　B. 基圆柱面上　　C. 分度圆柱面上　　D. 都可以

19. 直齿圆锥齿轮传动属于（　　）。

A. 平行轴齿轮传动　　B. 相交轴齿轮传动　　C. 交错轴齿轮传动　　D. 开式传动

20. 下列属于交错轴齿轮传动的是（　　）。

A. 直齿圆柱齿轮传动　　B. 直齿圆锥齿轮传动　　C. 蜗杆传动　　D. 齿条传动

21. 斜齿轮的标准参数位于（　　）内。

A. 端面　　　　B. 法面　　　　C. 轴向剖面　　　　D. 任意平面

22. 斜齿轮的法面模数与端面模数的关系是（　　）。

A. $m_n = m_t \cos\beta$　　B. $m_t = m_n \cos\beta$　　C. $m_n = m_t \sin\beta$　　D. $m_t = m_n \sin\beta$

23. 斜齿轮的螺旋角的常用值为（　　）。

A. 8°～15°　　B. 15°～30°　　C. 15°～45°　　D. 20°～35°

24. 直齿锥齿轮的标准齿形角是指（　　）。

A. 大端面的齿形角　　　　　　　　　　B. 小端面的齿形角

C. 大端面与小端的平均齿形角　　　　D. 都是标准齿形角

25. 下列关于斜齿轮的特点描述，错误的是（　　）。

A. 传动平稳，可用于高速传动

B. 承载能力大，可用于大功率传动

C. 传动时会产生轴向力，不能当做滑移齿轮使用

D. 两齿轮啮合时，齿面上的接触线与轴线平行

26. 斜齿圆柱外齿轮传动的正确啮合条件是（　　）。

A. $m_{n1} = m_{n2} = m$　　$\alpha_{n1} = \alpha_{n2} = \alpha = 20°$　　$\beta_1 = \beta_2$

B. $m_{n1} = m_{n2} = m$　　$\alpha_{n1} = \alpha_{n2} = \alpha = 20°$　　$\beta_1 = -\beta_2$

C. $m_{t1} = m_{t2} = m$　　$\alpha_{t1} = \alpha_{t2} = \alpha = 20°$　　$\beta_1 = \beta_2$

D. $m_{t1} = m_{t2} = m$　　$\alpha_{t1} = \alpha_{t2} = \alpha = 20°$　　$\beta_1 = -\beta_2$

27. 直齿圆锥齿轮传动的正确啮合条件是（　　）。

A. 两轮的大端模数和大端齿形角分别相等

B. 两轮的小端模数和小端齿形角分别相等

C. 两轮的法面模数和法面齿形角分别相等

D. 两轮的轴向模数和轴向齿形角分别相等

28. 斜齿轮的（　　）齿形角为20°。

A. 端面　　　　B. 法面　　　　C. 大端　　　　D. 小端

三、填空题

29. 斜齿圆柱齿轮的齿面为_____，传动平稳性_____、承载能力_____，_____（有、无）轴向力，_____（能、不能）用做滑移齿轮，常用于_____（高速重载、低速轻载）传动。

30. m_n、m_t 的关系式为_____，α_n、α_t 的关系式为_____、P_n、P_t 的关系式为_____。

31. 斜齿轮的螺旋角 β 是指_____圆柱面上，螺旋线的_____与圆柱_____间的夹角。β 越大，传动越____，轴向力越____，螺旋角的值一般为_____，常用为_____。

32. 斜齿轮的端面齿廓为_____；法面齿廓为_____。

33. 直齿圆锥齿轮传动中，两轴的轴线_____，轴交角通常为_____，"三锥"的锥顶_____，大、小端模数_____（相等、不相等），_____上的齿廓为渐开线。

34. 直齿圆锥齿轮的标准参数是指_____（大端、小端）参数。

35. 当齿轮的齿数（基圆）无穷大，渐开线演变成_____，齿轮演变为_____。

36. 齿条的齿廓为_____，各点齿形角_____（相等、不相等），不同高度的齿距_____（相等、不相等）。

37. 直齿圆柱齿轮传动的正确啮合条件是_____；斜齿圆柱齿轮外啮合的正确啮合条件是_____；斜齿圆柱齿轮内啮合的正确啮合条件是_____；直齿圆锥齿轮传动的正确啮合条件是_____。

四、计算题

38. 齿轮齿条传动的模数为 5mm，齿轮的齿数为 60，齿条速度为 942mm/min，试求齿轮的转速。

39. 齿轮齿条传动的模数为 2mm，齿轮的转速为 3.14r/min，齿条速度为 985.96mm/min，试求齿轮的齿数。

10.4 齿轮传动的受力分析

学习目标

1. 掌握直齿圆柱齿轮传动的受力分析。
2. 掌握斜齿圆柱齿轮传动的受力分析。
3. 掌握直齿圆锥齿轮传动的受力分析。

一、直齿圆柱齿轮传动的受力分析

直齿圆柱齿轮传动会产生圆周力和径向力，分析方法如下。

1. 圆周力（F_{t1}、F_{t2}）方向

（1）主动轮的圆周力：与啮合点处的运动方向相反。

（2）从动轮的圆周力：与啮合点处的运动方向相同。

2. 径向力（F_{r1}、F_{r2}）方向

主动轮、从动轮的径向力均由啮合点指向各自的轮心。

二、斜齿圆柱齿轮传动的受力分析

斜齿圆柱齿轮传动会产生圆周力、径向力和轴向力，分析方法如下。

1. 圆周力（F_{t1}、F_{t2}）和径向力（F_{r1}、F_{r2}）的方向

斜齿圆柱齿轮传动的圆周力（F_{t1}、F_{t2}）和径向力（F_{r1}、F_{r2}）分析方法与直齿圆柱齿轮传动的相同。

2. 轴向力（F_{x1}、F_{x2}）方向

（1）主动轮的轴向力：左右手法则。即根据旋向确定用左手或右手；根据转向确定四指环绕的方向；大拇指的指向即为轴向力的方向。

（2）从动轮的轴向力：反左右手法则，即根据旋向确定用左手或右手；根据转向确定四指环绕的方向；大拇指的指向的相反方向即为轴向力的方向。

三、直齿圆锥齿轮传动的受力分析

直齿圆锥齿轮传动会产生圆周力、径向力和轴向力，分析方法如下。

1. 圆周力（F_{t1}、F_{t2}）和径向力（F_{r1}、F_{r2}）的方向

直齿圆锥齿轮传动的圆周力（F_{t1}、F_{t2}）和径向力（F_{r1}、F_{r2}）分析方法与直齿圆柱齿轮传动相同。

2. 轴向力（$F_{x1}=F_{x2}$）方向

直齿圆锥齿轮传动主、从动轮轴向力的方向均由啮合点指向各自的大端方向。

需要注意的是：

（1）圆周力、径向力、轴向力在空间互相垂直（水平方向、竖直方向、与纸面垂直方向）；

（2）水平方向、竖直方向、与纸面垂直方向的主动轮力和从动轮力互为作用力与反作用力；

（3）判断圆周力时要看清啮合点的位置；

（4）表示转向的直箭头是指轮外侧的可见部分的速度方向。

例题解析

【例 10-4-1】 如图 10-4-1 所示为锥齿轮—斜齿轮机构简图。动力从齿轮 Z_1 输入，转向向下，工作时，齿轮 Z_2、Z_3 的轴向力相反，试分析并回答下列问题。

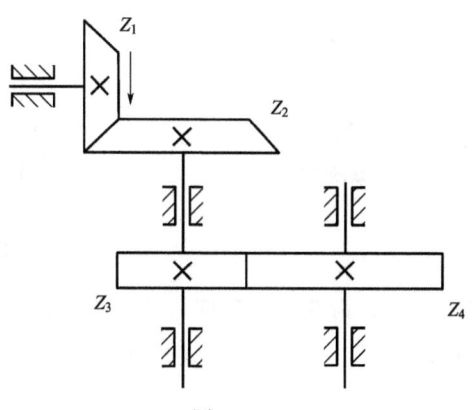

图 10-4-1

(1) 齿轮 3 的转向为向_____，齿轮 4 的转向为向_____。
(2) 齿轮 1 的圆周力方向为，齿轮 2 的径向力方向为_____，齿轮 3 的轴向力方向为_____。
(3) 齿轮 3 的旋向为_____，齿轮 4 的旋向为_____。

【要点解析】 根据输入转向可以判断其余各齿轮的转向；根据各齿轮转向可以判断各齿轮的圆周力方向；根据齿轮 Z_2、Z_3 的轴向力相反，可以判断齿轮 3 的轴向力方向；利用齿轮 3 的轴向力方向可以判断齿轮 3 的旋向；利用齿轮 3、4 的正确啮合条件可以判断齿轮 4 的旋向。

【解】 (1) 左，右；(2) 外，右，上；(3) 左，右。

巩固练习

1. 作出图 10-4-2 所示的直齿圆柱齿轮传动的受力图。

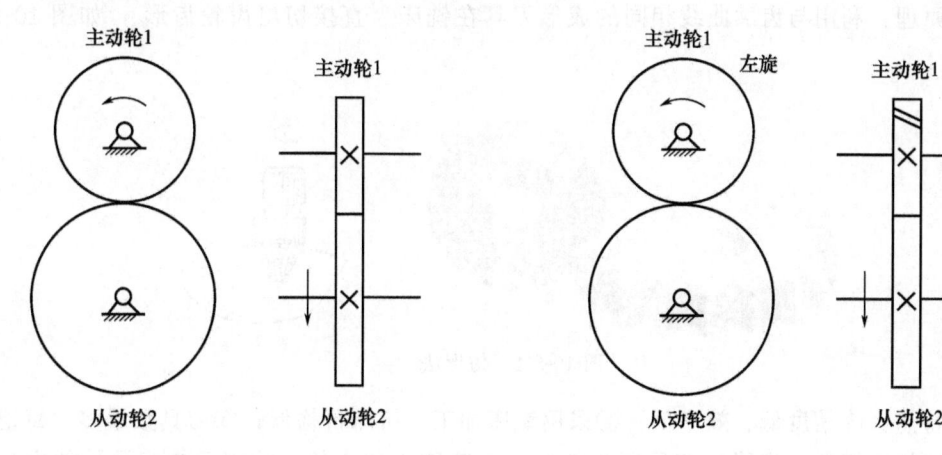

图 10-4-2 图 10-4-3

2. 作出图 10-4-3 所示的斜齿圆柱齿轮传动的受力图。

3. 作出图 10-4-4 所示的圆锥齿轮传动的受力图。

4. 如图 10-4-5 所示传动装置，动力从轮 1 输入，要求中间轴两轮的轴向力相反。试分析并回答下列问题。

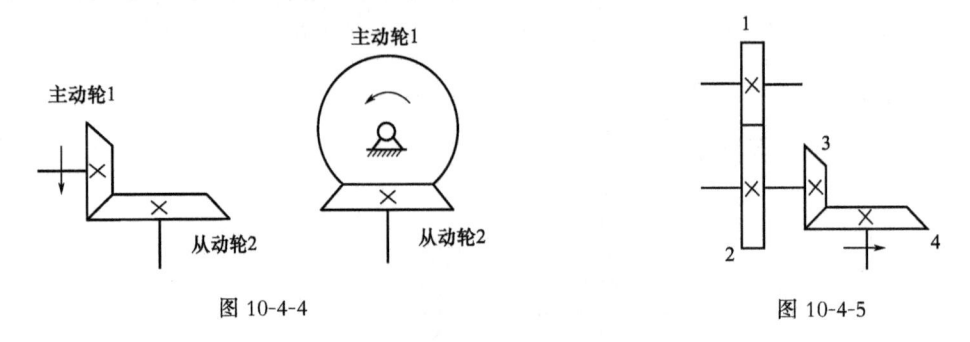

图 10-4-4

图 10-4-5

(1) 齿轮 1 的转向为向_____，齿轮 3 的转向为向_____。

(2) 齿轮 1 的圆周力方向为_____，齿轮 2 的径向力方向为_____，齿轮 3 的轴向力方向为_____。

(3) 齿轮 1 的旋向为_____，齿轮 2 的旋向为_____。

10.5 齿轮的根切、最小齿数、变位、精度和失效

学习目标

1. 了解齿轮的加工方法、根切现象产生的原因，掌握标准直齿圆柱齿轮不产生根切的最少齿数。

2. 了解变位齿轮、齿轮的精度及齿轮常见失效形式。

一、齿轮的加工方法及根切

1. 齿轮的加工

（1）仿形法

加工原理：利用与齿廓曲线相同的成形刀具在铣床上直接切出齿轮齿形，如图 10-5-1 所示。

图 10-5-1 仿形法

加工特点：①精度低、效率低；②采用铣床加工，机床价格低；③刀具数量多。每把成形铣刀只能加工模数、齿形角相同而齿数在一定范围内的齿轮；④用于修配及单件生产的

场合。

（2）展成法

加工原理：利用一对齿轮（或齿轮与齿条）啮合的原理来加工。主要有插齿加工和滚齿加工两种。

滚齿加工是利用了齿条刀具与齿轮啮合的原理，如图10-5-2所示。可加工直齿、斜齿圆柱齿轮，不能加工内齿轮及双联齿轮、三联齿轮。

插齿加工是利用了齿轮啮合的原理，如图10-5-3所示。可加工内齿轮及双联齿轮、三联齿轮。但效率低于滚齿加工。

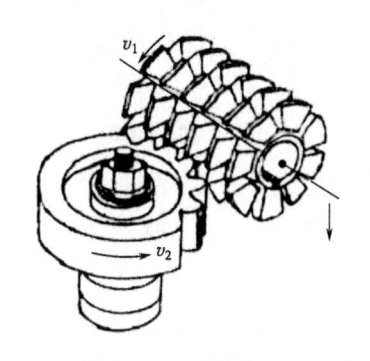

图10-5-2 滚齿加工

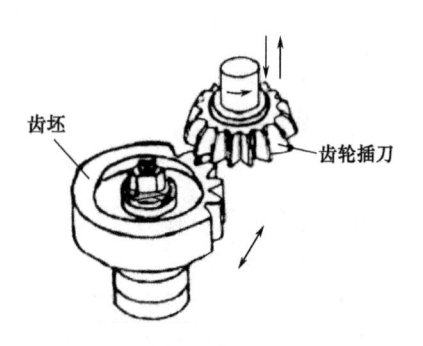

图10-5-3 插齿加工

加工特点：①精度高、效率高；②采用专用机床加工，机床价格高；③刀具数量少。每把刀具可加工模数、齿形角相同而齿数为任意的齿轮；④用于成批生产的场合。

2. 根切现象及不发生根切的最小齿数

展成法加工齿轮时，齿轮轮齿根部被切去一部分的现象，称为根切现象，如图10-5-4所示。产生根切现象的原因是刀具的齿顶线超过啮合线与轮坯基圆的切点，如图10-5-5所示。

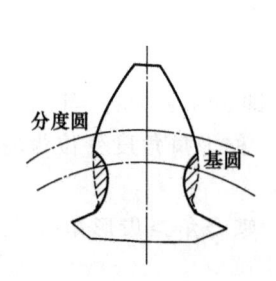

图10-5-4 根切现象

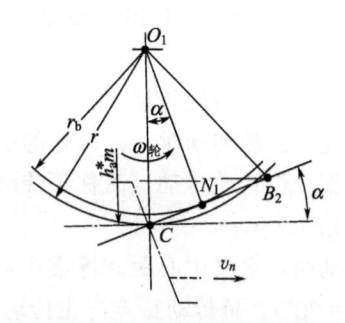

图10-5-5 根切现象的原因

当齿轮齿形根切现象时，会使齿轮强度降低，承载能力降低，且重合度减小，运动平稳性降低，故要求避免出现根切现象。

根据产生根切的原因可推导出，标准齿轮不产生根切的最少齿数为

$$z_{min} = \frac{2h_a^*}{\sin^2\alpha}$$

对于正常齿制，$h_a^* = 1$，$\alpha = 20°$，则 $z_{min} = 17$；

对于短齿制，$h_a^* = 0.8$，$\alpha = 20°$，则 $z_{min} = 14$。

二、变位齿轮及其传动

1. 变位齿轮

变位齿轮是指展成法加工齿轮时,改变刀具与轮坯的相对位置而切割出的非标准齿轮。如图 10-5-6 所示,若齿条刀具的中线与轮坯的分度圆相切,则加工出来的齿轮为标准齿轮;相离,则加工出来的齿轮为正变位齿轮;相割,则加工出来的齿轮为负变位齿轮。

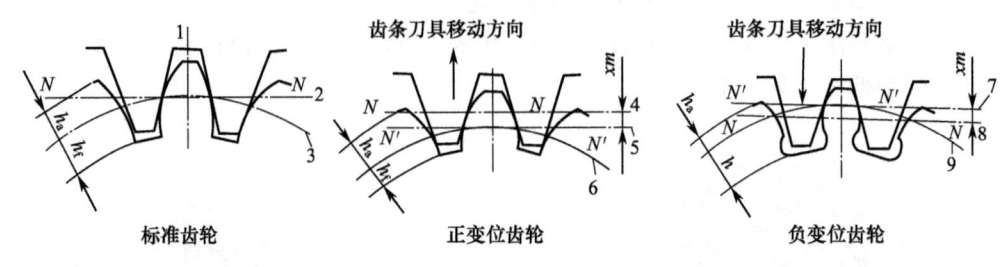

图 10-5-6 变位齿轮的加工

变位齿轮的变位量可通过变位系数 x 这个重要参数来表示。$x>0$ 时,为正变位齿轮;$x<0$ 时,为负变位齿轮。

正变位齿轮分度圆上具有标准模数和标准齿形角,但齿厚大于齿槽宽,齿顶高变小,轮齿根部厚度增大,轮齿强度高。通常情况下,若齿轮齿数<17,则该齿轮采用正变位齿轮。

负变位齿轮分度圆上同样具有标准模数和标准齿形角,但齿厚小于齿槽宽,齿顶高变高,容易发生根切或使根切加剧。

2. 变位齿轮传动

含有变位齿轮的齿轮传动称为变位齿轮传动,变位齿轮传动有以下两种类型。

(1) 高度变位齿轮传动

高度变位齿轮传动时,两齿轮的变位系数之和为零,即 $x_1 + x_2 = 0$。

① 通常小齿轮采用负变位,大齿轮采用正变位,这样可使两齿轮寿命相等。

② 名义中心距等于标准中心距,节圆与分度圆重合,啮合角等于齿形角($a' = a$,$d' = d$,$\alpha' = \alpha$)。

(2) 角度变位齿轮传动

角度变位齿轮传动时,两齿轮的变位系数之和不为零,即 $x_1 + x_2 \neq 0$。当 $x_1 + x_2 > 0$ 时,称为正角度变位齿轮传动(简称正传动);当 $x_1 + x_2 < 0$ 时,称为负角度变位齿轮传动(简称负传动)。

正传动时,名义中心距>标准中心距,节圆>分度圆,啮合角>齿形角($a'>a$,$d'>d$,$\alpha'>\alpha = 20°$)。负传动特点与正传动相反。

3. 变位齿轮传动类型的判断

变位齿轮传动类型可依据两齿轮的齿数和安装中心距来判断,具体如下。

① 若名义中心距>标准中心距,则该传动为正传动;

② 若名义中心距<标准中心距,则该传动为负传动;

③ 若名义中心距=标准中心距,则该传动为高度变位齿轮传动或标准齿轮传动。

三、齿轮的精度

1. 齿轮精度的组成

(1) 运动精度

齿轮的运动精度反映齿轮传递运动的准确性，通常以齿轮每回转一周时，其转角误差来表示。转角误差越小，传递运动越准确，运动精度越高。使用要求：齿轮转 1r 的过程中，最大转角误差不超过一定的限度。

(2) 工作平稳性精度

工作平稳性精度反映齿轮工作的平稳性。通常以齿轮每回转一周时，其瞬时传动比变化来表示。瞬时传动比变化越小，工作越平稳，工作平稳性精度越高。使用要求：齿轮在一转中，其瞬时传动比的变化限制在一定的范围内。

(3) 接触精度

接触精度反映载荷的分布均匀性。通常以接触斑点占整个齿面的比例来表示。所占比例越大，则接触精度越高。

(4) 齿轮副的侧隙

齿轮副的侧隙是指相互啮合的一对轮齿在非工作齿面沿齿廓法线方向留有的间隙，如图 10-5-7 所示。一般由中心距极限偏差或齿厚极限偏差来保证。

齿轮副的侧隙的作用：①防止轮齿发热膨胀而出现卡死现象；②储存润滑油。

需说明的是：不同场合，对各方面的精度要求有不同的侧重。仪表及分度机构，侧重于运动精度；高速传动，侧重于工作平稳性精度；低速重载的齿轮传动，侧重于接触精度。

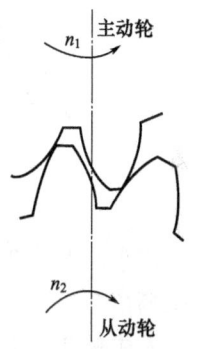

图 10-5-7　齿轮副的侧隙

2. 齿轮的精度等级与精度指标

(1) 精度等级

国标规定，齿轮的精度分为 12 个等级。从 1 至 12 级，精度依次降低。其中，7 级为基础等级。

(2) 精度指标

评定齿轮精度的指标有多个，这些指标分成Ⅰ、Ⅱ、Ⅲ三个公差组。其中，第Ⅰ公差组影响传递运动的准确性（反映运动精度），第Ⅱ公差组影响传递运动的平稳性（反映工作平稳性精度），第Ⅲ公差组影响载荷分布的均匀性（反映接触精度）。

3. 齿轮的失效形式

(1) 齿面点蚀

现象：齿面出现无数小坑。

位置：靠近节线的齿根面，如图 10-5-8 所示。

产生原因：长期的交变接触应力产生疲劳裂纹，裂纹扩展后出现金属剥落形成小坑，如图 10-5-9 所示。若润滑油进入裂纹，则会加剧点蚀产生。

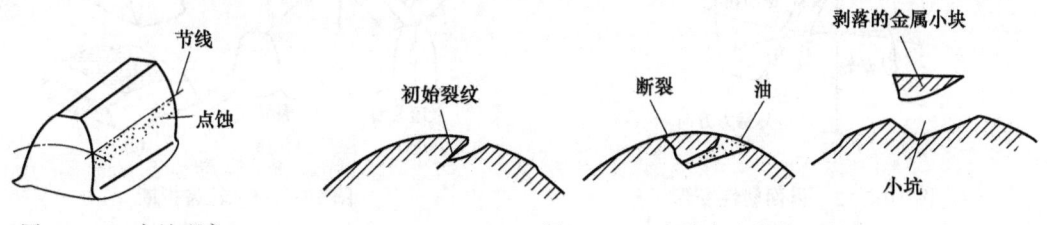

图 10-5-8　点蚀现象

图 10-5-9　点蚀产生的机理

发生场合：软齿面闭式传动。

预防措施：提高齿面硬度，降低表面粗糙度，选用黏度较大的润滑油。

(2) 齿面磨损

现象：轮齿变薄，如图 10-5-10 所示。

位置：整个齿面。

产生原因：齿面间存在相对滑动，且缺少良好的润滑。

发生场合：开式传动。

预防措施：提高齿面硬度，降低表面粗糙度，采用闭式齿轮传动。

(3) 齿面胶合

现象：齿面材料被撕落而出现沟纹。

位置：靠近节线的齿顶面，如图 10-5-11 所示。

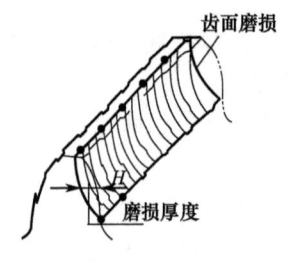

图 10-5-10　齿面磨损

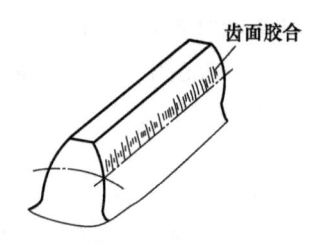

图 10-5-11　齿面胶合

产生原因：两轮齿面直接接触，局部高温发生材料融化而黏着，随着齿面的相对运动而产生撕落。

发生场合：①高速重载（摩擦热使油膜破坏）；②低速重载（高压使油膜被挤破）。

预防措施：提高齿面硬度，降低表面粗糙度、选用适宜的润滑油。

(4) 齿面塑性变形

现象：主动轮节线处形成凹沟，从动轮节线处形成凸棱，如图 10-5-12 所示。

产生原因：齿面材料的塑性流动。

发生场合：材质较软（齿面硬度不高），且频繁启动或严重过载。

预防措施：提高齿面硬度、降低表面粗糙度。

(5) 轮齿折断

现象：轮齿在根部断裂，如图 10-5-13 所示。

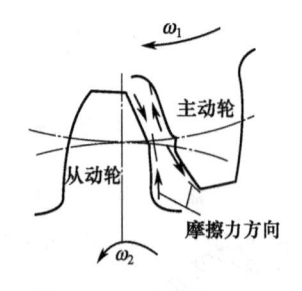

图 10-5-12　齿面塑性变形

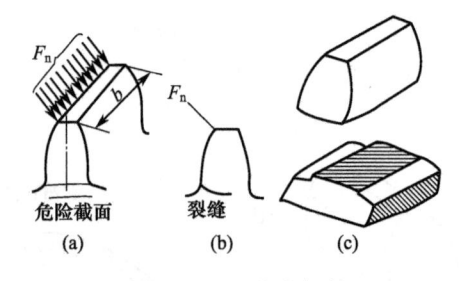

图 10-5-13　轮齿折断

产生原因：①过载——过载折断；②疲劳——疲劳折断。

发生场合：开式传动和硬齿面闭式传动。

预防措施：选择较大模数和齿宽，减小齿根处的应力集中，降低表面粗糙度等。

例题解析

【例 10-5-1】 如图 10-5-14 所示，已知 $Z_1 = 60$，$Z = 30$，$Z_2 = 36$，$Z_3 = 60$、$Z_4 = 30$，Z_3、Z_4 为斜齿圆柱齿轮，Z_1、Z 为标准直齿圆柱齿轮，Z_1、Z_3 的模数均为 2mm。试回答下列问题。

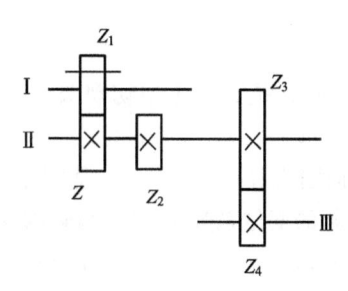

图 10-5-14

(1) 齿轮 Z_1 由图示状态向右移，则与 Z_2 组成的齿轮传动为____传动。此时，其啮合角 ____ 20°（填 ">"、"="、"<"）。

(2) Z_1、Z_2 组成的传动中，Z_2 的分度圆直径____（填 ">"、"="、"<"）其节圆直径，其齿廓曲线为_____线。

(3) 图示状态下Ⅰ、Ⅱ轴间的中心距应_____（填 ">"、"="、"<"）Ⅱ、Ⅲ轴间的中心距。

【要点解析】 判断 Z_1、Z_2 所组成的齿轮传动类型，必须紧扣 Z_1、Z_2 的标准中心距和名义中心距的大小关系。Z_1、Z_2 的标准中心距为 96mm，名义中心距为 90mm，由于名义中心距小于标准中心距，所以该传动为负传动，啮合角小于 20°。由于 Z_1 为标准齿轮，故 Z_2 为负变位齿轮，其节圆直径小于分度圆直径。

【解】 (1) 负，<；(2) >，渐开线；(3) <。

巩固练习

一、判断题

1. 用范成法加工齿数少于 17 齿轮时，必将会发生根切现象。（ ）

2. 展成法加工齿轮时，若刀具中线与轮坯的分度圆相切，则加工出的齿轮为标准齿轮。（ ）

3. 展成法加工齿轮时，同一把刀具可加工模数相同，齿数、压力角不同的任意齿轮。（ ）

4. 相互啮合的标准齿轮中，小齿轮的寿命较短。（ ）

5. 与相同模数、压力角的标准齿轮相比，正变位齿轮的齿厚大，槽宽小，强度高。（ ）

6. 渐开线圆柱齿轮精度制中每个精度等级都分为三个公差组，其中Ⅰ组影响传递运动的准确性，Ⅱ组影响运动的平稳性。（ ）

7. 齿轮副侧隙是指相互啮合的一对轮齿在工作齿面沿齿廓法线方向留有的间隙。（　　）

8. 转角误差越小，则工作平稳性精度越高。（　　）

9. 接触精度反映载荷的分布均匀性，通常以接触斑点占整个齿面的比例来表示。（　　）

10. 工作平稳性精度通常以齿轮每回转一周时，其瞬时传动比变化来表示。（　　）

11. 在齿轮精度 7—6—6 GM GB 10095—1998 的标注中，第一个 6 是接触精度等级。（　　）

12. 适当提高齿面硬度，可以有效地防止或减速减缓齿面点蚀，磨损，胶合和塑性变形这四种失效形式。（　　）

二、选择题

13. 用确定刀具范成加工齿轮时，是否发生根切现象，主要取决于刀具与齿轮的啮合极限点，而啮合极限点的位置取决于（　　）。

　　A. 齿轮模数　　　B. 齿顶圆直径　　　C. 基圆半径　　　D. 刀具的齿距

14. 高度变位齿轮传动的小齿轮的变位系数 x_1 和大齿轮的变位系数 x_2 相互关系为（　　）。

　　A. $x_1 + x_2 > 0$　　B. $x_1 - x_2 < 0$　　C. $x_1 + x_2 = 0$　　D. 不确定

15. 用展成法加工正变位齿轮时，齿条刀具的基准平面与被加工齿轮的分度圆面（　　）。

　　A. 相切　　　B. 相离　　　C. 相割　　　D. 不确定

16. 已知一齿轮泵中，两渐开线圆柱外齿轮为正常齿，齿数分别为 14 和 36，模数为 3mm，中心距为 75mm，则该齿轮传动为（　　）。

　　A. 标准直齿轮传动　　　　　　　　B. 标准斜齿轮传动
　　C. 高度变位齿轮传动　　　　　　　D. 角度变位齿轮传动

17. 对于精密机床的分度机构来说，（　　）要求是最主要的。

　　A. 运动精度　　B. 接触精度　　C. 工作平稳性精度　　D. 齿轮副侧隙

18. 下列关于齿轮副侧隙的描述，错误的是（　　）。

　　A. 侧隙等于齿槽与齿厚之差　　　　B. 作用是为防止卡死及储存润滑油之用
　　C. 一般通过制造公差来保证　　　　D. 一般情况下侧隙为零

19. 高速传动中，（　　）要求是最主要的。

　　A. 运动精度　　B. 接触精度　　C. 工作平稳性精度　　D. 齿轮副侧隙

20. 开式齿轮传动中常见的失效形式是（　　）。

　　A. 轮齿的点蚀　　B. 齿面胶合　　C. 齿面磨损

21. 润滑良好的软齿面闭式传动中，齿轮的主要失效形式是（　　）。

　　A. 齿面点蚀　　B. 齿面胶合　　C. 齿面磨损　　D. 轮齿折断

22. 齿面软、重载、频繁启动场合的主要失效形式是（　　）。

　　A. 齿面点蚀　　B. 齿面胶合　　C. 齿面磨损　　D. 齿面塑性变形

三、填空题

23. 齿轮的加工方法有_____和_____。其中，精度高的是_____，效率高的是_____，刀具数量多的是_____，用于单件生产的是_____，使用的机床为普通铣床的是_____。

24. 产生根切的原因是_____加工齿轮时，刀具的_____超过_____。

25. 当正常齿制标准齿轮的齿数 $z < 17$ 时，_____法加工会产生根切，仿形法加工，传

动中会有_____。

26. 相互啮合的标准齿轮，小齿轮基圆齿厚_____大齿轮基圆齿厚，且啮合频率____，小齿轮寿命_____。

27. 展成法加工齿轮时，改变齿条刀具的_____相对于轮坯_____的位置而切割出的齿轮称为变位齿轮，它是_____（标准、非标准）齿轮。

28. 展成法加工齿轮时，若刀具中线与轮坯的分度圆相切，则加工出的齿轮为_____，若刀具中线与轮坯的分度圆相离，则加工出的齿轮为_____，若刀具中线与轮坯的分度圆相割，则加工出的齿轮为_____。

29. 变位量是指_____；变位系数是_____与_____的比值。

30. 齿轮的精度包括_____、_____、_____、_____。

31. 齿轮副的侧隙是由_____和_____保证的，其与齿轮的精度____（有、无）关，其作用是_____、_____。

32. 根据用途和工作条件，齿轮的精度要求各有侧重：分度机构侧重于_____精度，高速传动侧重于_____精度，低速重载侧重于_____精度。

33. 齿轮的精度指标中，第Ⅰ公差组影响_____，第Ⅱ公差组影响_____，第Ⅲ公差组影响_____。

34. 提高齿面硬度对预防_____失效形式没有效果。理想的齿轮材料是齿面_____、齿芯_____。

35. 开式传动的主要失效形式是_____、_____；软齿面闭式传动的主要失效形式是_____；硬齿面闭式传动的主要失效形式是_____；高速重载或低速重载时的主要失效形式是_____；齿面软、重载、频繁启动场合的主要失效形式是_____；发生齿面塑性变形时，主动轮节线处会出现_____，从动轮节线处会出现_____。

四、计算题

36. 用齿条插刀加工一个直齿圆柱齿轮。被加工齿轮轮坯的角速度 $\omega_1 = 10\text{rad/s}$，刀具的移动速度为 0.375m/s，刀具的模数 $m = 5\text{mm}$，齿形角 $\alpha = 20°$。

(1) 求被加工齿轮的齿数 Z_1；

(2) 若齿条分度线与被加工齿轮中心的距离为 38mm，求径向变位系数 x。

第 11 章

蜗杆传动

考纲要求

◇ 了解蜗杆传动的组成与应用特点。
◇ 掌握蜗杆传动的传动比与几何尺寸计算。
◇ 掌握蜗杆传动的旋转方向与受力方向的判定方法,熟悉其正确啮合条件。

11.1 蜗杆传动概述

学习目标

1. 了解蜗杆传动的组成与应用特点。
2. 掌握蜗杆传动的传动比与几何尺寸计算。
3. 掌握蜗杆传动的旋转方向的判定方法,熟悉其正确啮合条件。

内容提要

一、概述

1. 蜗杆传动组成

蜗杆传动由蜗杆、蜗轮和机架组成,用来传递空间两交错轴的运动和动力。蜗杆传动属于高副机构,如图 11-1-1 所示。通常两轴交错角为 90°,蜗杆为主动件。

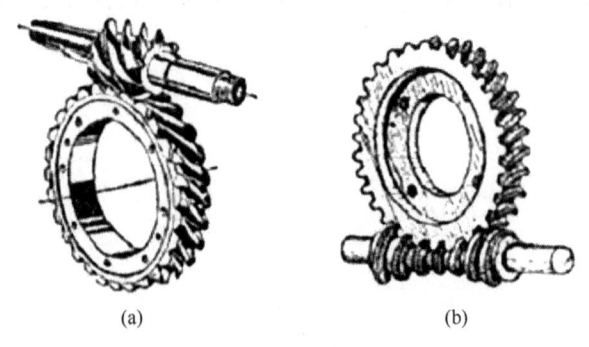

(a)   (b)

图 11-1-1 蜗杆传动

蜗杆、蜗轮均有左旋、右旋两种,判断方法与螺纹相同。

2. 蜗杆、蜗轮的材料

蜗杆和蜗轮材料不仅要求有足够的强度，更重要的是要具有良好的减摩性、耐磨性和抗胶合能力。

蜗杆一般用碳钢或合金钢制造。对高速重载传动常用 15Cr、20Cr、20CrMnTi 等，经渗碳淬火，表面硬度 56～62HRC，须经磨削。对中速中载传动，蜗杆材料可用 45、40Cr、35SiMn 等，表面淬火，表面硬度 45～55HRC，须要磨削。对速度不高，载荷不大的蜗杆，材料可用 45 钢调质或正火处理，调质硬度 220～270HBS。

蜗轮常用的材料有铸造锡青铜、铸造铝青铜和灰铸铁。铸造锡青铜常用于 $v_s < 12\text{m/s}$ 的场合；铸造铝青铜，一般用于 $v_s \leqslant 4\text{m/s}$ 的场合；灰铸铁（HT150、HT200），用于 $v_s \leqslant 2\text{m/s}$ 的低速轻载传动中。

二、蜗杆传动的类型

1. 按蜗杆外形不同分类

根据蜗杆的形状，蜗杆传动可分为圆柱蜗杆传动、环面蜗杆传动和锥面蜗杆传动，如图 11-1-2 所示。其中，圆柱蜗杆可分为阿基米德蜗杆、渐开线蜗杆等，其中常用的是阿基米德蜗杆。

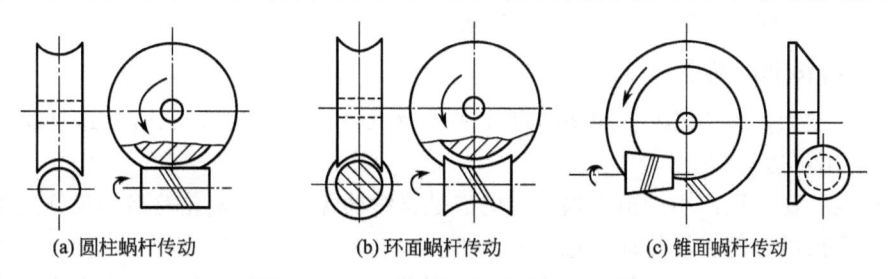

图 11-1-2　蜗杆传动按蜗杆外形分类

2. 阿基米德蜗杆的齿廓形状及加工方法

（1）齿廓形状

阿基米德蜗杆，如图 11-1-3 所示。其端面齿廓为阿基米德螺旋线；轴向齿廓为直线（相当于齿条）；法面齿廓为曲线。与之啮合的蜗轮的端面齿廓为渐开线（相当于齿轮）。

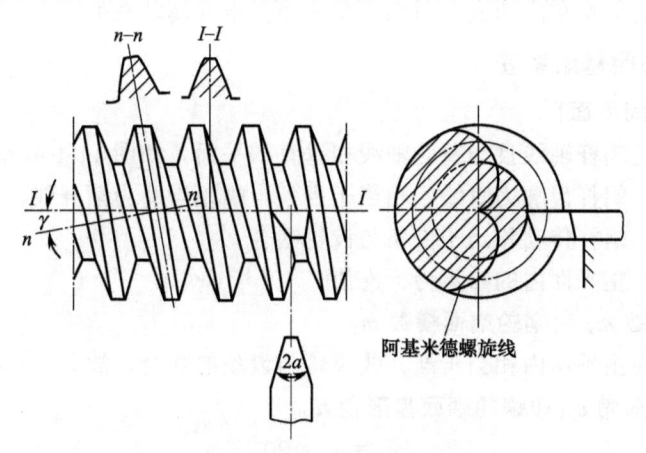

图 11-1-3　阿基米德蜗杆

（2）加工方法

阿基米德蜗杆在车床上切制而成，车制阿基米德蜗杆时刀刃顶平面通过蜗杆轴线，车刀的刀尖角等于 40°。

三、蜗杆头数 z_1、蜗轮齿数 z_2 和传动比

1. 蜗杆头数 z_1

蜗杆头数 z_1，即为蜗杆螺旋线的数目。蜗杆头数越多，效率越高；头数越少，易自锁，一般取 $z_1 = 1 \sim 6$。通常：分度机构、手动机构，$z_1 = 1$；一般传动，$z_1 = 2 \sim 3$；功率较大，$z_1 = 4$。

2. 蜗轮齿数 z_2

蜗轮的齿数一般取 $z_2 = 27 \sim 80$。z_2 过少将产生根切；z_2 过大，蜗轮直径增大，与之相应的蜗杆长度增加，刚度减小。为了避免根切，当 $z_1 = 1$ 时，$z_{2min} = 18$；$z_1 > 1$ 时，$z_{2min} = 27$。

3. 蜗杆传动的传动比

蜗杆传动的传动比计算公式为

$$i_{12} = \frac{n_1}{n_2} = \frac{N_1}{N_2} = \frac{z_2}{z_1}$$

式中，z_1——蜗杆头数，z_2——蜗轮齿数。

四、蜗杆传动的特点

(1) 传动比大，结构紧凑。单级传动比一般为 10～40（<80），只传动运动时（如分度机构），传动比可达 1000。

(2) 传动平稳，噪声小。由于蜗杆上的齿是连续的螺旋齿，蜗轮轮齿和蜗杆是逐渐进入啮合又逐渐退出啮合的，故传动平稳，噪声小。

(3) 有自锁性。当蜗杆导程角小于当量摩擦角时，蜗轮不能带动蜗杆转动，呈自锁状态。手动葫芦和浇铸机械常采用蜗杆传动满足自锁要求。

(4) 传动效率低。蜗杆蜗轮啮合处有较大的相对滑动，摩擦剧烈、发热量大，故效率低。一般 $\eta = 0.7 \sim 0.9$，具有自锁性能的蜗杆效率仅 0.4。

(5) 蜗轮造价较高。

(6) 仅模数和齿形角相同的蜗杆与蜗轮是不能任意互换啮合的。

五、蜗杆传动的基本参数

1. 主平面（中间平面）

(1) 定义：通过蜗杆轴线且与蜗轮轴线相垂直的平面，如图 11-1-4 所示。

(2) 主平面内，蜗杆齿廓为直线，相当于齿条，蜗轮齿廓为渐开线，相当于齿轮。

(3) 主平面内，蜗杆传动相当于齿条与齿轮啮合。

(4) 国标规定：主平面内的参数为标准值。

2. 蜗杆轴向模数 m_{x1} 和蜗轮端面模数 m_{t2}

由于蜗杆传动在主平面内相当于渐开线齿轮与齿条的啮合，故 $m_{x1} = m_{t2}$。

3. 蜗杆轴向齿形角 α_{x1} 和蜗轮端面齿形角 α_{t2}

$$\alpha_{x1} = \alpha_{t2} = 20°$$

4. 蜗杆的直径系数 q

蜗杆的直径系数 q 是指蜗杆分度圆直径 d_1 与轴向模数 m 的比值，即 $q = d_1/m$。当 m 一定时，q 值增大，则蜗杆直径 d_1 增大，蜗杆的刚度提高。

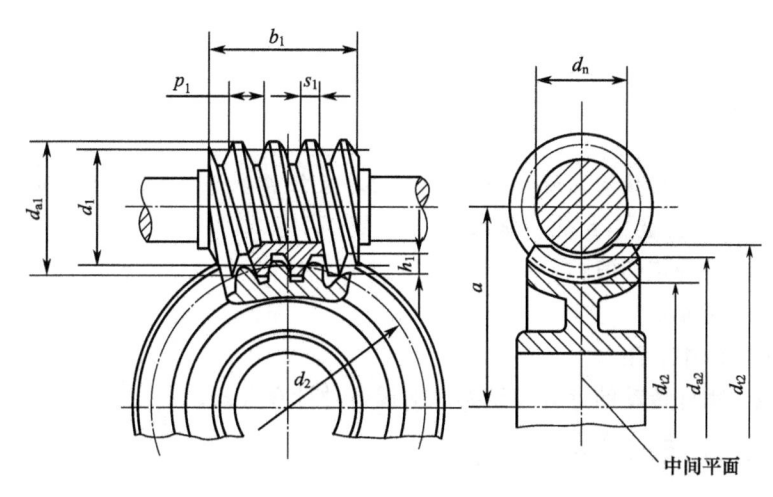

图 11-1-4 蜗杆传动的主平面

为使刀具标准化,减少蜗轮滚刀数目,直径系数也需符合标准值。

5. 蜗杆导程角 γ_1

蜗杆导程角 γ_1 是指蜗杆的分度圆柱上,螺旋线的切线与端平面之间所夹的锐角。计算公式为

$$\tan\gamma_1 = \frac{\pi m z_1}{\pi d_1} = \frac{z_1}{q}$$

6. 蜗轮螺旋角 β_2

蜗轮螺旋角 β_2 是指蜗轮分度圆柱上,螺旋线的切线与蜗轮圆柱轴线之间所夹的锐角。蜗杆导程角 γ_1 与蜗轮螺旋角 β_2 的关系:大小相等,旋向相同($\gamma_1 = \beta_2$)。

六、蜗杆传动的正确啮合条件

蜗杆传动正确啮合的条件为:
(1) 蜗杆的轴向模数等于蜗轮的端面模数,即 $m_{x1} = m_{t2}$。
(2) 蜗杆的轴向齿形角等于蜗轮的端面齿形角,即 $\alpha_{x1} = \alpha_{t2} = 20°$。
(3) 蜗杆的导程角等于蜗轮的螺旋角,且旋向相同,即 $\gamma_1 = \beta_2$。

七、蜗杆传动的几何尺寸计算

标准阿基米德蜗杆传动主要几何尺寸计算公式见表 11-1-1。

表 11-1-1 蜗杆传动主要几何尺寸计算

名称	计算公式	
	蜗杆	蜗轮
齿顶高和齿根高	$h_{a1} = h_{a2} = m$, $h_{f1} = h_{f2} = 1.2m$	
分度圆直径	$d_1 = mq$	$d_2 = mz_2$
齿顶圆直径	$d_{a1} = m(q+2)$	$d_{a2} = m(z_2+2)$
齿根圆直径	$d_{f1} = m(q-2.4)$	$d_{f2} = m(z_2-2.4)$
顶隙	$c = 0.2m$	
蜗杆轴向齿距 蜗轮端面齿距	$p_{a1} = p_{t2} = \pi m$	
蜗杆分度圆导程角 蜗轮分度圆螺旋角	$\gamma = \arctan(z_1/q)$	$\beta = \gamma$
中心距	$a = \dfrac{m}{2}(q + z_2)$	

例题解析

【例 11-1-1】 一蜗杆传动，蜗杆头数 $z_1 = 2$，直径系数 $q = 10$，模数 $m = 5$mm，转速 $n_1 = 1440$r/min，蜗轮齿数 $z_2 = 60$。试求：

(1) 蜗杆导程角的正切值；
(2) 蜗轮的转速 n_2；
(3) 蜗杆传动的中心距。

【要点解析】 蜗杆传动的计算在于熟练掌握各种计算公式。

【解】 (1) $\tan\gamma = \dfrac{z_1}{q} = \dfrac{2}{10} = 0.2$

(2) $i_{12} = \dfrac{n_1}{n_2} = \dfrac{z_2}{z_1} = \dfrac{60}{2} = 30$

$n_2 = \dfrac{n_1}{30} = \dfrac{1440}{30} = 48$r/min

(3) $a = \dfrac{m(q+z_2)}{2} = \dfrac{5(10+60)}{2} = 175$mm

巩固练习

一、判断题

1. 直齿圆锥齿轮传动和蜗杆传动都用来传递两垂直相交轴之间的运动和动力。（ ）
2. 按规定蜗杆分度圆柱面上的螺旋线的升角 γ 与蜗轮分度圆柱面上的螺旋角 β 两者之间的关系是 $\gamma = -\beta$。（ ）
3. 一般蜗轮材料多选用摩擦系数小，抗胶合性好的材料。（ ）
4. 在蜗杆传动中，蜗轮通常为主动件。（ ）
5. 通过蜗轮轴线，且与蜗杆轴线相垂直的平面称为主平面。（ ）
6. 蜗杆直径系数 q 值越小，则蜗杆的刚性越好。（ ）
7. 蜗杆传动都具有自锁性能。（ ）
8. 蜗杆传动具有传动比大且准确，传动平稳，传动效率高等特点。（ ）
9. 仅模数和齿形角相同的蜗杆与蜗轮是不能任意互换啮合的。（ ）
10. 蜗杆的模数是指轴向模数。（ ）
11. 为了减小摩擦，提高蜗杆传动的效率和使用寿命，蜗杆常采用青铜等减摩材料。（ ）
12. 蜗杆传动同时进入啮合齿的对数较多，且啮合为逐渐进入和逐渐退出。（ ）

二、选择题

13. 一蜗杆传动，已知蜗杆头数 $z_1 = 1$，直径系数 $q = 12$，蜗轮齿数 $z_2 = 48$，模数 $m = 4$mm，则该传动中心距 a 等于（ ）mm。
    A. 102   B. 120   C. 125   D. 98

14. 蜗杆传动属于（ ）。

A. 平行轴齿轮传动　　B. 相交轴齿轮传动　　C. 交错轴齿轮传动　　D. 开式传动

15. 在蜗杆传动中，蜗杆与蜗轮的轴线位置在空间一般交错成（　　）。
A. 90°　　　　　　B. 30°　　　　　　C. 45°　　　　　　D. 120°

16. 蜗杆传动在主平面内相当于（　　）相啮合。
A. 标准齿条与渐开线齿轮　　　　　B. 螺杆和螺母
C. 渐开线齿轮与渐开线齿轮　　　　D. 标准齿条与标准齿条

17. 关于蜗杆传动的下列描述中，正确的是（　　）。
A. 传动比大且准确
B. 承载能力较小
C. 传动效率高
D. 模数和齿形角相同的蜗杆与蜗轮能任意互换啮合

18. 在蜗杆传动中，蜗轮常采用青铜等减摩材料是因为（　　）。
A. 减小摩擦，提高蜗杆传动的效率　　　B. 提高蜗杆的刚性
C. 制造容易　　　　　　　　　　　　　D. 提高承载能力

19. 传动比大且准确的是（　　）。
A. 带传动　　　　　B. 链传动　　　　　C. 蜗杆传动　　　　　D. 齿轮传动

20. 蜗杆头数 z_1 一定时，蜗杆直径系数 q 值越小，则（　　）。
A. 导程角 γ 越小，效率 η 越高　　　B. 导程角 γ 越大，效率 η 越低
C. 导程角 γ 越小，效率 η 越低　　　D. 导程角 γ 越大，效率 η 越高

21. 蜗轮转向取决于（　　）。
A. 蜗杆头数、蜗轮齿数　　　　　　　B. 蜗杆（蜗轮）的旋向、蜗杆头数
C. 蜗杆（蜗轮）的旋向、蜗杆头数　　D. 蜗杆（蜗轮）的旋向、蜗杆转向

22. 蜗杆的标准模数是指（　　）模数。
A. 端面　　　　　　B. 轴向　　　　　　C. 法面　　　　　　D. 大端

三、填空题

23. 阿基米德蜗杆的轴向齿廓为_____，法向齿廓为_____，端面齿廓为_____；蜗轮的端面齿廓为_____。

24. 蜗杆传动的主平面是指_____。在主平面内，蜗杆齿廓为_____，蜗轮齿廓为_____，蜗杆传动相当于_____传动。

25. 蜗杆传动中，主动件常为_____，轴交角为_____。

26. 蜗杆的头数常为_____，其中，分度机构中蜗杆头数常取_____，一般传动常取_____，重载时取_____。

27. 蜗杆头数越多，则导程角越____，传动效率越____。

28. 蜗杆传动的自锁条件_____。

29. 为避免根切，蜗杆传动中，要求：当 $z_1 = 1$ 时，$z_{2min} =$ ____；当 $z_1 > 1$ 时，$z_{2min} =$ _____。

30. 蜗杆传动的传动比____（大、小）且_____（恒定、不恒定），传动平稳性____，噪声____，承载_____，效率_____。

31. 蜗杆传动中，蜗轮常采用_____材料制造，蜗杆材料为_____。

32. 仅 m、α 相同的蜗杆和蜗轮_____（能、不能）互换。

33. 蜗杆传动的参数以_____的参数为标准参数。

34. 蜗杆传动中，除 m、α 要符合标准外，蜗杆直径系数 q 也要符合标准，其目的是_____。

35. 蜗杆的导程角计算式为_____，分度圆直径计算式为_____。

36. 当 m、z_1 相同时，q 越大，则效率越____，蜗杆刚性越_____。

37. 蜗杆传动中，$c^* =$ _____。

38. 蜗杆传动中，蜗杆的导程角与蜗轮螺旋角的关系是_____。

四、计算题

39. 有一传动比 $i_{12} = 20$ 的蜗轮传动。已知蜗杆头数 $z_1 = 1$，蜗杆顶圆直径 $d_{a1} = 120$mm，蜗轮顶圆直径 $d_{a2} = 210$mm，蜗杆轴转速 $n_1 = 1120$r/min。试求：（1）模数 m、直径系数 q、蜗轮齿数 z_2 及蜗轮转速 n_2；（2）蜗杆分度圆直径 d_1、蜗轮根圆直径 d_{f2}；（3）中心距 a；（4）若材料的当量摩擦角为 $6°$，则该蜗杆传动有无自锁性？

40. 如图 11-1-5 所示机构由蜗杆传动和标准直齿圆柱齿轮传动组成，已知：$n_1 = 1200$r/min，$n_4 = 40$r/min，$z_3 = 30$，模数 $m_3 = 4$mm，齿轮传动比 $i_{34} = 5/3$，蜗杆模数 $m_1 = 5$mm，蜗杆直径系数 $q = 10$，齿轮 3 轴线的延长线与蜗杆 1 的轴线垂直相交。试求：（1）蜗轮齿数 z_2；（2）蜗杆导程角 γ_1；（3）若齿轮 4 向上转动，试判断蜗杆转向。

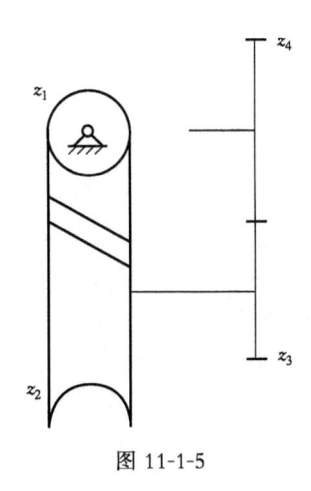

图 11-1-5

41. 如图 11-1-6 所示蜗杆传动，$z_1 = 1$，$q = 18$，$z_2 = 40$，$d_2 = 80$mm，鼓轮直径 $D = 200$mm。

（1）若重物上升的速度为 12.56m/min，求蜗杆转速 n_1。

（2）若材料的当量摩擦角为 $6°$，则该蜗杆传动有无自锁性？

（3）求蜗杆分度圆直径 d_1、齿顶圆直径 d_{a1}、蜗轮顶圆直径 d_{a2}、中心距 a。

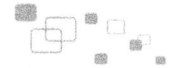

(4) 若重物上升,试判断蜗杆转向。

(5) 若蜗杆转 1r,则重物上升的高度是多少?

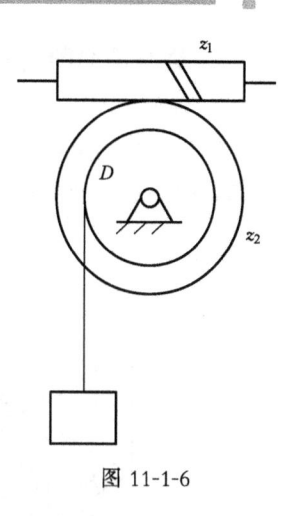

图 11-1-6

11.2 蜗杆传动受力分析及转向判别

学习目标

1. 掌握蜗杆传动的受力分析。
2. 掌握蜗杆传动的转向判别方法。

内容提要

一、蜗杆传动的回转方向判断

蜗杆回转方向可应用反左右手法则判断,如图 11-2-1 所示。具体如下:

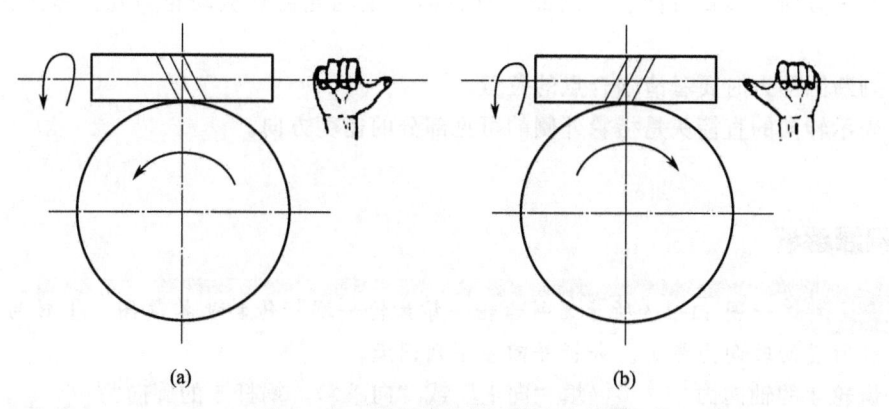

图 11-2-1 蜗杆传动的回转方向判断

(1) 左、右手取决于旋向;
(2) 四指握蜗杆时,方向与蜗杆转向一致;
(3) 拇指的反方向是指啮合处蜗轮的速度方向。

二、蜗杆传动的受力分析

1. 蜗杆的受力分析

蜗杆传动受力分析与斜齿圆柱齿轮的受力分析相似，齿面上的法向力 F_n 可分解为三个相互垂直的分力：圆周力 F_t、轴向力 F_a、径向力 F_r，如图 11-2-2 所示。

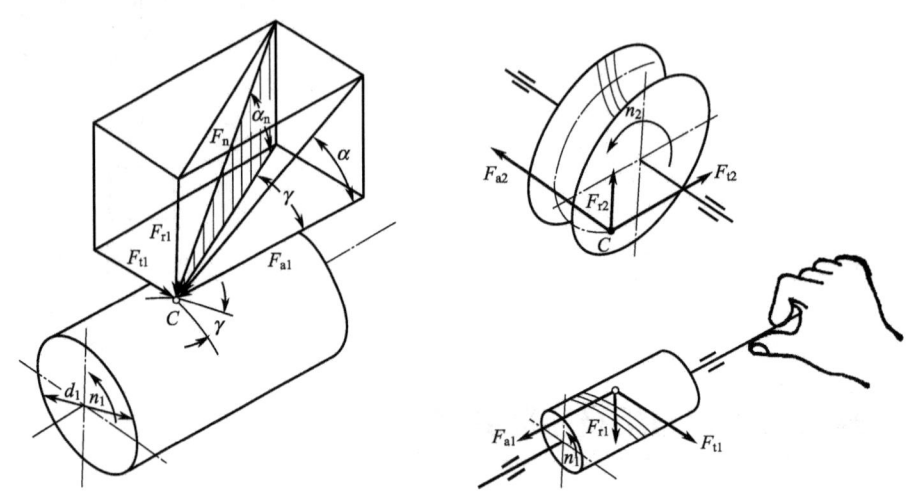

图 11-2-2　蜗杆传动受力分析

蜗杆为主动件，轴向力 F_{a1} 的方向由左、右手定则确定。图 11-2-2 所示为右旋蜗杆，用右手四指指向蜗杆转向，拇指所指方向就是轴向力 F_{a1} 的方向。圆周力 F_{t1} 与主动蜗杆转向相反；径向力 F_{r1} 指向蜗杆中心。

2. 蜗轮的受力分析

蜗轮受力方向，由 F_{t1} 与 F_{a2}、F_{a1} 与 F_{t2}、F_{r1} 与 F_{r2} 的作用力与反作用力关系确定，如图 11-2-2 所示。

需要注意的是：

(1) 圆周力、径向力、轴向力在空间互相垂直（水平方向、竖直方向、与纸面垂直方向）。

(2) 水平方向、竖直方向、与纸面垂直方向的主动轮力和从动轮力互为作用力与反作用力。

(3) 判断圆周力时要看清啮合点的位置。

(4) 表示转向的直箭头是指轮外侧的可见部分的速度方向。

例题解析

【例 11-2-1】 如图 11-2-3 所示为斜齿轮—锥齿轮—蜗杆传动机构简图。Ⅰ轴为主动轴，Ⅱ轴和Ⅲ轴所受的轴向力最小。分析并回答下列问题。

(1) 齿轮 4 的轴向力 _____（填"向上"或"向下"），蜗杆 5 的旋向为 _____。

(2) 蜗轮 6 _____（填"顺时针"或"逆时针"）转动，受到的轴向力 _____（填"向里"或"向外"）。

(3) 齿轮 1 的转向 _____（填"向上"或"向下"），周向力为 _____。

(4) 齿轮 1 的旋向为 _____，齿轮 2 的旋向为 _____。

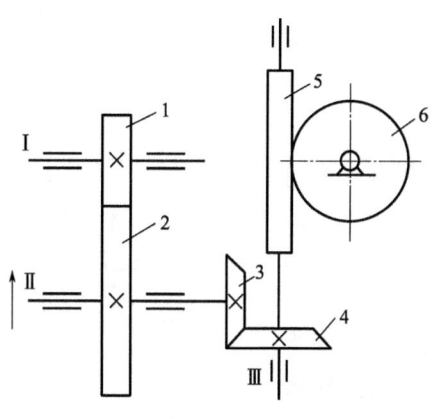

图 11-2-3

【要点解析】 遇到此类齿轮、蜗杆传动的综合受力分析题时,首先要看清传动简图;其次要确定啮合的位置,分清轴向、径向和周向为方位;最后要利用好几个关系:转向与圆周力的关系,作用力与反作用力的关系,同一轴上两轮轴向力抵消的条件,左右手法则中旋向、转向与圆周力的关系。

【解】 (1) 向下,右旋;(2) 逆时针,向里;(3) 向下,向外;(4) 左旋,右旋。

巩固练习

1. 标出图 11-2-4 中未注明的蜗杆或蜗轮的旋向及转向(蜗杆为主动件),并绘出蜗杆和蜗轮啮合点作用力的方向。

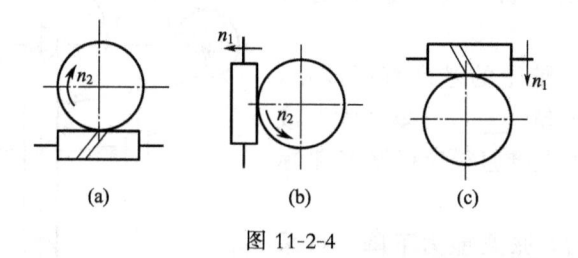

(a) (b) (c)

图 11-2-4

2. 某齿轮传动机构示意图如图 11-2-5 所示。图中,蜗杆的导程角小于蜗杆副材料的当量摩擦角,轴Ⅱ上的轴向力能相互抵消一部分。分析该图并回答下列问题:

(1) 构件 1、2 的正确啮合条件是:在中间平面内,构件 1 的_____模数、齿形角分别与构件 2 的_____模数、齿形角相等;构件 1 的分度圆柱面导程角和构件 2 的分度圆柱面螺旋角度相等,且旋向一致。

(2) 构件 4 的旋向为_____,构件 3 的旋向为_____。

(3) 构件 3 所受的轴向力方向向_____(填"上"或"下"),构件 1 圆周力方向向_____(填"上"或"下")。

(4) 构件 1 的旋向为_____,受到的径向力方向为_____。

(5) 构件 2 所受轴向力方向为_____,与构件 1 的_____力是作用与反作用力。

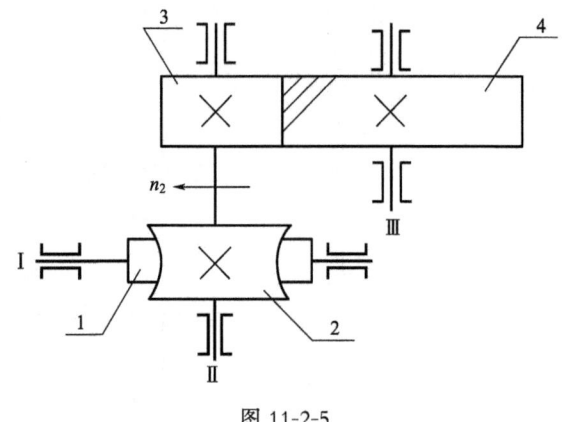

图 11-2-5

(6) 构件 3 的标准模数为_____(填"端面"或"法面")模数。

(7) 当构件 1 的头数不变,直径系数 q 值变大,效率变_____(填"高"或"低"),自锁性变_____(填"好"或"差")。

(8) 构件 1 一般用_____(钢、青铜)材料制造。

(9) 构件 1 和 2 啮合时,若出现失效,则常发生在构件_____(填构件序号)上。

3. 某减速装置简图如图 11-2-6 所示。图中,主动轮 1 和从动轮 2 通过 V 带传动;轮 2 与单头蜗杆 3 同轴,其轴线与蜗轮 4 的轴Ⅰ在空间互相垂直;轴Ⅱ为圆锥齿轮 5 和 6 传动的输出轴,转动方向如图所示;在设计时充分考虑了轴Ⅰ受到的轴向载荷最小。分析该减速装置并回答下列问题:

(1) 主动轮 1 按图 11-2-6 中所示方向转动时,从动轮 2 ____(填"顺"或"逆")时针转动。

(2) V 带传动时,带轮的基准直径越小,带在带轮上的弯曲应力越_____(填"大"或"小")。主动轮 1 的最小基准直径应根据 V 带标记中的_____来选择。

(3) 带长期使用后,张紧能力下降,可采用安装张紧轮的方法来保持传动能力。此时,应将张紧轮放在图中 V 带____(填"上"或"下")边的内侧靠近轮____(填"1"或"2")处。

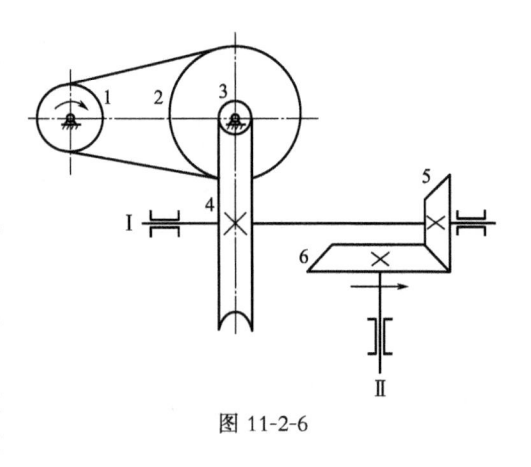

图 11-2-6

(4) 圆锥齿轮 5 受到的轴向力向____(填"左"或"右"),径向力向____(填"上"或"下")。

(5) 蜗轮 4 的轴向力向_____(填"左"或"右")。

(6) 蜗杆 3 受到的轴向力垂直纸面向_____(填"里"或"外")。

(7) 蜗杆 3 的旋向为_____,蜗轮 4 的旋向为_____。

(8) 为了避免根切现象,蜗轮 4 的最小齿数等于_____。

(9) 该减速装置具有自锁特性时,蜗杆的_____应小于蜗杆副材料的当量摩擦角。

4. 某减速装置简图如图 11-2-7 所示。图中,动力从带轮 D_1 输入,其转向如图所示,已知：Z_1、Z_2 为直齿锥齿轮传动，Z_3、Z_4 为斜齿圆柱齿轮传动，Z_5 为双头阿基米德蜗杆，丝杆的导程为 P_h，要求轴Ⅱ、轴Ⅲ的轴向力最小。试分析该减速装置并回答下列问题：

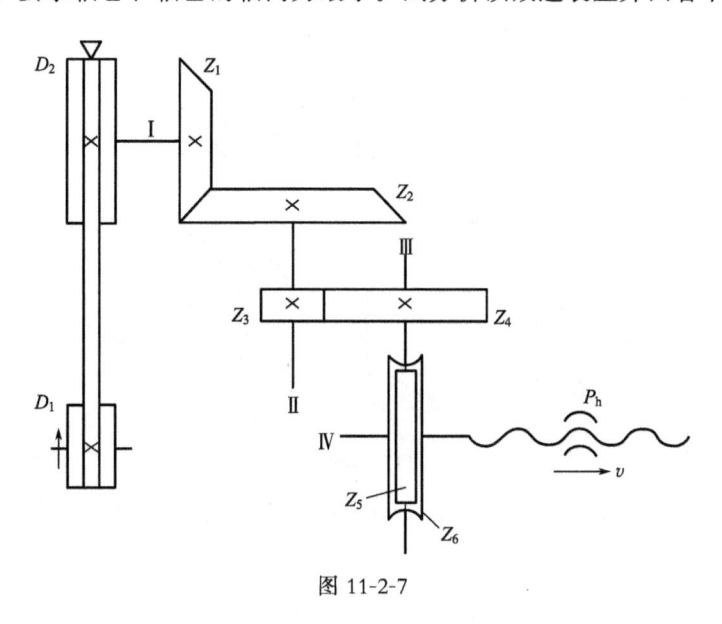

图 11-2-7

(1) V 带的型号选用取决于_____和_____，若所选的 V 带标记为 B2240，则该标记含义为_____。

(2) V 带传动时，带轮的基准直径越小，带在带轮上的弯曲应力越_____（填"大"或"小"）。带轮的最小基准直径应根据_____来选择。

(3) 大、小带轮的槽角通常不相等，一般情况下，大带轮的槽角_____（填"大于"或"小于"或"等于"）小带轮的槽角。

(4) 圆锥齿轮 Z_1 受到的轴向力向____（填"左"或"右"），径向力向____（填"上"或"下"）。

(5) 斜齿轮 Z_3 的旋向为_____（填"左旋"或"右旋"），蜗杆 Z_5 的旋向为_____（填"左旋"或"右旋"），丝杆的旋向为_____（填"左旋"或"右旋"）。

(6) 蜗轮 Z_6 的轴向力向_____（填"左"或"右"），蜗杆 Z_5 受到的轴向力向_____（填"上"或"下"）。

(7) 斜齿轮 Z_3 的端面齿廓为_____线，蜗杆 Z_5 的端面齿廓为_____线。

(8) 为了避免根切现象，蜗轮 4 的最小齿数等于_____。

5. 如图 11-2-8 所示，由标准直齿圆锥齿轮 1、2，蜗杆 3，蜗轮 4，标准斜齿圆柱齿轮 5、6 组成传动系统，圆锥齿轮 1 为主动件，按图示方向转动。试解答下列问题。

(1) 直齿圆锥齿轮 1 与 2 的正确啮合条件是两齿轮的_____模数和齿形角分别相等。

(2) 斜齿圆柱齿轮 5 与 6 的正确啮合条件是两齿轮的_____模数和齿形角分别相等，且螺旋角大小相等、螺旋方向相反。

(3) 根据所受载荷的不同，可判断轴 B 为_____（填"心轴"、"转轴"或"传动轴"）。

(4) 为使轴 B、轴 C 所受轴向力均较小，蜗杆 3 的旋向应为____旋，斜齿圆柱齿轮 5 的旋向应为____旋。

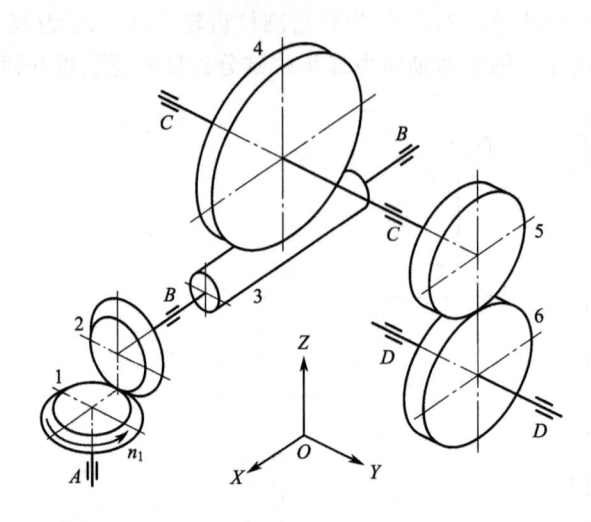

图 11-2-8

（5）根据图 11-2-8 所示的空间坐标系，分析构件 3、5 在啮合点处的受力情况，将分析结果填入表 11-2-1。

表 11-2-1　受力分析

构 件 代 号	周向力方向	径向力方向	轴向力方向
1	+Y	+X	-Z
3		-Z	
5		+Z	

第 12 章

轮　系

考纲要求

◇ 了解轮系的应用与分类。
◇ 掌握定轴轮系的传动比计算。

12.1 轮系的分类和应用

学习目标

1. 了解轮系的概念。
2. 了解轮系的分类。
3. 了解轮系的应用。

内容提要

一、轮系的概念

轮系是指由一系列相互啮合齿轮组成的传动系统。

通常所说的轮系主要是齿轮系。实际传动中，还含有蜗杆传动、摩擦轮传动、带传动或链传动等。

二、轮系的分类

根据传动时各齿轮的几何轴线在空间的相对位置是否固定，轮系可分为定轴轮系、周转轮系和复合轮系三大类。

1. 定轴轮系

轮系传动时，各个齿轮的几何轴线位置均是相对固定的轮系，称为定轴轮系，如图 12-1-1 所示。

2. 周转轮系

轮系在运转时，至少有一个齿轮的几何轴线位置不固定，是绕另一个齿轮的固定轴线旋转的轮系，称为周转轮系。周转轮系由太阳轮、行星轮、行星架和机架组成。如图 12-1-2 所示，轮 1、3 的几何轴线位置固定不变，该轮称为太阳轮；轮 2 兼有自转和公转，该轮称为行星轮；件 H 用于支持行星轮，该构件称为行星架。

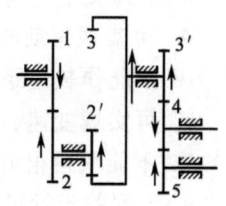

图 12-1-1　定轴轮系

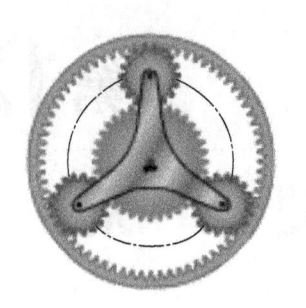

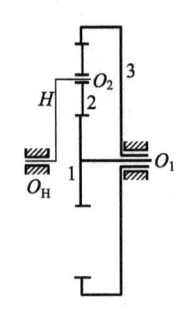

图 12-1-2　周转轮系

需说明的是：周转轮系分为行星轮系和差动轮系两种。当所有太阳轮均可运动时，该周转轮系称为差动轮系。至少有一个太阳轮固定时，该周转轮系称为行星轮系。

3. 复合轮系

既包含定轴轮系，又包含周转轮系的轮系称为复合轮系。

三、轮系的应用

轮系的应用十分广泛，主要有以下几个方面：
(1) 可以获得很大的传动比；
(2) 可作较远距离的传动；
(3) 可实现变速要求；
(4) 可实现变向要求；
(5) 差动轮系可实现运动的合成与分解。运动的合成是指将两个独立的回转运动合成为一个回转运动；运动的分解是指将一个回转运动分解为两个独立的回转运动。

巩固练习

一、判断题

1. 差动轮系与行星轮系都属于周转轮系，两者的主要区别在于有无固定的中心轮，因此只要将差动轮系中的任一中心轮固定就得到了行星轮系。（　　）
2. 各齿轮的轴均是固定的轮系称为定轴轮系。（　　）
3. 换向机构是用来改变从动轮转向的机构。（　　）
4. 变速机构是用来改变主动轮转速的机构。（　　）
5. 行星轮系可实现运动的合成与分解。（　　）
6. 轮系传动既可用于相距较远的两轴间传动，又可获得较大的传动比。（　　）

二、选择题

7. 下列关于轮系的描述，正确的是（　　）。
   A. 可实现运动的合成，但不能实现运动的分解
   B. 不能作较远距离的传动
   C. 可实现变速、变向要求
   D. 不能获得很大的传动比

8. 下列关于行星轮系的描述，正确的是（　　）。
   A. 所有太阳轮均可运动的周转轮系称为行星轮系

B. 行星轮系实现运动的合成与分解
C. 至少有一个太阳轮固定的周转轮系称为行星轮系
D. 至少有一个行星轮固定的周转轮系称为行星轮系

9. 如图 12-1-3 所示中，生产实际中通常采用（b）图来代替（a）图，说明（　　）。
A. 轮系可获得大传动比
B. 轮系可在结构紧凑的前提下实现远距离传动
C. 轮系可实现变速要求
D. 轮系可实现运动的合成与分解

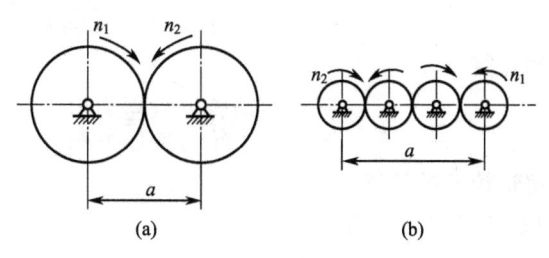

图 12-1-3

10. 以下各传动中，在中心距不大情况下，可实现较大传动比的是（　　）。
A. 带传动　　　　B. 齿轮传动　　　　C. 蜗杆传动　　　　D. 轮系

三、填空题

11. 定轴轮系中，各齿轮的轴线位置_____；周转轮系中，至少有一个齿轮的轴线位置_____，而是绕另一齿轮作_____。

12. 周转轮系分为_____、_____两种，其中，有一个太阳轮固定的，称为_____，太阳轮均不固定的，称为_____。可实现运动的合成与分解的是_____。

13. 轮系可实现_____传动比，可实现_____距离传动，_____（能、不能）实现变速和变向要求，可实现运动的_____与_____。

12.2 定轴轮系

学习目标

1. 掌握定轴轮系的传动比计算。
2. 掌握定轴轮系中各轮转向的判断。
3. 了解惰轮的作用。

内容提要

一、定轴轮系的传动比

1. 基本概念

定轴轮系的传动比 i_{1k} 是指轮系中首、末两轮的转速（或角速度或转数）之比，即

$$i_{1k} = \frac{n_1}{n_k} = \frac{\omega_1}{\omega_k} = \frac{N_1}{N_k}$$

式中，n_1、ω_1、N_1 分别表示首轮的转速、角速度、转数；n_k、ω_k、N_k 分别表示末轮的转速、角速度、转数。

注意：首轮和末轮可以根据计算需要任意指定。

2. 定轴轮系传动比的计算

定轴轮系的传动比等于各级齿轮副传动比的连乘积，也等于轮系中所有从动轮齿数的连乘积与所有主动轮齿数的连乘积之比。即

$$i_{1k} = \frac{n_1}{n_k} = i_{12} \times i_{34} \times i_{56} \cdots \times i_{(k-1)k} = \frac{\text{所有从动轮齿数连乘积}}{\text{所有主动轮齿数连乘积}}$$

3. 轮系中末轮转速的计算

$$n_k = \frac{n_1}{i_{1k}} = n_1 \times \frac{\text{所有主动轮齿数连乘积}}{\text{所有从动轮齿数连乘积}}$$

4. 含有螺旋传动的定轴轮系的计算

含有螺旋传动的定轴轮系的计算步骤如下：

（1）计算丝杆（或螺母）的转速 $n_{丝}$（或转数 $N_{丝}$）；

（2）计算螺母（或丝杆）的移动速度 v（或移动距离 L），即

$$v = n_{丝} P_h ; \quad L = N_{丝} P_h$$

5. 含有齿条传动的定轴轮系的计算

含有齿条传动的定轴轮系的计算步骤如下：

（1）计算与齿条啮合的小齿轮转速 $n_{条}$（或转数 $N_{条}$）；

（2）计算齿条移动速度 v（或移动距离 L），即

$$v = \pi m Z \times n_{条} ; \quad L = \pi m Z \times N_{条}$$

二、定轴轮系的输出轴回转方向判断

1. "±" 判别法

对于圆柱齿轮传动，从动轮与主动轮的转向关系可通过以下公式判断：

$$i_{1k} = (-1)^m \frac{\text{所有从动轮齿数连乘积}}{\text{所有主动轮齿数连乘积}}$$

式中，m 表示首、末轮间外啮合齿轮传动的对数。

由上式可知：若 m 为偶数，$(-1)^m$ 为 "+"，则首、末轮转向相同；m 为奇数，$(-1)^m$ 为 "-"，则首、末轮转向相反。

2. 箭头标示法

箭头标示法适用于任何轮系，如图 12-1-1 和图 12-2-1 所示。

三、惰轮及其作用

惰轮是指既为前一级齿轮副中的从动轮，又为后一级齿轮副中的主动轮的齿轮，如图 12-1-1 中的齿轮 Z_4。

惰轮对轮系的传动比没有影响，但惰轮个数的多少却可以改变从动轮的回转方向。

四、轮系中，齿轮的安装形式

根据轮系中齿轮的安装形式不同，齿轮分为固定齿轮、空套齿轮、滑移齿轮三种，如图 12-2-2 所示。

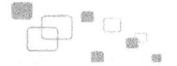

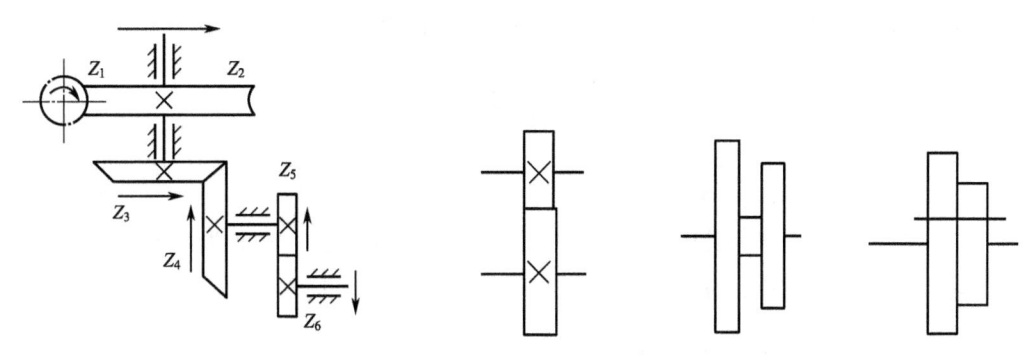

图 12-2-1

图 12-2-2　齿轮的安装形式

例题解析

【**例 12-2-1**】　如图 12-2-3 所示的轮系，已知：$D_1 = 100\text{mm}$，$D_2 = 200\text{mm}$，$Z_1 = Z_2 = 20$，$Z_3 = 20$，$Z_4 = 40$，$Z_5 = 1$，$Z_6 = 50$，$Z_7 = Z_8 = Z_9 = 20$，Z_9 的模数 $m = 2\text{mm}$。

（1）若电机转速为 900r/min，求工作台和齿条的移动速度。

（2）若工作台移动 1mm，求齿条的移动距离和电机的转数。

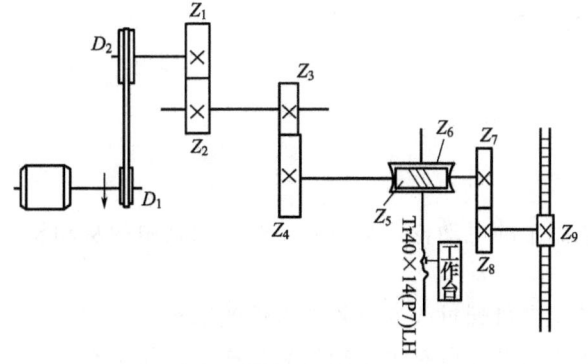

图 12-2-3

【**要点解析**】　轮系计算时，可根据需要任意指定首轮和末轮。通常，将已知转速的轮设为首轮，需求解的轮作为末轮。

【**解**】　（1）将电机端的轮作为首轮，工作台和齿条端分别设为末轮，其传动路线分别为：

电机 $\rightarrow \dfrac{D_1}{D_2} \rightarrow \dfrac{Z_1}{Z_2} \rightarrow \dfrac{Z_3}{Z_4} \rightarrow \dfrac{Z_5}{Z_6} \rightarrow$ 螺旋传动；

电机 $\rightarrow \dfrac{D_1}{D_2} \rightarrow \dfrac{Z_1}{Z_2} \rightarrow \dfrac{Z_3}{Z_4} \rightarrow \dfrac{Z_7}{Z_8} \rightarrow$ 齿条传动。

工作台移动速度 $v = n_{电机} \times \dfrac{D_1}{D_2} \times \dfrac{Z_1}{Z_2} \times \dfrac{Z_3}{Z_4} \times \dfrac{Z_5}{Z_6} \times P_h$

$= 900 \times \dfrac{100}{200} \times \dfrac{20}{20} \times \dfrac{20}{40} \times \dfrac{1}{50} \times 14$

$= 63\text{mm/min}$

齿条移动速度 $v = n_{电机} \times \dfrac{D_1}{D_2} \times \dfrac{Z_1}{Z_2} \times \dfrac{Z_3}{Z_4} \times \dfrac{Z_7}{Z_8} \times \pi m_9 Z_9$

$= 900 \times \dfrac{100}{200} \times \dfrac{20}{20} \times \dfrac{20}{40} \times \dfrac{20}{20} \times \pi \times 2 \times 20$

$= 28260 \text{mm/min}$

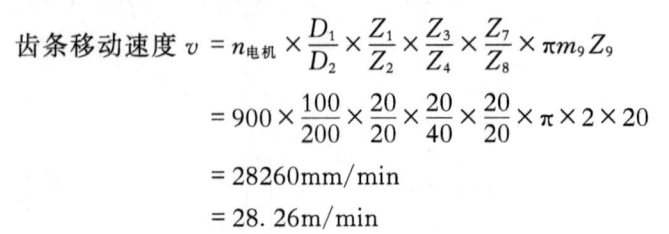

$= 28.26 \text{m/min}$

(2) 将工作台端作为首轮，齿条和电机端分别设为末轮，其传动路线分别为：

螺旋传动 → $\dfrac{Z_6}{Z_5}$ → $\dfrac{Z_7}{Z_8}$ → 齿条传动；

螺旋传动 → $\dfrac{Z_6}{Z_5}$ → $\dfrac{Z_4}{Z_3}$ → $\dfrac{Z_2}{Z_1}$ → $\dfrac{D_2}{D_1}$ → 电机。

齿条的移动距离 $L = N_{丝} \times \dfrac{Z_6}{Z_5} \times \dfrac{Z_7}{Z_8} \times \pi m_9 Z_9$

$= \dfrac{1}{12} \times \dfrac{50}{1} \times \dfrac{20}{20} \times \pi \times 2 \times 20$

$= 523.33 \text{mm}$

电机的转数 $N_{电} = N_{丝} \times \dfrac{Z_6}{Z_5} \times \dfrac{Z_4}{Z_3} \times \dfrac{Z_2}{Z_1} \times \dfrac{D_2}{D_1}$

$= \dfrac{1}{12} \times \dfrac{50}{1} \times \dfrac{40}{20} \times \dfrac{20}{20} \times \dfrac{200}{100}$

$= 16.67 \text{r}$

巩固练习

一、判断题

1. 既为前一级齿轮副中的主动轮，又为后一级齿轮副中的从动轮，这种齿轮称为惰轮。（　　）
2. 轮系中从动轮的变向可通过改变惰轮的奇偶数来实现。（　　）
3. 轮系的传动比等于轮系中所有主动轮齿数的连乘积与所有从动轮齿数的连乘积之比。（　　）
4. 轮系的末端为齿条传动时，齿条的移动速度取决于轮系末端小齿轮的转速。（　　）
5. 惰轮齿数的多少不仅影响轮系的总传动比，也可以改变轮系中从动轮的回转方向。（　　）

二、填空题

6. 惰轮既是_____齿轮副的从动轮，又是_____齿轮副的主动轮，其作用是只改变_____，不改变_____。
7. 滑移齿轮变向机构和三星轮变向机构是利用_____的奇偶数来实现变向的。
8. 用正负号表示齿轮转向时，$(-1)^m$ 中，m 表示首末两轮间_____对数；m 为偶数，则首、末两轮轴向_____；m 为奇数，则首、末两轮轴向_____。该方法只适用于_____轮系。

三、综合和计算题

9. 如图12-2-4所示轮系，$Z_1 = 20$，$Z_2 = 40$，$Z_3 = 20$，$Z_4 = 60$，$Z_5 = Z_7 = 30$、$Z_6 = 20$。

求传动比 i_{17}、i_{16}、i_{15}、i_{37}、i_{73}。

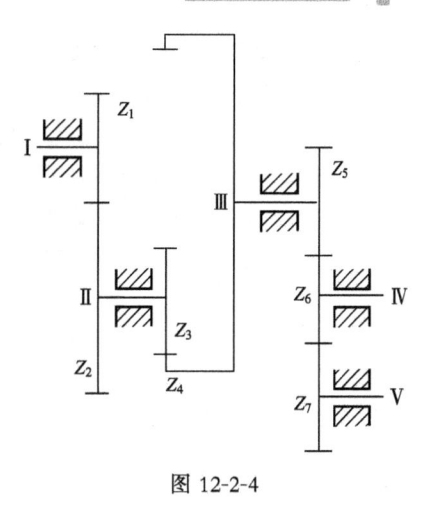

图 12-2-4

10. 如图 12-2-5 所示轮系中，轮 1 的转速为 900r/min，各齿轮均为标准齿轮，且 $Z_1 = Z_2 = Z_4 = Z_5 = 20$，齿轮 1、3、4、6 同轴线安装。试求传动比 n_6。

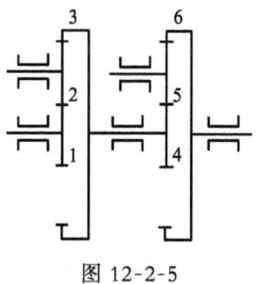

图 12-2-5

11. 如图 12-2-6 所示轮系，已知两带轮的中心距为 600mm，$Z_1 = 40$，$Z_2 = 40$，$Z_3 = 20$，$Z_4 = 40$，蜗杆 $Z_5 = 2$、模数为 5mm、直径系数 $q = 10$，$Z_6 = 60$。

(1) 求工作台移动速度，并标出移动方向；

(2) 求齿轮 Z_3 的转速 n_3；

(3) 若电机转 1r，则工作台移动距离为多少？

(4) 若工作台移动 12mm，则电机转多少转？齿轮 Z_3 转多少转？

(5) 求带传动的包角；

(6) 求蜗杆 Z_5 导程角、Z_5、Z_6 啮合的标准中心距；

(7) 求轮系的总传动比。

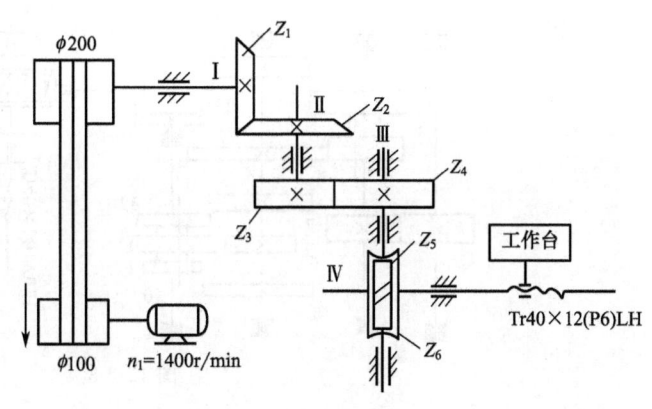

图 12-2-6

12. 如图 12-2-7 所示的轮系中，已知各标准齿轮的齿数 $Z_1 = 20$，$Z_2 = 40$，$Z_{2'} = 15$，$Z_3 = 60$，$Z_{3'} = 18$，$Z_4 = 18$，蜗杆头数为 $Z_5 = 1$，蜗轮齿数 $Z_6 = 40$，$Z_7 = 20$，齿轮 3 和 7 的模数 $m = 3$mm，。齿轮 1 为主动轮，转速 $n_1 = 100$r/min。

(1) 求齿条移动速度，并判断方向。

(2) 当轮 1 转 1r，齿条移动距离为多少？

(3) 当齿条移动 10mm 时，齿轮 1 转多少转？

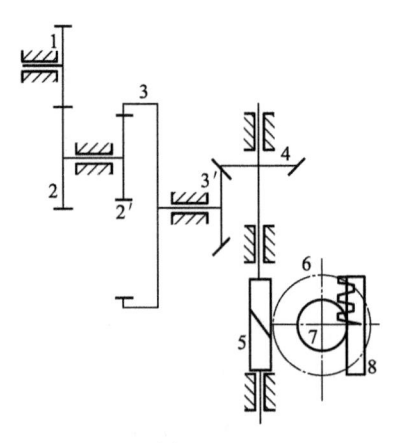

图 12-2-7

13. 如图 12-2-8 所示的定轴轮系，$n_1 = 600$r/min，$Z_1 = 60$，$Z_2 = 30$，$Z_3 = 45$，$Z_4 = 50$，$Z_5 = 80$，$Z_6 = 50$，$Z_7 = 60$，$Z_8 = 90$，$Z_9 = 75$，$Z_{10} = 20$，$Z_{11} = 50$，$Z_{12} = 40$，$Z_{13} = 45$，$Z_{14} = 45$，$Z_{15} = 20$，$Z_{16} = 40$，蜗杆的线数为 2，蜗轮的齿数为 60，分析并回答以下问题。

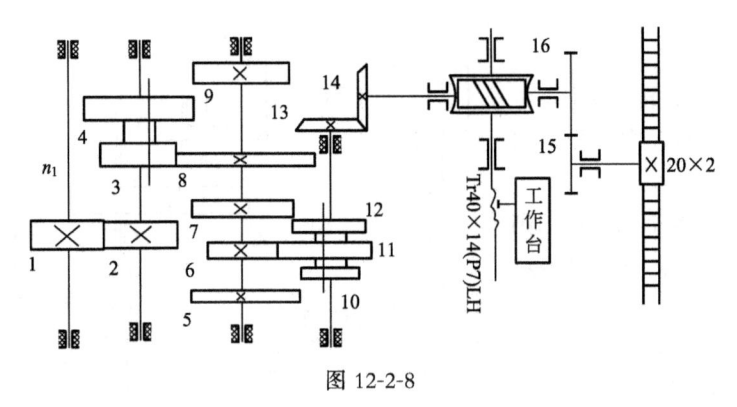

图 12-2-8

(1) 列出轮系的传动路线表达式。

(2) 齿条有几种移动速度？最高和最低移动速度分别为多少？

(3) 工作台有几种移动速度？最高和最低移动速度分别为多少？

(4) 若工作台向下移动 14mm，则齿条移动距离为多少？移动方向怎样？

(5) 若齿条移动 628mm，则工作台移动距离为多少？

(6) 若齿轮 15 和齿轮 16 可以更换，现要求工作台移动 14mm 时，齿条移动 11304mm，则更换的齿轮 15 和齿轮 16 的齿数比 Z_{15}/Z_{16} 为多少？

（7）若要求工作台移动 14mm，则齿轮 1 最多要转多少圈？最少转多少圈？

14. 如图 12-2-9 所示的螺纹车削装置中，工件装夹在主轴上，按图示方向随主轴旋转。同时，动力亦通过轮系经丝杆带动刀架移动。已知 $Z_1 = 2$，$Z_2 = 30$，$Z_3 = Z_4 = Z_5 = Z_6 = 25$，齿轮 3、4 为斜齿轮，配置挂轮的比值 $\dfrac{Z_B Z_D}{Z_A Z_C} = \dfrac{1}{15}$，丝杆导程 $P_h = 10$mm（右旋）。

（1）求螺纹工件的导程，并判断旋向。

（2）若车削导程 $P_{hw} = 8$mm 的螺纹件，配置挂轮的比值 $\dfrac{Z_B Z_D}{Z_A Z_C}$ 需调整为多少？

（3）若主轴转速为 100r/min，则刀架移动速度为多少？

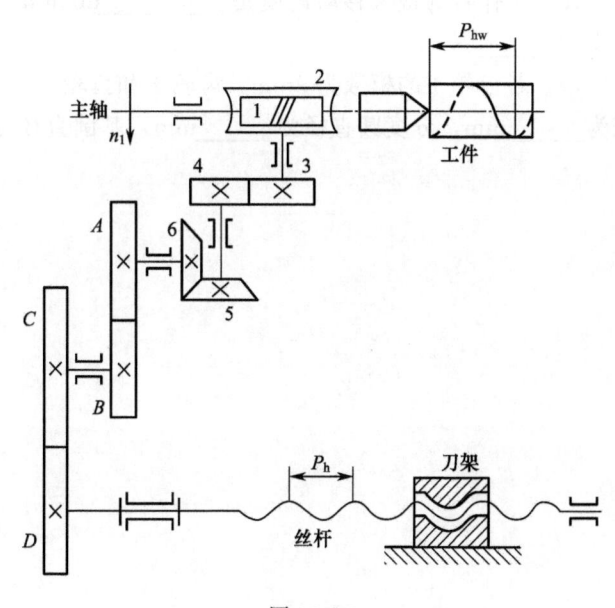

图 12-2-9

15. 如图 12-2-10 所示的传动系统中，齿轮 1 为主动件，$n_1 = 1440 \text{r/min}$，各齿轮均为标准渐开线齿轮，齿数分别为 $Z_1 = 20$，$Z_3 = Z_8 = 40$，$Z_6 = 30$，$Z_7 = 25$。摩擦轮 A 的直径 $D_A = 300 \text{mm}$，P 为摩擦轮 A 的轮宽中点，可在 M、N 点之间移动。螺母和移动工作台为一整体，其他参数见图中标注。试回答下列问题。

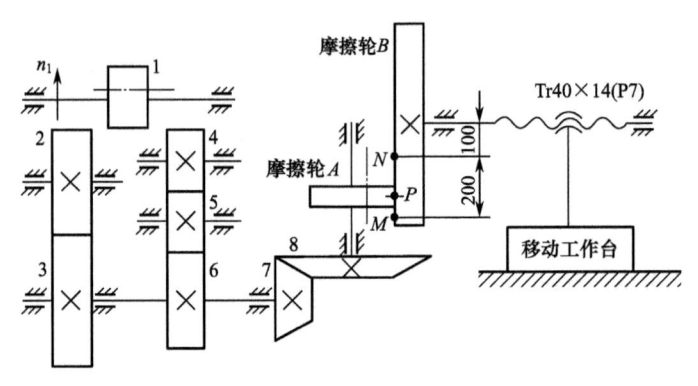

图 12-2-10

(1) 摩擦轮 A 与 B 构成_____（填"高副"或"低副"），摩擦轮_____（填"A"或"B"）的轮面较软。由于_____原因，摩擦轮传动的传动比不准确。

(2) 齿轮 3 和齿轮 6 属于_____（填"直齿"或"斜齿"）圆柱齿轮，它们的模数____（填"相等"或"不相等"）。

(3) 该系统中有____个惰轮，设置惰轮的目的是_____。

(4) 滑移齿轮 1 处于左位时，工作台向_____（填"左"或"右"）移动，齿轮 7 上的圆周力方向为_____（填"向外"或"向里"），轴向力方向为_____（填"向左"或"向右"）。

(5) 若要求工作台以最大速度移动，应将滑移齿轮 1 设为_____（填"左"或"右"）位，摩擦轮 A 设为_____（填"上"或"下"）位。

(6) 工作台的最大移动速度是_____m/min。当要求工作台移动 14mm 时，齿轮 1 最少转_____圈。

(7) 若齿轮 1 的模数为 2mm，齿轮 1 和齿轮 2 的中心距为 60mm，则齿轮 2 的齿顶圆直径为_____mm，分度圆直径为_____mm，基圆直径为_____mm。

第 13 章

轮系零件

考纲要求

◇ 了解键连接的类型、特点及应用，熟悉平键的选用及标记。
◇ 了解销连接的应用形式及特点。
◇ 了解常用轴的种类和应用特点。
◇ 了解最小轴径的估算方法。
◇ 理解常用轴的结构对轴的加工、减少应力集中和轴上零件的固定、轴上零件的装拆等要求，并能结合实际分析应用。
◇ 了解滑动轴承的类型、结构及应用特点，了解润滑装置和方法。
◇ 了解滚动轴承的结构组成、代号和应用特点。
◇ 掌握滚动轴承的选用方法及选用轴承类型时应考虑的因素。
◇ 了解联轴器、离合器和制动器的工作原理。
◇ 了解联轴器、离合器和制动器类型、结构性能和应用场合。

13.1 键、销及其连接

学习目标

1. 了解键连接的类型、特点及应用，熟悉平键的选用及标记。
2. 了解销连接的应用形式及特点。

一、概述

1. 键连接的作用

键连接对轴上零件作周向固定，并传递转矩，如图 13-1-1 所示。

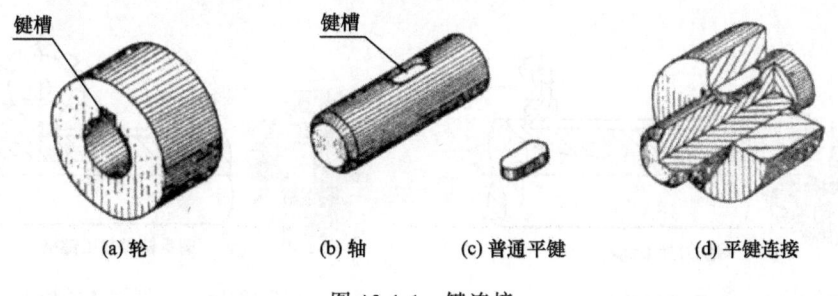

(a) 轮　　(b) 轴　　(c) 普通平键　　(d) 平键连接

图 13-1-1　键连接

2. 键的分类

（1）紧键连接：键在连接中被压紧，如楔键连接、切向键连接。

（2）松键连接：键在连接中未被压紧，如平键连接、半圆键连接、花键连接。

二、平键连接

1. 普通平键

（1）平键的类型

① 圆头平键（A型）：键在键槽中不能轴向移动，应用广泛，如图13-1-2所示。

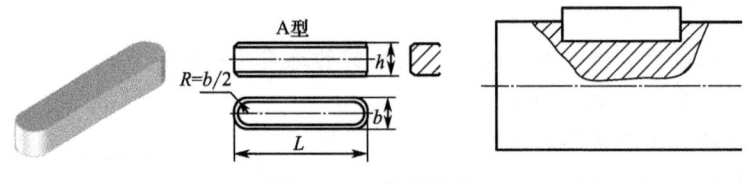

图 13-1-2　圆头平键

② 方头平键（B型）：键在连接中固定不可靠，但键槽对轴的削弱小，如图13-1-3所示。

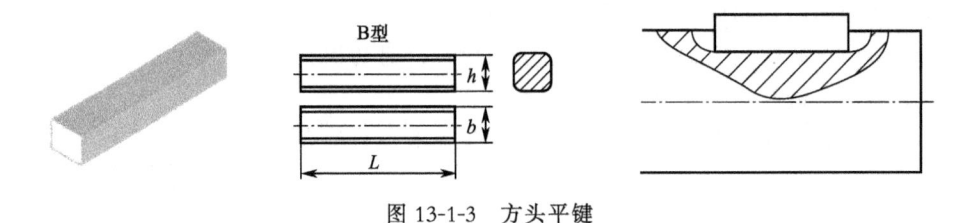

图 13-1-3　方头平键

③ 单圆头平键（C型）：多用于轴端，如图13-1-4所示。

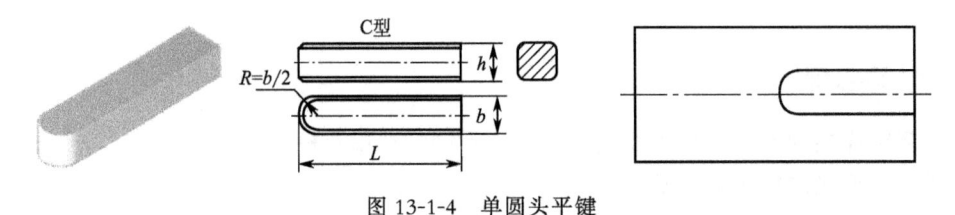

图 13-1-4　单圆头平键

（2）键槽的加工

A型键槽采用端铣刀加工，对轴的应力集中影响较大，如图13-1-5所示，B型键槽采用圆盘铣刀加工，对轴的应力集中影响较小，如图13-1-6所示。

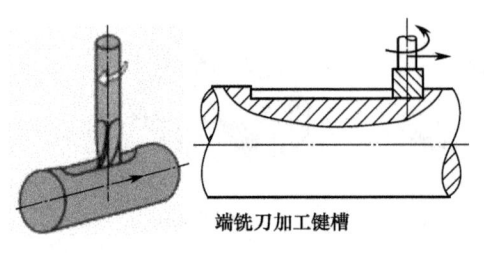

图 13-1-5　A型键槽的加工　　　　图 13-1-6　B型键槽的加工

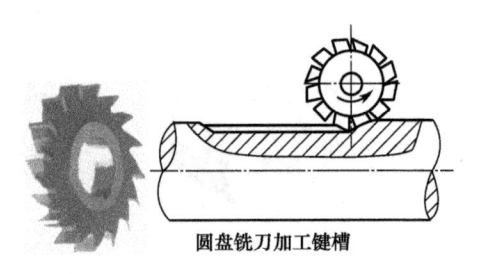

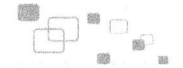

(3) 普通平键的特点

① 键的工作面为两侧面，依靠两侧面传递转矩。
② 上下表面为非工作面，上表面处留有间隙，键未被压紧。
③ 键的上下表面平行，截面为矩形。
④ 对中性好，适宜高速精密传动。
⑤ 不能承受轴向力。
⑥ 安装方法：先装键，后装轮毂。

2. 导向平键

(1) 导向平键的类型

导向平键如图 13-1-7 所示，可分成圆头（A 型）、方头（B 型）两种。

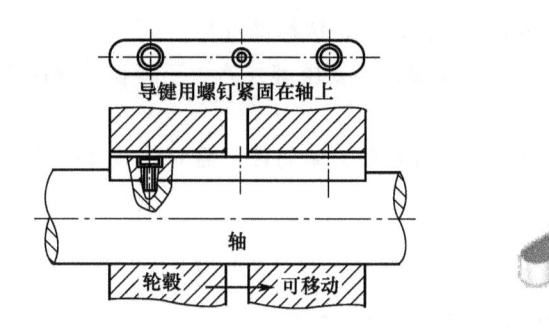

图 13-1-7　导向平键

(2) 导向平键与普通平键的区别

① 除周向固定外，还对轴上零件的移动起导向作用。
② 键的长度较长，安装时需用螺钉固定。
③ 键与毂槽为间隙配合。

(3) 导向平键的应用

当轴上零件在轴上需要轴向移动时，可采用导向平键。此时，轴上零件的键槽与键是间隙配合。

3. 平键连接的配合种类及应用

平键连接采用基轴制配合，键宽 b 的公差为 h9。配合种类有较松键连接、一般键连接、较紧键连接三种。

(1) 较松键连接：轴槽公差 H9、毂槽公差 D10，用于导向平键连接。
(2) 一般键连接：轴槽公差 N9、毂槽公差 Js9，用于一般场合，应用广泛。
(3) 较紧键连接：轴槽、毂槽公差均为 P9，用于重载、冲击载荷、双向传动场合。

4. 平键的尺寸和标记

平键的尺寸包括键的长度 L、宽度 b、高度 h 三种，如图 13-1-8 所示，其标记形式如下。

A 型：键 $b×L$　国标编号。例如，键 18×100 GB/T 1096—2003。
B 型：键 B $b×L$　国标编号。例如，键 B 18×100 GB/T 1096—2003。
C 型：键 C $b×L$　国标编号。例如，键 C 18×100 GB/T 1096—2003。

注：键的有效长度 = 键长 − 圆头尺寸。

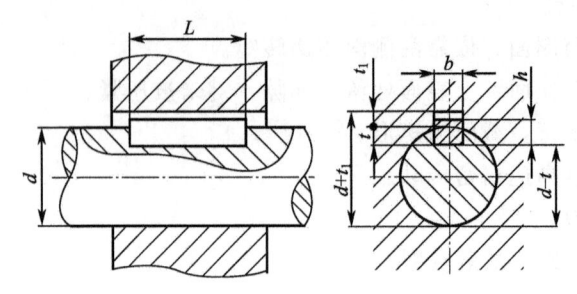

图 13-1-8 平键的尺寸

5. 平键的选用

平键为标准件，选用须按国家标准进行。

(1) 键的截面尺寸（$b \times h$）的选用：根据轴径，按标准选择。

(2) 键长 L 的选用：根据毂长，按标准确定，要求键长略短于毂长（导向平键除外）。

6. 平键连接的校验

平键连接一般只需要验算挤压强度，通常轮毂为薄弱件，需对轮毂进行挤压强度校验。键的强度不足时，可采取的措施如下。

(1) 适当加长键长和轮毂长。

(2) 键连接和过盈配合同时使用。

(3) 配双键连接（相隔180°安放）。

三、半圆键连接

半圆键连接，如图 13-1-9 所示。其特点为：

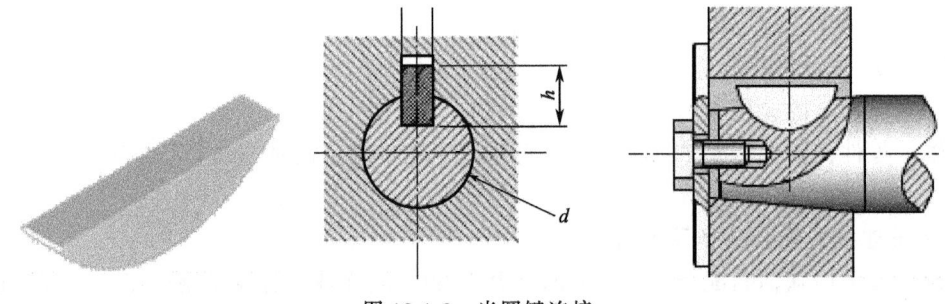

图 13-1-9 半圆键连接

(1) 键为半圆形，可在轴槽中摆动；

(2) 工作面为两侧面，顶面留有间隙；

(3) 键槽深，对轴的削弱大，只适合于轻载；

(4) 用于轻载或辅助性连接，特别适于锥形轴端的连接。

四、花键连接

花键连接如图 13-1-10 所示，它由外花键、内花键组成。其工作面为键齿的两侧面，与普通平键相比，花键除了对轴上零件起周向固定作用外，还对轴上零件的移动起导向作用。

1. 花键连接的特点

(1) 承载大。

(2) 定心精度和导向精度高。

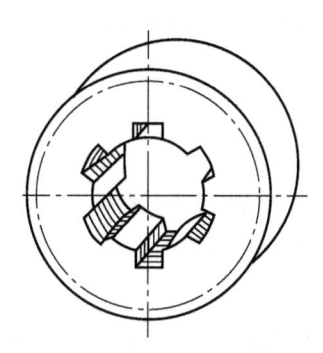

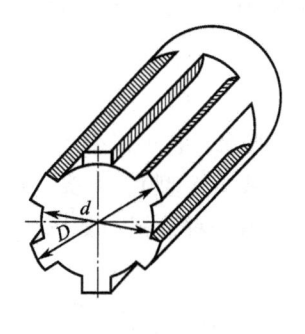

图 13-1-10　花键连接

(3) 对轴的削弱小。
(4) 需专门设备生产，成本高。
(5) 用于轴上零件滑移量大的场合。

2. 花键连接的类型

(1) 矩形花键

矩形花键应用最广。其齿形是矩形，定心方式有小径定心、大径定心、齿侧定心三种，如图 13-1-11 所示，其中，小径定心的定心精度高，应用广泛，齿侧定心的定心精度低，但承载大。

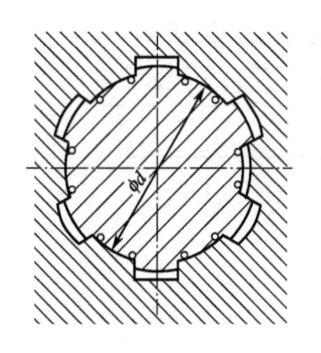

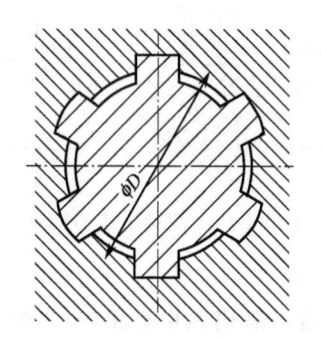

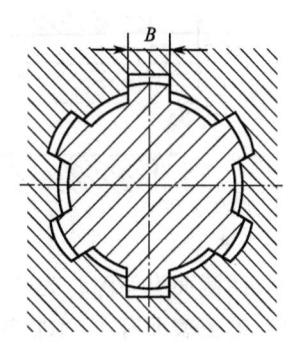

图 13-1-11　矩形花键的定心方式

(2) 渐开线花键

渐开线花键的内、外花键的键齿均为渐开线形，压力角为 30°，如图 13-1-12 所示。渐开线花键的定心方式有齿侧定心和大径定心两种，其中齿侧定心具有自动定心的特点，应用最广。

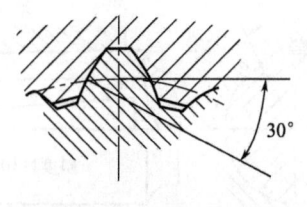

图 13-1-12　渐开线花键　　　　图 13-1-13　三角形花键

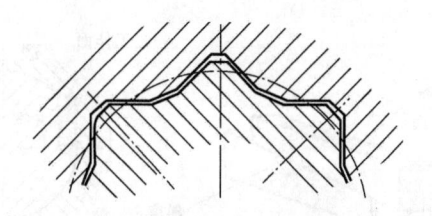

(3) 三角形花键

三角形花键的内花键为直线形，外花键为渐开线形，压力角为 45°，如图 13-1-13 所示。

该花键的键齿小，承载小，用于轻载、直径小或薄壁零件的连接。

五、楔键连接

1. 楔键的类型

楔键如图 13-1-14 所示。它可以分为：

（1）普通楔键：圆头（A 型）、方头（B 型）、单圆头（C 型）。

（2）钩头楔键：只有一种形式，如图 13-1-14（d）所示。

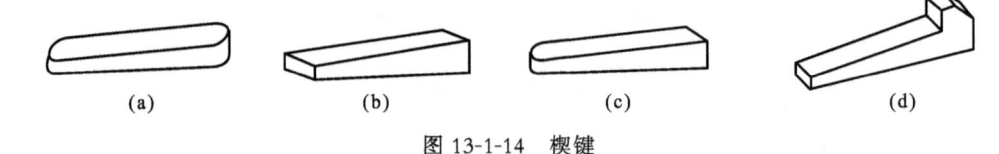

图 13-1-14　楔键

2. 楔键连接的特点

楔键连接如图 13-1-15 所示，其特点如下。

（1）安装：从一侧打入。

（2）键上下表面被压紧。

（3）工作面为上下表面，依靠摩擦力传动。

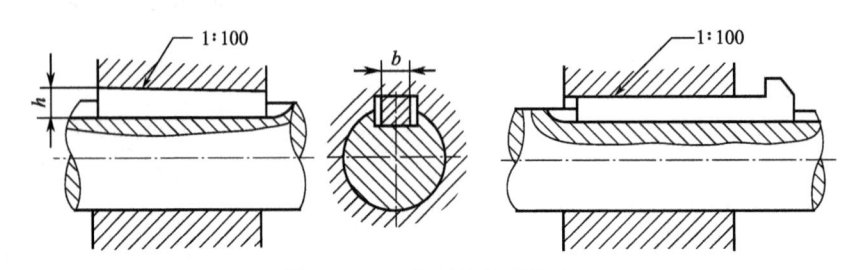

图 13-1-15　楔键连接的特点

（4）两侧面有间隙，为非工作面。

（5）键上表面有 1∶100 的斜度，毂槽底也有相应的斜度。

（6）对中性差。

（7）不宜承受冲击振动载荷，转速低。

（8）可承受单向轴向力。

六、切向键连接

切向键连接由一对楔键沿斜面拼合而成，安装在轴的切向位置，如图 13-1-16 所示。

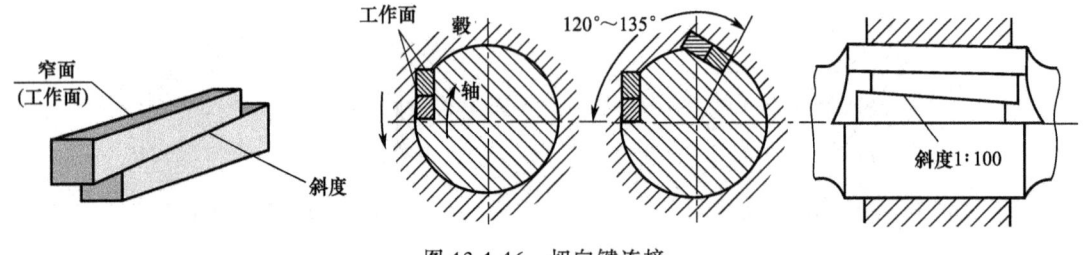

图 13-1-16　切向键连接

切向键连接的特点如下。

(1) 上下表面为工作面,且平行。
(2) 轴槽、毂槽的底部无斜度。
(3) 对轴的削弱大,对中性差。
(4) 一对切向键只能单向传动,双向传动时,需安装两对切向键。
(5) 不能承受轴向力。
(6) 不宜承受冲击振动载荷,转速低。
(7) 轴径大,承载大。

七、销连接

1. 销的基本形式

销的基本形式有圆柱销和圆锥销两种,生产中常用的有圆柱销、圆锥销和内螺纹圆锥销三种,如图 13-1-17 所示,其中,圆锥销有 1∶50 的锥度,连接具有自锁性。

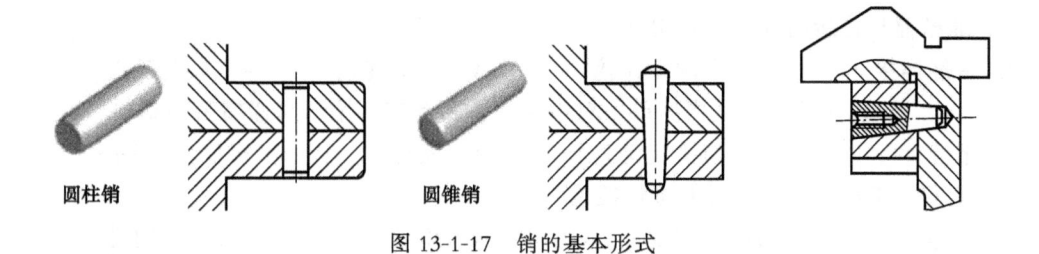

圆柱销　　　　圆锥销

图 13-1-17　销的基本形式

2. 销连接的应用

(1) 确定零件间的相互位置——定位销。

① 定位销的数目一般不少于 2 个,且不宜承受载荷。

② 圆锥销连接有自锁性,可多次拆卸。

③ 圆柱销连接采用过盈配合,不可多次拆卸。

④ 内螺纹销用于盲孔或不方便从另一端拆卸的场合。

(2) 用来传递动力——连接销。

(3) 用做安全装置中的被切断零件——安全销。

安全销与连接销的区别:安全销在过载时会自动切断;连接销过载时不会自动切断。

巩固练习

一、判断题

1. 各种键连接只用于实现周向固定,而不能实现轴向固定。(　　)
2. 普通平键的上表面具有 1∶100 的斜度,其工作面为上下表面。(　　)
3. 安装时,普通平键的上表面应留有间隙,而楔键的两侧面应留有间隙。(　　)
4. 由于楔键的楔入作用,易造成轴和轴上零件的中心线不重合,当受到冲击、变载荷的作用时楔键连接容易发生松动。(　　)
5. 半圆键连接具有较深的轴槽,会影响其强度与刚度。(　　)
6. 花键连接不仅可实现周向固定,也可对轴上零件的移动起导向作用。(　　)
7. 选择平键长度时,键长都要小于或等于轮毂的长度。(　　)

8. 普通平键的断面尺寸 $b×h$ 通常是根据键所受的载荷大小计算出来的。（ ）
9. A 型普通平键的键槽两端应力集中较大，故而应用较少。（ ）
10. 在选用平键的尺寸时，可以按标准选用，也可自行设计。（ ）
11. 定位销一般能承受很小载荷，直径可以按结构要求确定，使用的数目不得多于两个。（ ）
12. 销连接传递动力或转矩时，主要失效形式是剪切破坏。（ ）
13. 楔键连接以键的上下两面作为工作面对中性好，普通平键以键的两侧面为工作面对中性差。（ ）
14. 平键连接的挤压强度不够时，可适当增加键高和轮毂槽的深度来补偿。（ ）

二、选择题

15. 下列键连接中，属于紧键连接的是（ ）。
 A. 平键连接　　　B. 半圆键连接　　　C. 楔键连接　　　D. 花键连接
16. 锥形轴与轮毂的键连接常用（ ）。
 A. 平键连接　　　B. 半圆键连接　　　C. 楔键连接　　　D. 花键连接
17. （ ）键连接由于结构简单、对中性好，因此广泛用于高速精密传动中
 A. 平键　　　B. 勾头楔键　　　C. 楔键　　　D. 切向键
18. 上、下工作面互相平行的键连接是（ ）。
 A. 平键　　　B. 半圆键　　　C. 楔键　　　D. 切向键
19. 在普通平键的三种型号中，（ ）平键在键槽中不会发生轴向移动，应用最广。
 A. 圆头　　　B. 方头　　　C. 单圆头
20. 从"键 18×110 GB/T 1096—2003"标记中，可知键的有效长度为（ ）。
 A. 18　　　B. 110　　　C. 101　　　D. 92
21. 某 B 型键的长为 110mm，宽为 12mm，高为 8mm，则该键标记为（ ）。
 A. 键 A12×110 GB/T 1096—2003　　　B. 键 B12×110 GB/T 1096—2003
 C. 键 C12×110 GB/T 1096—2003　　　D. 键 B8×110 GB/T 1096—2003
22. 设计键连接，有以下环节：①按使用要求选择键的类型；②对键连接进行必要的强度校核计算；③按轴径选择键的截面尺寸；④按轮毂宽度选择键的长度。具体步骤是（ ）。
 A. ①→③→②→④　　　　　　　B. ①→③→④→②
 C. ①→④→②→③　　　　　　　D. ③→④→②→①
23. 下列关于花键连接的描述，说法正确的是（ ）。
 A. 渐开线花键是与标准渐开线齿轮是一样的花键
 B. 三角形花键就是截面为三角形的花键
 C. 三角形花键承载能力较小
 D. 矩形花键应用较少
24. 为保证较高的定心精度，矩形齿花键连接应采用（ ）。
 A. 大径定心　　　B. 小径定心　　　C. 齿侧定心
25. 半圆键多用于（ ）连接。
 A. 锥形轴辅助性　　　B. 变载、冲击性　　　C. 可滑动　　　D. 重载
26. 为了便于盲孔件的定位及多次拆装，可采用（ ）连接。
 A. 圆柱销　　　B. 内螺纹圆锥销　　　C. 内螺纹圆柱销

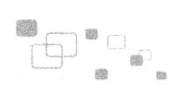

27. 平键连接采用（　　）制配合。
   A. 基孔　　　　　　B. 基轴　　　　　　C. 无基准件
28. 关于三角形齿花键，下列说法中正确的是（　　）。
   A. 外齿形为渐开线，齿形角为 45°　　　B. 外齿形为渐开线，齿形角为 20°
   C. 内齿形为渐开线，齿形角为 20°　　　D. 内齿形为渐开线，齿形角为 45°

三、填空题

29. 按键在连接中的松紧状态，键连接分为_____连接和_____连接。
30. 普通楔键的型号有_____、_____、_____三种，键有_____斜度，工作面为_____，_____（能、不能）承受单向轴向力。
31. 切向键连接是由_____组成，上下工作面_____，双向传动时需_____，用于轴径_____、载荷_____的场合。
32. 普通平健的型号中，键在键槽中能可靠固定的是_____，对轴的削弱小的是_____，常用于轴端的是_____。
33. 导向平健的作用是_____、_____。
34. 普通平健的配合采用_____制，键宽只规定_____一种公差。
35. 平健的配合种类有_____、_____、_____，其中，导向平健采用_____，重载时采用_____，一般场合采用_____。
36. 平健的截面尺寸是根据_____选定；键长是按_____选择，并要求键长_____毂长。
37. 半圆键连接中，键为____形，键槽较____，对轴的削弱____，用于____载、辅助性连接，特别适宜_____连接。
38. 矩形花键的定心方式有_____、_____、_____；其中定心精度最高的是_____，用于重载的是_____，定心精度低的是_____。
39. 渐开线花键的齿形为_____，其承载____，定心精度____，定心方式有_____、_____，其中，_____具有自动定心的特点。
40. 三角形花键的内花键齿形为_____，外花键齿形为_____，用于载荷____、直径____或薄壁零件。
41. 销连接中，圆柱销与孔采用____配合，____（能、不能）经常拆卸；圆锥销具有_____锥度，有_____性，____（能、不能）经常拆卸；内螺纹圆锥销常用于_____场合。
42. 用于确定零件间的相互位置的销称为_____，该销工作时_____（宜、不宜）承受载荷，且数目一般不少于_____；用于传递运动和转矩的销称为_____，该销工作时承受_____和_____作用；用做安全装置中被切断零件的销称为_____，过载时该销会_____。

13.2 滑动轴承

学习目标

1. 了解滑动轴承的类型、结构及应用特点。

2. 了解润滑装置和方法。

内容提要

一、概述

1. 轴承的作用

（1）对轴起支承作用。

（2）保证轴的回转精度。

2. 轴承的类型

（1）滑动轴承：工作时发生滑动摩擦。

（2）滚动轴承：工作时发生滚动摩擦。

二、滑动轴承的摩擦

（1）干摩擦：要避免。

（2）半液体摩擦：一般的滑动轴承采用。

（3）液体摩擦：高速重载的轴承采用。

三、滑动轴承的分类

按承载方向不同分类如下。

（1）径向滑动轴承：只承受径向载荷（常用）。

（2）止推滑动轴承：只承受轴向载荷。

（3）径向止推滑动轴承：能同时承受径向、轴向载荷。

四、常见滑动轴承介绍

1. 整体式径向滑动轴承

（1）组成

整体式径向滑动轴承由轴承座、轴套组成，两者间为过盈配合，如图 13-2-1 所示。

注意：轴套与轴间采用间隙配合，工作时，轴颈在轴套内转动，轴套固定不动。有些轴套内带油槽，以便于润滑，如图 13-2-2 所示。

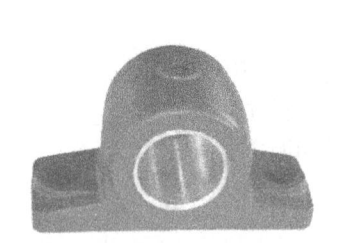

图 13-2-1　整体式径向滑动轴承

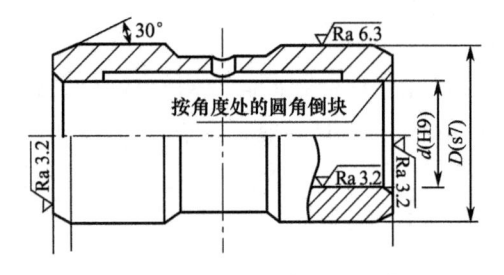

图 13-2-2　带油槽的轴套

（2）特点

结构简单，成本低，但磨损后无法调整轴颈与轴套间的间隙，且装拆不方便。

（3）应用

整体式径向滑动轴承常用于低速、轻载或间歇工作场合。

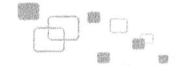

2. 对开式径向滑动轴承

（1）组成

对开式径向滑动轴承由轴承座、轴承盖、上轴瓦、下轴瓦、连接螺纹组成，如图 13-2-3 所示。

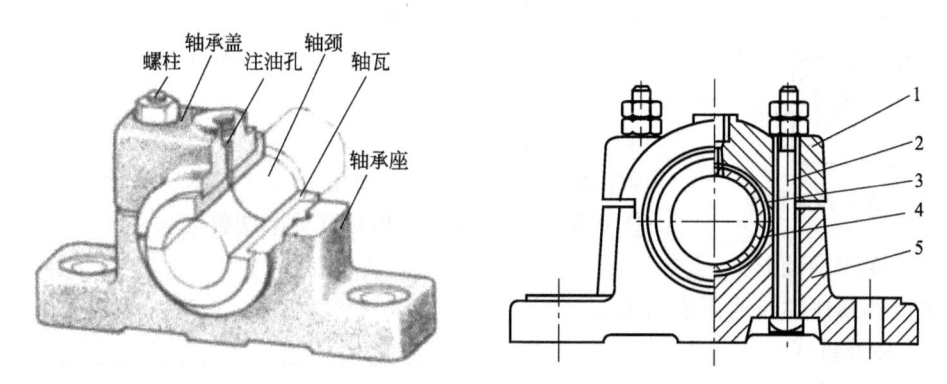

图 13-2-3　对开式径向滑动轴承

（2）结构特点

① 轴承座与轴承盖的结合面为阶台形式，其作用是定位、对中，防止横向移动，如图 13-2-3 所示。

② 轴瓦两端有凸缘，用于防止轴向移动，如图 13-2-4 所示。

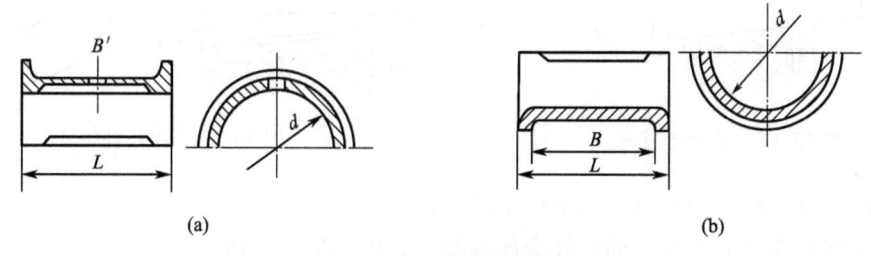

图 13-2-4　轴瓦的结构

③ 轴瓦内表面有油槽，油槽中心有油孔，油槽长度为轴瓦长度的 80%，位于非承载区，如图 13-2-5 所示。

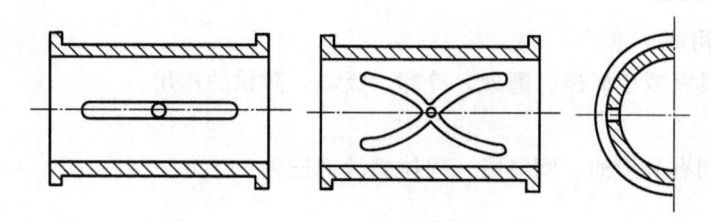

图 13-2-5　轴瓦的油槽

（3）工作特点

装拆方便，可通过在上、下轴瓦的对开面处垫入调整垫片来调整间隙，应用广泛。

3. 自位滑动轴承

自位滑动轴承的轴瓦外表面为球面，具有自动调心作用，如图 13-2-6 所示。

自位滑动轴承的应用如下：

① 宽径比大于 1.5 的场合；
② 两轴承孔的同轴度差的场合；
③ 轴的刚性差的场合。
注意：自位滑动轴承必须成对使用，才能具有调心作用。

4. 可调间隙式滑动轴承

可调间隙式滑动轴承的轴套有内锥外柱式和内柱外锥式两种。

（1）内锥外柱式

内锥外柱式滑动轴承，如图 13-2-7 所示。其特点为：
① 利用轴套与轴间的相对移动来调整间隙；

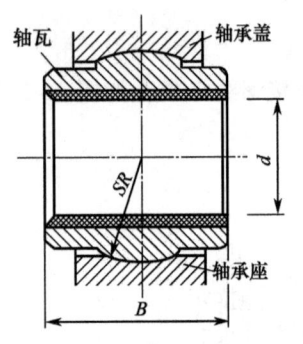

图 13-2-6 自位滑动轴承

② 能承受单向轴向力；
③ 轴受热膨胀伸长时影响间隙。

（2）内柱外锥式

内柱外锥式滑动轴承，如图 13-2-8 所示。其特点为：

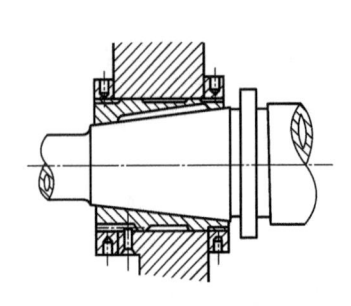

图 13-2-7 内锥外柱式　　　　图 13-2-8 内柱外锥式

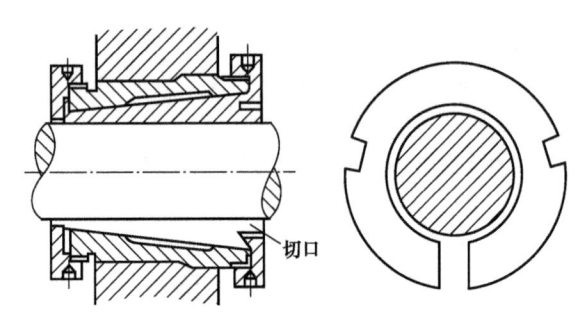

① 利用轴套与轴间的相对移动来调整间隙；
② 为了增加轴套的弹性，轴套外表面有槽，其中一槽为通槽；
③ 不能承受单向轴向力；
④ 轴受热膨胀伸长时不影响间隙。

五、轴承的润滑

1. 润滑的作用

轴承的润滑具有减小摩擦、磨损，冷却，吸震，防锈的作用。

2. 润滑剂

常用的润滑剂有润滑油、润滑脂、固体润滑剂三种。

3. 润滑方式

润滑供油有连续供油（采用润滑油）和间歇供油（采用润滑脂或固体润滑剂）两类，连续供油比较可靠，常见的连续供油分类如下。

（1）滴油润滑：供油量无法调节。
（2）油环润滑：转速不宜过高、过低，一般为 100～300r/min。
（3）飞溅润滑：转速不宜过高，带油零件浸入油池不宜过深。
（4）压力润滑：设备复杂，用于高速重载场合。

巩固练习

一、判断题

1. 滑动轴承工作时，轴套与轴一同运转。（　　）
2. 由于滑动摩擦大，发热严重，滑动轴承工作时必须润滑。（　　）
3. 整体式滑动轴承结构简单，成本低，因而应用比对开式滑动轴承广泛。（　　）
4. 当轴颈较长，轴的刚度较小时，需采用自位滑动轴承。（　　）
5. 径向轴承的负载方向与轴中心线平行。（　　）
6. 自位滑动轴承之所以能自动调心，是由于轴瓦的内孔表面是球面。（　　）
7. 轴瓦开油孔和油沟，油孔是为了供应润滑油；油沟是为了使油能均匀分布在整个轴颈长度上。（　　）
8. 滑动轴承与滚动轴承相比有抗冲击性能好，噪音小的优点。（　　）

二、选择题

9. 用于重要的高速重载的机械中滑动轴承润滑方法，可采用（　　）。
   A. 线纱润滑　　　　B. 油环润滑　　　　C. 浸油润滑　　　　D. 压力润滑
10. 安装在曲轴中部的滑动轴承应采用（　　）。
    A. 整体式滑动轴承　　　　　　　　B. 对开式滑动轴承
    C. 调心式滑动轴承　　　　　　　　D. 锥形表面式滑动轴承
11. 两轴承不是安装在同一刚性机架上，同心度较难保证时，应采用（　　）。
    A. 整体式滑动轴承　　　　　　　　B. 对开式滑动轴承
    C. 调心式滑动轴承　　　　　　　　D. 锥形表面式滑动轴承
12. 下列（　　）不是整体式滑动轴承的特点。
    A. 拆、装方便　　　　　　　　　　B. 间隙不可调整
    C. 分为上、下两部分　　　　　　　D. 价格便宜
13. 环境清洁度要求高，真空或高温中，宜采用（　　）润滑剂。
    A. 润滑油　　　　B. 润滑脂　　　　C. 固体润滑剂
14. 对于滑动轴承，下列说法正确的是（　　）。
    A. 整体式径向滑动轴承具有结构简单、间隙便于调整的特点
    B. 对开式径向滑动轴承，可通过轴与轴瓦的相对移动，实现径向间隙的调整
    C. 内柱外锥可调间隙式滑动轴承，可在轴瓦上对称地切出几条油槽，增加弹性
    D. 为了轴承的润滑，轴瓦非承载的外表面应开油槽
15. 滑动轴承的三种结构形式中，（　　）能使轴与轴瓦相对移动从而方便的调整间隙。
    A. 整体式滑动轴承　　　　　　　　B. 对开式滑动轴承
    C. 锥形表面滑动轴承　　　　　　　D. 三种均不可

三、填空题

16. 滑动轴承工作时，摩擦类型为_____摩擦，按承载不同，滑动轴承可分为_____、_____、_____。
17. 整体式滑动轴承由_____、_____组成，两者间为_____配合，该轴承结构_____、成本_____、间隙_____（可、不可）调节，安装_____，常用于速度

_____、载荷_____或间歇运动场合。

18. 相对整体式滑动轴承而言，对开式滑动轴承的间隙_____（可、不可）调节，安装_____，应用_____。

19. 自位滑动轴承的轴瓦的_____表面为球面，该轴承常应用于两轴承孔同轴度_____，或轴的刚性_____，或宽径比_____。

20. 可调间隙式滑动轴承是利用轴和轴瓦间的_____来调整间隙，其可分为_____式和_____式两种，其中轴受热膨胀伸长会影响配合间隙的是_____式，_____式的轴套外表面开槽，且一个槽为通槽；开槽的目的是_____。

21. 滑动轴承的润滑分为_____供油和_____供油两种。

22. 间歇供油用于速度_____、载荷_____的场合。

23. 常见的连续供油润滑装置有_____润滑、_____润滑、_____润滑和_____润滑，其中高速、重载场合常用_____润滑。

13.3 滚动轴承

学习目标

1. 了解滚动轴承的结构组成、代号和应用特点。
2. 掌握滚动轴承的选用方法及选用轴承类型时应考虑的因素。

内容提要

一、滚动轴承结构

滚动轴承如图13-3-1所示，其组成如下：

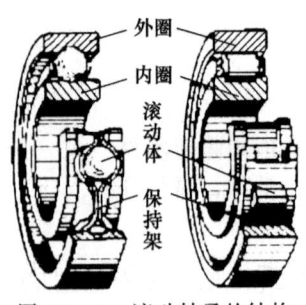

图13-3-1 滚动轴承的结构

内圈：一般与轴颈相连，随轴转动。
外圈：一般安装在机架（箱体）孔中，固定不动。
滚动体：在内外圈的滚道内滚动，是不可缺少的部分。
保持架：将滚动体均匀隔开。

二、滚动轴承材料

1. 内、外圈及滚动体

滚动轴承的内、外圈及滚动体属于承载部分，对材料的强度、硬度要求高。通常用含铬合金钢（滚动轴承钢）制造，如GCr9、GCr15。

2. 保持架

通常用低碳钢、有色金属、塑料制造。

三、特点

与滑动轴承相比，滚动轴承具有如下特点。

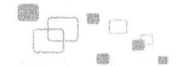

(1) 优点：摩擦小、效率高，动作灵敏，宽度尺寸小，易维护，回转精度高，标准件、互换性好。

(2) 缺点：径向尺寸大，抗冲击能力弱，高速时有噪声，寿命短。

四、滚动轴承分类

1. 按承载方向划分

(1) 向心轴承：只承受径向载荷（载荷方向与轴线垂直）。

(2) 推力轴承：只承受轴向载荷（载荷方向与轴线平行）。

(3) 向心推力轴承：能同时承受径向、轴向载荷。

注意：径向、轴向的相对承载能力与接触角 β 有关。

接触角 β：滚动体与外圈接触处的法线方向与直径方向的夹角，如图 13-3-2 所示。接触角越大，轴向承载能力越大，径向承载能力越小。

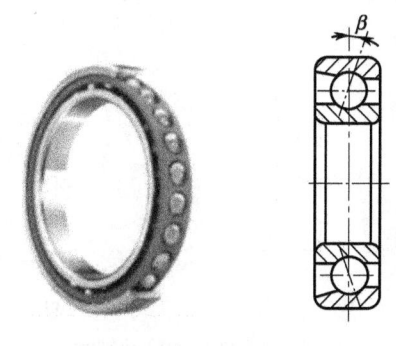

图 13-3-2　接触角

2. 按滚动体形状划分

① 球轴承：点接触、摩擦小、极限转速高、承载小、抗冲击能力小。

② 滚子轴承：线接触、摩擦大、极限转速低、承载大、抗冲击能力强。

五、滚动轴承代号

1. 代号组成

由前置代号、基本代号、后置代号三部分组成。

2. 基本代号

由五位数字或字母组成，如图 13-3-3 所示。

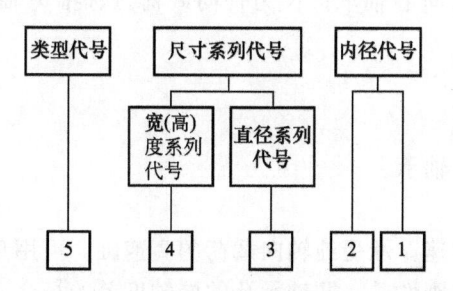

图 13-3-3　基本代号的组成

(1) 内径代号：由两位数组成。其中 00 表示内径为 10mm，01 表示内径为 12mm，02 表示内径为 15mm，03 表示内径为 17mm，04~99 表示内径为"数字×5"mm。

(2) 直径系列代号：由一位数表示内径相同的轴承，对应的不同外径的尺寸。
(3) 宽（高）度系列代号：由一位数表示。
宽度系列：内径相同的向心轴承，配有不同宽度的尺寸系列。
高度系列：内径相同的推力轴承，配有不同高度的尺寸系列。
(4) 类型代号
常用类型代号表示的轴承结构、含义及适用场合如下。
3——圆锥滚子轴承：能同时承受较大的径向、轴向载荷，但转速低，如图13-3-4（a）所示。
5——推力球轴承：仅承受轴向载荷，转速低，如图13-3-4（b）所示。
6——深沟球轴承：主要承受径向载荷，也能承受较小的轴向载荷，转速高，如图13-3-4（c）所示。
7——角接触球轴承：能同时承受径向、轴向载荷，转速高，如图13-3-4（d）所示。

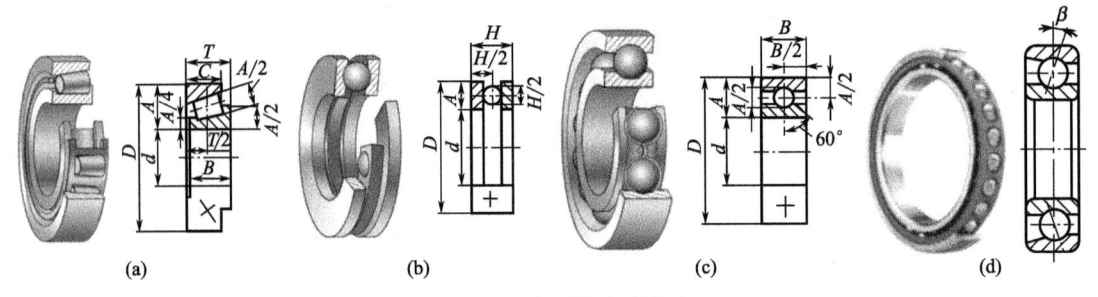

图13-3-4 常用的滚动轴承

注意：在基本代号中，宽（高）度系列代号为0时，有时会省略不标，例如，6212、7202。

3. 前置代号和后置代号
前置代号和后置代号用于表示公差、技术要求等，与基本代号间用"/"隔开，如6202/P6。其中，公差等级分为P0、P6、P5、P4等若干级别，P0级为普通精度级。

六、滚动轴承的选用

1. 考虑载荷的大小、方向和性质
(1) 载荷小且平稳，选球轴承；载荷大且有冲击，选滚子轴承。
(2) 仅为径向载荷，选向心轴承；仅为轴向载荷，选推力轴承；同时有径向、轴向载荷，选向心推力轴承。

2. 考虑转速大小
(1) 转速高，选球轴承。
(2) 转速低，可选滚子轴承。

3. 考虑特殊情况
(1) 推力球轴承不宜高速，承受纯轴向载荷的高速轴，可用角接触球轴承代替。
(2) 支点跨距大、轴的刚性差、两轴承孔的同轴度差的场合，要选用调心轴承。
注意：调心轴承要成对使用。

4. 考虑经济性
在满足要求的前提下，尽可能选用普通结构、普通精度的球轴承。

七、滚动轴承的配合

1. 内圈与轴颈

常采用基孔制的过盈配合。

2. 外圈与箱体孔

常采用基轴制过渡配合。

八、滚动轴承的拆卸

滚动轴承的拆装如图 13-3-5 所示，为保证拆装顺利，要求轴肩高度低于轴承内圈高度。

九、滚动轴承游隙的调整

滚动轴承的游隙可通过在端盖与箱体壁之间加装调整垫片实现调整，如图 13-3-6 所示。

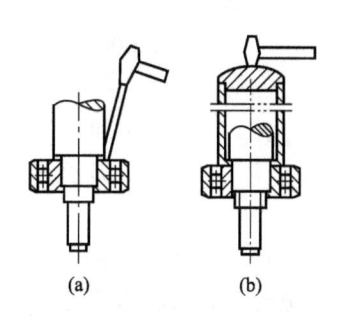

图 13-3-5　滚动轴承的拆卸

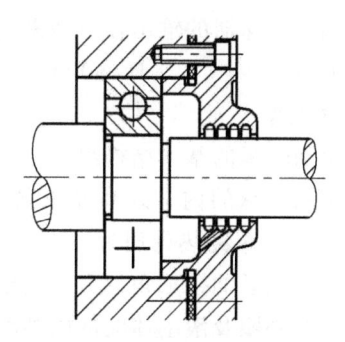

图 13-3-6　游隙的调整

巩固练习

一、判断题

1. 在外廓尺寸相同的条件下，滚子轴承比球轴承承载能力大，适用于载荷较小、振动和冲击较小的场合。（　）

2. 当承受较大径向载荷和一定轴向载荷时，可选用角接触向心轴承。（　）

3. 球轴承比滚子轴承具有较高的极限转速和旋转精度，高速时应优先选用球轴承。（　）

4. 调心轴承必须两端同时使用，否则将失去调心作用。（　）

5. 一般而言，滚子轴承比球轴承便宜；同型号轴承，精度高一级价格将急剧增加。（　）

6. 推力球轴承可用于高速运转的场合。（　）

7. 由于滚动轴承用滚动摩擦取代了滑动轴承的滑动摩擦，因此在承载条件相同的情况下，滚动轴承的径向尺寸较滑动轴承小。（　）

8. 滚动轴承的外圈与轴承座孔及内圈与轴颈一般都采用基孔制的过渡配合。（　）

9. 由于滚动轴承已标准化，其各项性能指标均优于滑动轴承。（　）

10. 向心推力轴承的接触角越大，其承载能力也越大。（　）

二、选择题

11. 当承受同时径向载荷和轴向载荷时，可选用类型代号（　）的滚动轴承。

A. 30000　　　　B. 50000　　　　C. 60000　　　　D. N0000

12. 受较大的纯轴向载荷的高速轴宜采用类型代号为（　　）的滚动轴承。

A. 30000　　　　B. 50000　　　　C. 60000　　　　D. 70000

13. 类型代号（　　）的滚动轴承主要承受径向载荷。

A. 30000　　　　B. 50000　　　　C. 60000　　　　D. 70000

14. 当轴的中心线与轴承座中心线不重合而有角度误差时，应选用类型代号为（　　）的滚动轴承。

A. 30000　　　　B. 10000　　　　C. 60000　　　　D. 70000

15. 滚动轴承的内、外圈与滚动体之间组成的运动副属（　　）副。

A. 转动副　　　　B. 移动副　　　　C. 螺旋副　　　　D. 高副

16. 蜗杆减速器的输出轴一般采用类型代号为（　　）的滚动轴承。

A. 30000　　　　B. 50000　　　　C. 60000　　　　D. N0000

三、填空题

17. 滚动轴承的基本结构组成有_____、_____、_____和_____。

18. 滚动轴承的内、外圈及滚动体采用的材料是_____，其预备热处理为_____，最终热处理为_____。

19. 滚动轴承的接触角越大，则轴向承载能力越_____，径向承载能力越_____。

20. 内、外圈及滚动体间的间隙称为_____，该间隙越大，回转精度越_____。

21. 按滚动体的_____划分，滚动轴承分为球轴承和滚子轴承，两者相比，承载大的是_____，极限转速高的是_____，摩擦小的是_____，点接触的是_____。

22. 轴承的内径代号中，00 表示内径为_____，01 表示内径为_____，02 表示内径为_____，03 表示内径为_____。

23. 轴承类型代号中，3 表示_____轴承，5 表示_____轴承，6 表示_____轴承，7 表示_____轴承。其中，极限转速高的有_____，能同时承受径向和轴向载荷，且载荷大的是_____，能同时承受径向和轴向载荷，且载荷较小的是_____，只能承受轴向载荷的是_____，主要承受径向载荷的是_____。

24. 选用滚动轴承时，载荷大而有冲击，宜选_____轴承；载荷小而平稳，宜选_____轴承；只受径向载荷，宜选_____轴承；只受轴向载荷，宜选_____轴承；同时有径向、轴向载荷，宜选_____轴承；转速高时宜选_____轴承；受纯轴向载荷的高速轴，宜选_____轴承；跨距大，或同轴度差，或轴刚性差时，宜选_____轴承。

25. 为考虑经济性，选用轴承时，尽可能选结构_____、_____精度的_____轴承。

26. 滚动轴承的内圈与轴颈的配合常采用_____制_____配合，外圈与箱体孔的配合采用_____制。

13.4　联轴器、离合器、制动器

学习目标

1. 了解联轴器、离合器和制动器的工作原理。

2. 了解联轴器、离合器和制动器类型、结构性能和应用场合。

内容提要

一、联轴器

1. 功用

将两轴连为一体，使其一同运转，并传递转矩，有时可作安全装置。

2. 分类

（1）刚性联轴器：不能补偿两轴间的偏移，两轴需严格对中。

（2）挠性联轴器：能补偿两轴间的偏移，分为弹性联轴器和无弹性元件挠性联轴器

两轴间的偏移类型有轴向偏移、径向偏移、角度偏移和综合偏移，如图 13-4-1 所示。

3. 凸缘联轴器

凸缘联轴器利用螺栓连接两半联轴器的凸缘，以实现两轴的连接，是刚性联轴器中应用最广的，如图 13-4-2 所示。

（1）特点：结构简单，承载大，两轴需严格对中，不能缓冲吸震。

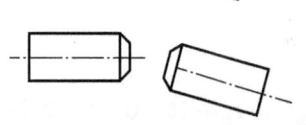

（2）应用：用于低速、大转矩、载荷平稳、对中严格的场合。

图 13-4-1 两轴间的偏移类型

（3）对中方式：凸肩凹槽对中和剖分环对中，如图 13-4-3 所示。其中，凸肩凹槽对中性好。

图 13-4-2 凸缘联轴器

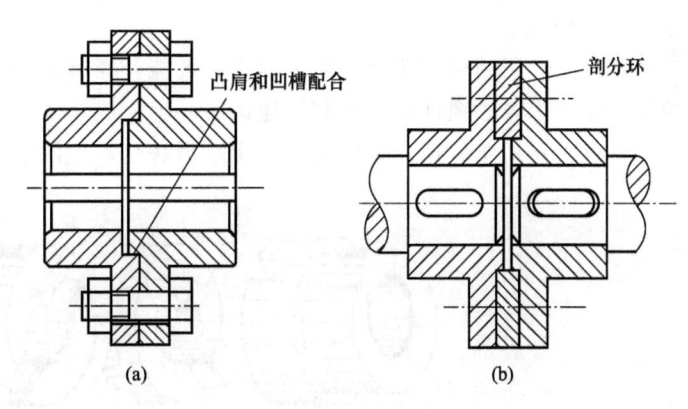

图 13-4-3 对中方式

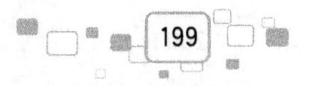

4. 套筒联轴器

套筒联轴器通过公用套筒以键或销连接两轴，如图 13-4-4 所示。

（1）特点：结构简单，径向尺寸小，承载小，两轴需严格对中，不能缓冲吸震。

（2）应用：用于低速、轻载、轴径小、对中性好、工作平稳场合。

5. 齿式联轴器

齿式联轴器是通过内、外齿的啮合，实现两轴的连接的，如图 13-4-5 所示。

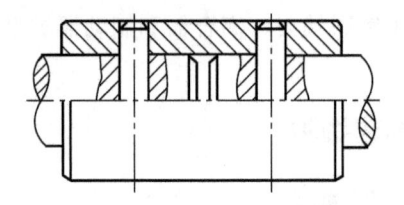

图 13-4-4　套筒联轴器

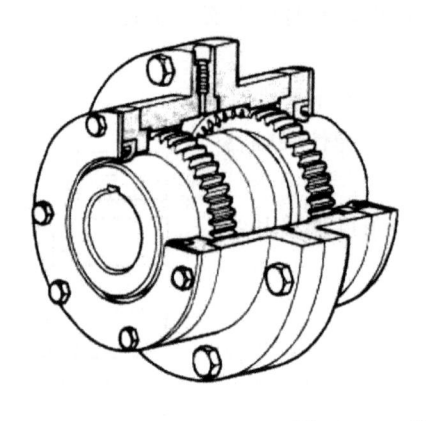

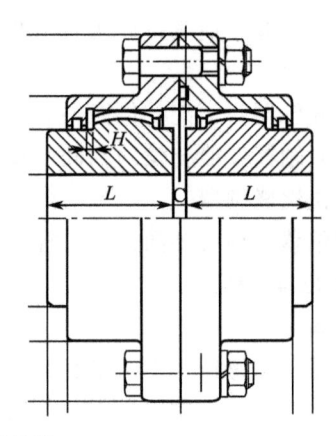

图 13-4-5　齿式联轴器

(1) 特点：①内套筒的齿顶为鼓形，可补偿轴间综合偏移；②承载大，转速高；③质量大，制造困难，成本高。

(2) 应用：用于重型机械中。

6. 滑块联轴器

滑块联轴器通过中间的十字滑块在两半联轴器端面的径向槽内的滑动，实现两轴连接。如图 13-4-6 所示。

(1) 特点：①结构简单，径向尺寸小；②能补偿综合偏移；③不能缓冲吸震；④十字滑块的偏心会产生离心惯性力，不宜高速。

(2) 应用：用于低速（转速过高，十字滑块会产生附加载荷）、刚性大、冲击小的场合。

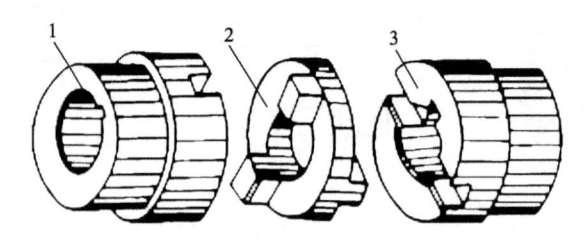

图 13-4-6　滑块联轴器

7. 万向联轴器

万向联轴器允许在较大角位移时，传递转矩，属无弹性元件挠性联轴器，如图 13-4-7 所示。

万向联轴器用于两轴相交的传动，交角可到 35°～45°。当主动轴等速转动时，从动轴变速转动，会产生附加动载荷，故常成对使用。成对使用时，中间轴两端叉面要位于同一平面，且主动轴、从动轴与中间轴的夹角相等。

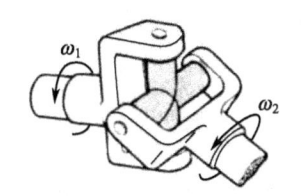

图 13-4-7　万向联轴器

8. 弹性套柱销联轴器

弹性套柱销联轴器将一端带有弹性套的柱销装在两半联轴器凸缘孔中，实现两轴连接，如图 13-4-8 所示。

（1）特点：能补偿偏移（但补偿量不大），具有缓冲吸震能力。
（2）应用：用于高速、小转矩、启动频繁、经常变向场合

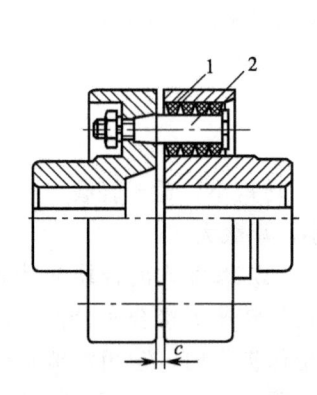

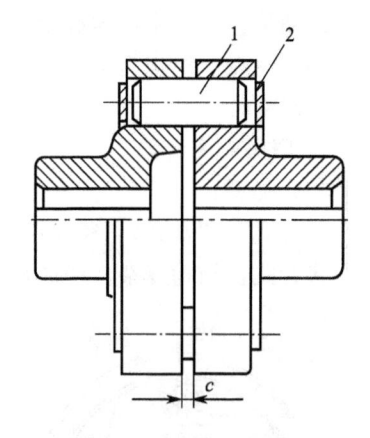

图 13-4-8　弹性套柱销联轴器　　　　　　图 13-4-9　弹性柱销联轴器

9. 弹性柱销联轴器

弹性柱销联轴器是将若干非金属材料制成的柱销，置于两半联轴器凸缘孔中，实现两轴连接的，如图 13-4-9 所示。

（1）特点：能补偿偏移（但补偿量不大），具有缓冲吸震能力，柱销材料广泛。
（2）应用：用于高速轻载的场合。

10. 安全联轴器

安全联轴器是具有过载安全保护作用的联轴器。主要用于偶然性过载的机械设备中。

二、离合器

离合器是主、从动部分在同轴线上传递动力或运动时，具有结合或分离功能的装置。

按照控制方式的不同可分成操纵离合器和自控离合器两类。操纵离合器是通过操纵元件来实现离合的，操纵方式有机械、电磁、液压、气压等；自控离合器是利用主动部分或从动部分的某些参数变化来实现离合的，它包括超越离合器、离心离合器、安全离合器等。

1. 牙嵌式离合器

牙嵌式离合器是用爪牙状零件嵌合的离合器，如图 13-4-10 所示。

（1）常见的牙型
常见的牙型如图 13-4-11 所示。

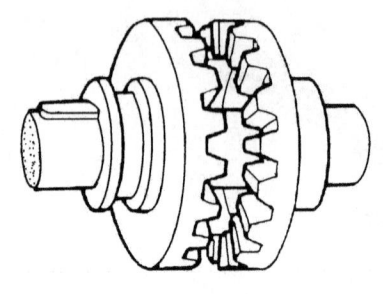

图 13-4-10　牙嵌式离合器　　　　　　图 13-4-11　常见的牙型

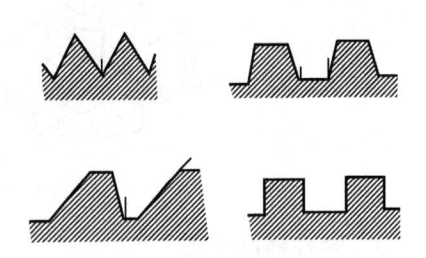

梯形：强度高，易接合，能补偿齿间磨损和间隙，应用广。
锯齿形：强度高，适于单向传动。
矩形：无轴向分力，但接合不便，无法补偿齿间磨损和间隙。
三角形：齿形小，承载小，应用少。
（2）特点：结构简单，接合后无相对滑动，传动比准确，但接合时有冲击，只能在低速或停车时接合。

2. 摩擦式离合器

（1）类型：
单片式（圆盘式）：径向尺寸大，转矩小，适于轻载。
多片式：结构复杂，径向尺寸小，承载大。

（2）摩擦式离合器的特点：①依靠摩擦力传动；②可在任何转速下接合和分离；③接合平稳；④过载打滑，起安全保护作用；⑤相对滑动时会有发热和磨损；⑥传动比不准确。

3. 超越离合器

超越离合器是具有离合功能的自控离合器，如图13-4-12所示。超越离合器的特点如下。

（1）利用主、从动部分的转速或转向变化来实现离合。

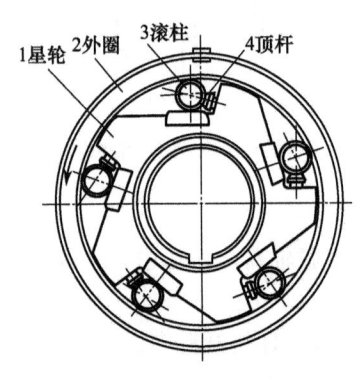

图 13-4-12　超越离合器

（2）星轮逆时针转动时，从动件外圈与星轮接合；星轮顺时针转动时，从动件外圈与星轮分离。

（3）星轮逆时针转动时，从动件外圈的转速可以超越星轮的转速。

三、制动器

制动器是利用摩擦阻力矩，降低机器转速或使其停止的装置。制动器一般装在机器中转速较高的轴上，以减小制动器尺寸。常见制动器的应用特点如下。

（1）锥形制动器
制动力矩小，用于小转矩机构。
（2）带状制动器
制动效果好，易调节，但磨损不均匀，散热不好。
（3）蹄鼓制动器
制动效果好，广泛应用于汽车等场合。

巩固练习

一、判断题

1. 凸缘联轴器的结构简单、成本低、传递转矩大，适用于两轴对中性好、工作平稳的传动场合。（　）
2. 套筒联轴器若需要传递较大的动力，可改由键来实现轴和套筒间的连接。（　）
3. 滑块联轴器是利用滑块在半联轴器的径向凹槽内移动来实现偏移的补偿的。（　）
4. 万向联轴器常用于汽车的传动轴上，常成对使用。（　）
5. 齿轮联轴器具有外廓尺寸紧凑，传递转矩大，可补偿综合位移，成本低等优点。（　）
6. 弹性柱销联轴器是用若干个钢制柱销将两个半联轴器连接而成。（　）
7. 弹性套柱销联轴器适用于经常正反转、启动频繁、载荷平稳的低速运动。（　）
8. 两轴具有较大的角度时，常采用万向联轴器。（　）
9. 牙嵌离合器可承受较大的负载，接合时所产生的冲击与振动小。（　）
10. 带式离合器的钢带上覆以石棉、纤维、木材等物质是为了增大摩擦系数。（　）
11. 自行车后轴上的"飞轮"是一种超越离合器。（　）
12. 制动器的作用是为了使机器减速或停止运动。（　）
13. 鼓形齿联轴器可传递很大的转矩，并能补偿较大的综合位移。（　）
14. 制动器一般装在机构中转速较低的轴上，因为低速轴容易停下来。（　）

二、选择题

15. 以下关于凸缘联轴器的描述，错误的是（　　）。
    A. 构造简单、成本低　　　　　　B. 传递转矩小
    C. 两轴对中性要求高　　　　　　D. 不能补偿两轴间的偏移
16. 对两轴间偏移具有较大补偿能力的是（　　）。
    A. 凸缘联轴器　　B. 套筒联轴器　　C. 齿轮联轴器　　D. 弹性柱销联轴器
17. 两轴的轴心线的夹角达40°时，应当采用（　　）。
    A. 凸缘联轴器　　B. 齿轮联轴器　　C. 弹性柱销联轴器　D. 万向联轴器
18. 以下关于滑块联轴器的描述，错误的是（　　）。
    A. 适用于低速场合
    B. 具有缓冲吸震的能力
    C. 要求两轴的刚度较大
    D. 滑块的两面各具有互相垂直的径向凸出长方条
19. 以下关于齿轮联轴器的描述，错误的是（　　）。
    A. 传递转矩大　　B. 可补偿综合位移　　C. 外廓尺寸紧凑　　D. 成本低
20. 以下关于弹性套柱销联轴器的描述，错误的是（　　）。
    A. 结构与凸缘联轴器很相似　　　　B. 不能补偿两轴线的径向位移和角位移
    C. 有缓冲和吸振作用　　　　　　　D. 弹性套容易磨损、寿命较短
21. 以下关于滑块联轴器的描述，错误的是（　　）。
    A. 中间轴与两端轴的夹角可不相等　　B. 常用于两轴间具有较大角度的场合

C. 常用于汽车的传动轴上　　　　　　　D. 常成对使用

22. 离合器与联轴器功用的区别在于（　　）。
A. 能否随时实现两轴分离或接合　　　　B. 主动轴和从动轴是否具有恒定的转速
C. 主动轴和从动轴是否能分离　　　　　D. 无区别

23. 下列关于牙嵌离合器的特点描述，错误的是（　　）。
A. 可承受较大的负载　　　　　　　　　B. 靠啮合处的摩擦力传动
C. 矩形齿牙嵌离合器能双向传动　　　　D. 三角形齿牙嵌离合器只能单向传动

24. 下列关于摩擦式离合器的特点描述，错误的是（　　）。
A. 利用两机械零件间的摩擦力以传递动力
B. 负载过大时会打滑
C. 传动时会产生的冲击与振动
D. 可在任何状态下接合和分离

25. 以下联轴器中，传递转矩较大、转速低和两轴对中性较好的是（　　）联轴器。
A. 凸缘式　　　　B. 齿轮式　　　　C. 十字滑块式　　　　D. 弹性圈柱销式

26. 用于两轴交叉传动可选用（　　）。
A. 凸缘联轴器　　　　　　　　　　　　B. 鼓形齿联轴器
C. 安全联轴器　　　　　　　　　　　　D. 万向联轴器

27. 牙嵌式离合器中，对中环的作用是（　　）。
A. 保证两轴同心　　　　　　　　　　　B. 允许两轴倾斜一个角度
C. 允许两轴平移一段距离　　　　　　　D. 以上都是

28. 以下关于联轴器的描述不正确的是（　　）。
A. 万向联轴器可用于两轴交叉的传动，为了避免产生附加载荷，可将它成对使用
B. 尼龙柱销联轴器一般多用于轻载的传动
C. 齿轮联轴器能传递很大的转矩，转速较低，但能补偿较大的综合位移
D. 十字滑块联轴器转速较高时，由于中间盘的偏心将会产生较大的离心惯性力

29. 机器在运转过程中如要降低其运转速度或使其停止运转时，常采用（　　）。
A. 制动器　　　　B. 联轴器　　　　C. 离合器

30. 应用于传递小转矩、高转速、启动频繁且载荷平稳的机械设备中的联轴器为（　　）。
A. 弹性套柱销联轴器　　　　　　　　　B. 万向联轴器
C. 鼓形联轴器　　　　　　　　　　　　D. 滑块联轴器

三、填空题

31. 联轴器和离合器的区别在于：联轴器在运作中_____（能、不能）使两轴分离；离合器可在_____时候使两轴分离。

32. 凸缘联轴器对中方式有_____对中和_____对中，常用于____（高、低）速、_____（大、小）转矩、_____（平稳、冲击）载荷场合。

33. 套筒联轴器用于_____（高、低）速、_____（大、小）转矩、_____（平稳、冲击）载荷场合。

34. 齿式联轴器由内、外套筒组成，其中_____套筒的外齿为鼓形，具有_____补偿能力，转速_____、转矩_____，成本_____，常用于重型机械。

35. 十字滑块联轴器的径向尺寸_____，十字滑块的偏心会产生_____，故用于转速____、载荷____、冲击____场合。

36. 万向联轴器用于两轴_____传动，轴交角可达_____；当主动轴匀速转动时，从动轴_____转动，会产生_____载荷，故常_____使用。

37. 万向联轴器成对使用时，要求中间轴两端叉面_____，且主、从动轴与中间轴的夹角须_____。

38. 常见的弹性联轴器有_____联轴器、_____联轴器。这类联轴器_____（有、无）缓冲吸震能力，转速_____。

39. 弹性套柱销联轴器和弹性柱销联轴器中，用于高速轻载场合的是_____。

40. 离合器的操纵方式有_____、_____、_____、_____四种。

41. 啮合式和摩擦式离合器相比，传动比准确的是_____，只能在低速或停车时接合的是_____，能在任何转速下接合的是_____，接合平稳的是_____，过载会打滑的是_____，易发热和磨损的是_____。

42. 牙嵌式离合器的齿形有_____、_____、_____和三角形，其中，能自动补偿磨损和间隙的是_____，用于单向传动的是_____，无轴向分力、不能补偿磨损和间隙，且接合不便的是_____。

43. 单片式和多片式摩擦离合器中，径向尺寸小的是_____，转矩大的是_____，用于轻载的是_____。

44. 超越离合器是利用_____变化或_____变化而自动接合或分离的。

45. 制动器的作用是_____，其是通过_____来实现制动的，常安装于机器的_____（高、低）速轴。

13.5 轴的结构

学习目标

1. 了解常用轴的种类和应用特点。
2. 了解最小轴径的估算方法。
3. 理解常用轴的结构对轴的加工、减少应力集中和轴上零件的固定、轴上零件的装拆等要求，并能结合实际分析应用。

内容提要

一、轴的作用与分类

1. 轴的作用

(1) 支承：支承传动零件。
(2) 传动：传递运动和动力。
(3) 定位：确定轴上零件的相互位置。
(4) 保证回转精度。

2. 分类

（1）按轴线的形状划分

① 直轴：有光轴和阶台轴两种。

光轴：结构简单，但轴上零件的定位和固定不变。

阶台轴：便于轴上零件的定位、固定及装拆，应用广。

② 曲轴：用做内燃机中曲柄滑块机构的曲柄，属于专用零件。

③ 挠性软轴：应用较少。

（2）按承载不同划分

① 转轴：既支承，又传动；既有弯曲作用，又有扭转作用，如减速器中的各轴。

② 心轴：只支承，不传动；只有弯曲作用，没有扭转作用，如机车车轮轴、自行车前后轮轴。

注：心轴分为转动心轴（图 13-5-1）和固定心轴（图 13-5-2）。

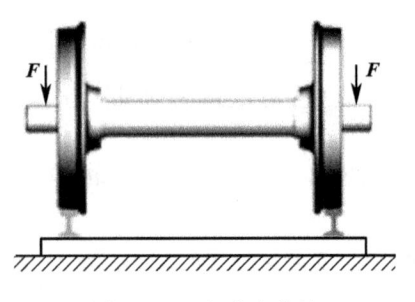

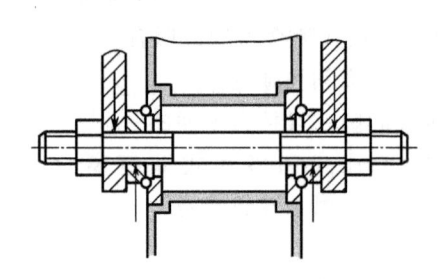

图 13-5-1　机车车轮轴　　　　　图 13-5-2　自行车前后轮轴

③ 传动轴：只传动，不支承；只有扭转作用，没有弯曲作用。如图 13-5-3 所示汽车中的传动轴。

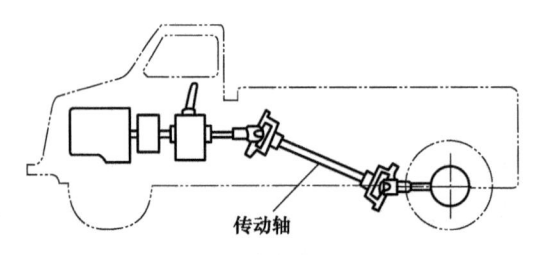

图 13-5-3　汽车中的传动轴

二、阶台轴上各部分的名称

阶台轴上各部分的名称，如图 13-5-4 所示。

1. 支承轴颈

支承轴颈是指轴上用于安装轴承的部位，简称轴颈。

2. 配合轴颈

配合轴颈是指轴上用于安装传动零件（齿轮、带轮、联轴器）的部位。有时也称工作轴颈或轴头。

3. 轴肩（轴环）

轴肩（轴环）是指轴上截面尺寸变化的部位。其中，呈环形的部分称为轴环。

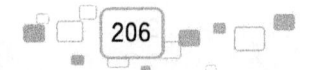

图 13-5-4　阶台轴上各部分的名称

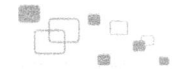

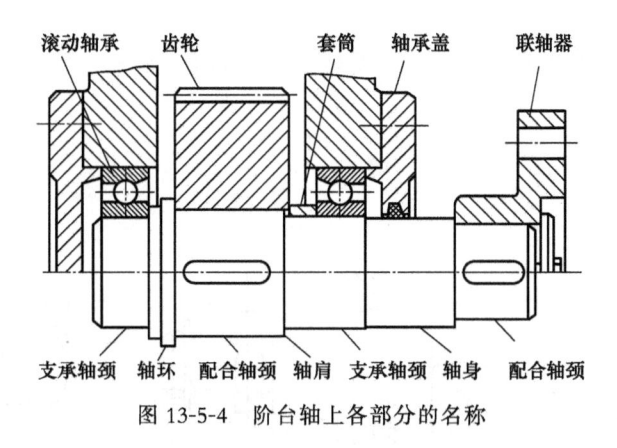

4. 轴身

轴身是指轴上除支承轴颈、配合轴颈和轴肩（轴环）的部位。

三、轴径的选择

1. 轴径选择的要求

（1）支承轴颈的直径须符合轴承内孔的标准。

（2）轴上螺纹部分的直径须符合螺纹的直径标准。

（3）轴的其余尺寸要符合轴的直径标准。

（4）最小直径要满足强度要求。

2. 轴径的估算方法

高速轴：$d = (0.8 \sim 1.2) d_{电机}$；

低速轴：$d = (0.3 \sim 0.4) a$；

式中，a——同级齿轮副的中心距。

注意：估算出的直径为轴上的最小直径。

四、轴的结构设计基本要求

轴的结构设计主要要解决有足够的强度和刚性，合理的结构形状两个方面的问题，并满足以下基本要求。

（1）轴上零件要可靠的相对固定。

（2）便于加工和尽量减少应力集中。

（3）轴上零件要便于安装和拆卸。

五、轴上零件的轴向固定

轴上零件轴向固定是为了防止在轴向力的作用下零件沿轴向窜动。主要方法如下。

1. 轴肩、轴环

轴肩、轴环固定的特点是结构简单，定位可靠，可承受较大的轴向力，应用广泛。

2. 轴端挡圈

轴端挡圈用于轴端零件固定，采用螺钉连接，但承受的轴向力不大，如图 13-5-5 所示。

3. 圆锥面

圆锥面常用于轴端，定心精度高，可承受较大的轴向力，但加工不方便，如图 13-5-6 所示。

4. 圆螺母

圆螺母可用于轴的中部和端部，可承受较大的轴向力，但轴上需切制螺纹，会削弱轴的强度，如图 13-5-7 所示。

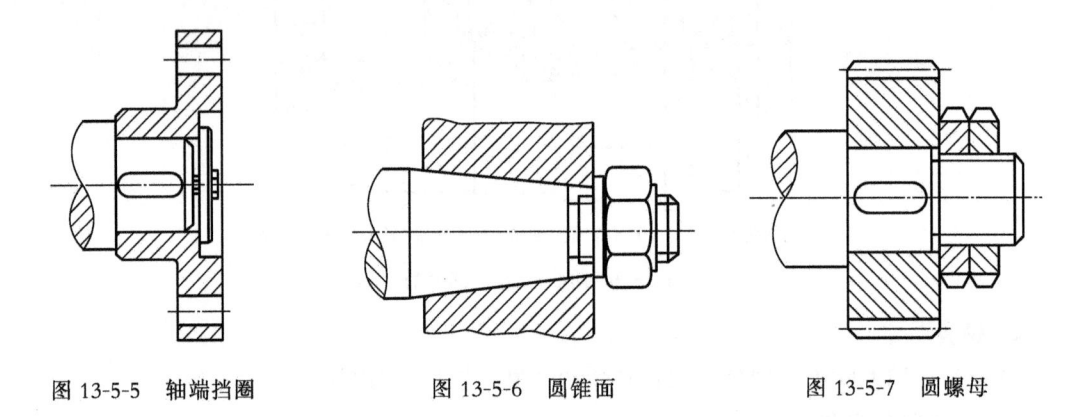

图 13-5-5　轴端挡圈　　　图 13-5-6　圆锥面　　　图 13-5-7　圆螺母

5. 轴套（套筒）

轴套用于相邻两零件间距较小场合，可避免轴上开槽、切螺纹而削弱轴的强度，如图 13-5-8 所示。

6. 弹性挡圈、紧定螺钉、销

弹性挡圈、紧定螺钉、销用于承受轴向力不大的场合，如图 13-5-9 所示。

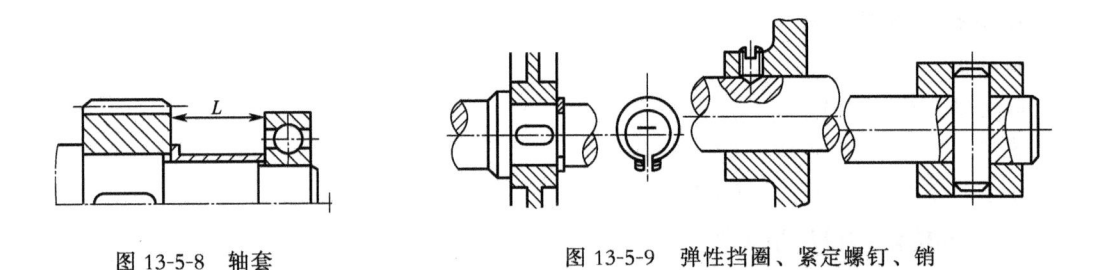

图 13-5-8　轴套　　　　　图 13-5-9　弹性挡圈、紧定螺钉、销

7. 轴向固定结构设计的注意事项

（1）如图 13-5-10 所示，轴肩、轴环的圆角半径应小于轮毂孔的圆角半径或倒角高度（$h>c>r$，$h>R>r$）。

目的：轴上零件可靠的轴向固定。

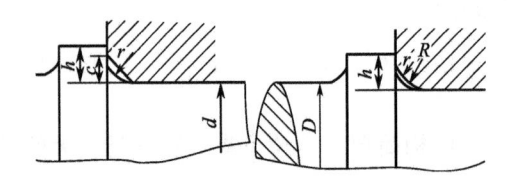

图 13-5-10　轴肩、轴环的圆角半径要求

（2）如图 13-5-11 所示，毂长应略长于对应的轴段长度 2～3mm。

目的：轴上零件可靠的轴向固定。

（3）如图 13-5-7 所示，采用圆螺母时，轴上螺纹为细牙螺纹。

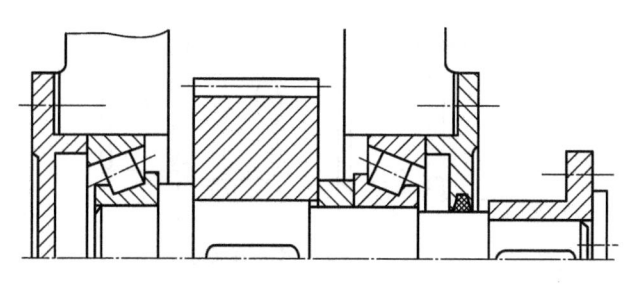

图 13-5-11　毂长与对应的轴段长度的关系

原因：细牙螺纹自锁性好，对轴的削弱小。

防松方法：双螺母（摩擦力防松）或止动垫片（机械防松）。

(4) 如图 13-5-7 所示，轴上螺纹直径应小于套装零件的孔径。

目的：便于轴上零件的安装。

(5) 如图 13-5-8 所示，轴套的端面尺寸取决于轴承内圈高度和轮毂的孔径。

六、轴上零件的周向固定

轴上零件周向固定的目的是为了传递转矩及防止零件与轴产生相对转动。主要方法如下。

1. 键、销、紧定螺钉连接

用平键连接作为周向固定，结构简单，容易制造，拆装方便，对中性好，可用于较高精度、较高转速及受冲击或变载荷作用的固定连接；而用销、紧定螺钉实现周向固定的同时具有轴向固定的作用。

2. 过盈配合

过盈配合具有对轴削弱小，对中性好，承载大，抗冲击，但配合面精度要求高，装拆不方便等特点。过盈配合的安装方法有压入法装配法（适于过盈量不大场合）和温差法装配（适于过盈量较大场合）两种。

3. 轴上零件周向固定的注意事项

如图 13-5-11 所示轴上零件周向固定时，要注意：

(1) 传动零件（齿轮、带轮、联轴器）才需周向固定。

(2) 多处键槽应安排在同一加工直线上，规格尽可能一致。

(3) 键长应略短于毂长。

(4) 滚动轴承的内圈与轴颈间一般采用过盈配合来实现周向固定。

(5) 键的强度不足时，可采取的措施：①加长键长和毂长；②配双键（相隔 180°）；③键与过盈配合组合使用。

七、轴的加工要求和装配要求

(1) 阶台轴直径要中间大，两端小。目的是便于轴上零件的装拆。

(2) 如图 13-5-12 所示，螺纹尾部留退刀槽，目的是便于退刀；磨削的轴段留越程槽，目的是便于砂轮越过加工表面。

(3) 如图 13-5-13 所示，轴肩的高度应低于轴承的内圈高度，目的是便于轴承拆卸。

(4) 如图 13-5-14 所示，安装质量大的零件时，设置导向锥面，目的是便于安装。

(5) 轴的两端应设置倒角，目的是便于轴上零件的安装，防止伤人。

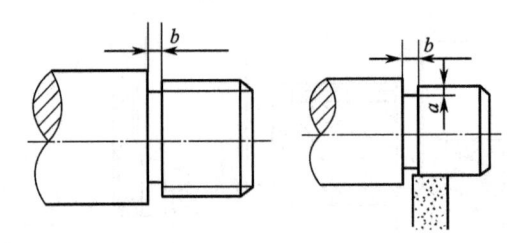

图 13-5-12　退刀槽和越程槽

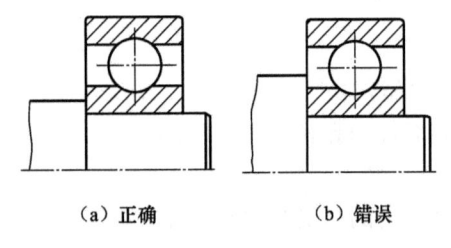

图 13-5-13　轴肩高度与轴承内圈高度的关系

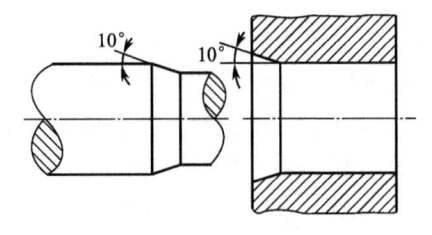

图 13-5-14　导向锥面

(6) 如图 13-5-15 所示,装配段不宜太长,精加工面尽可能短,目的是便于轴的加工和轴上零件的装配。

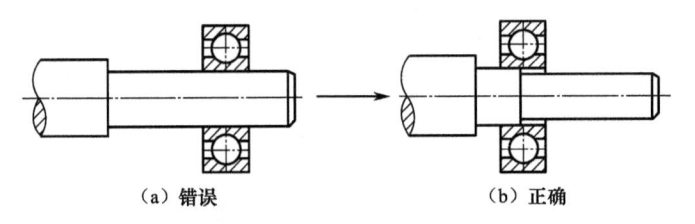

图 13-5-15　精加工面要求

(7) 结构相同的部分,尺寸规格尽可能相同(如多处键槽、多处倒角、多处圆角),目的是便于轴的加工。

八、减小应力集中的措施

(1) 轴肩采用圆角过渡。对于自由表面,轴肩的圆角半径应尽可能大些。
(2) 减小表面粗糙度。

九、其他注意事项

(1) 轴在箱体中常利用端盖(轴承盖)实现轴向固定。
(2) 轴承游隙的调整通过轴承盖与箱体间设置调整垫片事项。
(3) 动件与静件间不能直接接触。

巩固练习

一、判断题

1. 根据轴的所受载荷不同,可将轴分为曲轴、直轴和挠性轴三类。(　　)
2. 转轴用来支承转动的零件,只受弯曲作用而不传递动力。(　　)

3. 用轴肩或轴环固定时，轴上过渡圆角半径应小于零件圆角半径或倒角。（　　）
4. 在切制螺纹时，螺纹的大径要比套装零件的孔径大，并且一般都切制为细牙螺纹。（　　）
5. 轴端应有倒角，以便于减少应力集中。（　　）
6. 在生产实际中，往往把轴做成阶梯形的，这主要是为了便于轴上零件的安装和固定，轴的强度需要则在其次。（　　）
7. 在轴与轴上轮毂零件的固定中，由于过盈配合同时具有轴向和周向固定作用，对中精度高，故在重载和经常装拆的场合中运用较多。（　　）

二、选择题

8. 自行车的车轮轴属于（　　）。
   A. 心轴　　　　　　B. 转轴　　　　　　C. 传动轴
9. 车床的主轴属于（　　）。
   A. 心轴　　　　　　B. 转轴　　　　　　C. 传动轴
10. 以下能对轴上零件做周向固定的是（　　）。
    A. 轴肩或轴环　　B. 轴端挡圈　　C. 平键　　　　D. 圆螺母
11. 对受轴向力不大的或是为了防止零件偶然沿轴向窜动时，常采用（　　）。
    A. 圆锥销、紧定螺钉和弹性挡圈　　B. 轴肩或轴环
    C. 键或过盈配合　　　　　　　　　D. 轴端挡圈、圆螺母
12. 能承受较大的轴向力的轴向固定方法是（　　）。
    A. 轴肩或轴环、圆螺母　　　　B. 轴端挡圈、轴套
    C. 轴肩或轴环、轴端挡圈　　　D. 圆螺母、平键
13. 能同时实现轴向固定和周向固定的是（　　）。
    A. 轴肩或轴环　　B. 圆锥销　　C. 键　　　　　D. 圆螺母
14. 当轴上零件受较大轴向力且与其他零件距离较远时，其轴向定位的方法应当为（　　）。
    A. 轴肩与圆螺母　B. 轴肩与套筒　C. 圆螺母与弹性档圈　D. 轴肩与弹性档圈

三、填空题

15. 按轴的轴线形状不同划分，轴可分为_____、_____、_____。
16. 光轴与阶台轴相比，结构简单的是_____，轴上零件定位和装拆方便的是_____，应用广泛的是_____，常用于传动轴的是_____。
17. 按承载不同划分，轴可分为_____、_____、_____。
18. 阶台轴上，安装轴承的部位称为_____，安装传动零件的部位称为_____，截面尺寸变化的部位称为_____，直径最大的部位称为_____，其余部位称为_____。
19. 阶台轴上，_____部位的直径需符合轴承的内径标准，_____部位的直径需符合螺纹的公称直径标准。
20. 轴的结构基本要求是：轴上零件要_____相对固定，轴要便于_____，尽量减少_____，轴上零件要便于_____。
21. 采用轴肩、轴环固定时，轴上的圆角半径应_____（大于、小于、等于）轮毂孔的倒角高度或圆角半径，其目的是_____。
22. 轴上零件的毂长应_____（大于、小于、等于）对应的轴段长度，其目的

是_____。

23. 采用圆螺母固定时，轴上需切制螺纹，该螺纹应采用_____（粗牙、细牙）螺纹，原因是_____；螺纹的大径应_____（大于、小于、等于）套装零件的孔径。

24. 通过过盈配合来实现周向固定时，装配方法有_____装配和_____装配，其中，过盈量较小时采用_____法，过盈量较大时采用_____法。

25. 滚动轴承的内圈是通过_____来实现周向固定的。

26. 轴上螺纹尾部应设置_____，以便_____。磨削的轴段应留_____，以便砂轮_____。

27. 轴上存在多处键槽时，各键槽应布置在_____上，键的尺寸也尽可能相同，其目的是便于_____。

28. 轴上的精加工面不要过长，目的是便于_____。

29. 轴常采用阶台轴结构，目的是_____和_____。

30. 固定件和运动件之间应留有_____。

31. 轴在箱体中是通过_____来实现轴向固定的。

四、综合题

32. 如图 13-5-16 所示为蜗杆蜗轮减速器输出轴的结构简图（图中存在错误），分析该图，回答下列问题。

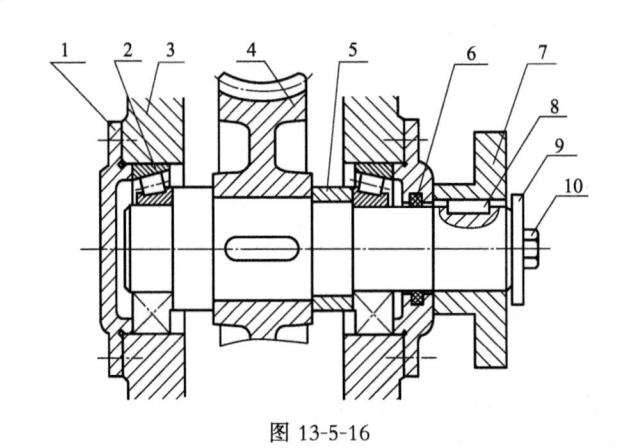

图 13-5-16

（1）根据该轴所承受的载荷性质分，该轴为_____轴。

（2）图中，与元件 2 配合的轴段直径为 40mm，元件 2 尺寸系列代号为 02，则其基本代号为_____。

（3）制造元件 2 中滚动体的材料可选_____，（填"45 钢"或"40Cr 钢"或"GCr15"），该材料的预备热处理通常为_____（填"球化退火"或"完全退火"或"正火"）。

（4）元件 2 与支承轴颈的配合采用_____制。

（5）图中元件 4 是通过_____来实现周向固定的；为了使元件 4 轴向固定可靠，要求配合轴颈的长度_____（填"略短于"或"略长于"或"等于"）轮毂长度。

（6）图中元件 8 为标准件，其宽度尺寸的公差为____，与键槽的配合采用_____制，其截面尺寸可根据_____按标准选取。

（7）设计元件 5 的形状和尺寸时，应考虑到_____和_____两方面的因素，由此可见，此处元件 5 的形状和尺寸_____（填"合理"或"不合理"）。

(8) 图中轴上两键槽的周向位置设计_____（填"合理"、"不合理"）。

(9) 端盖 1 和箱体 3 间设置调整垫片，目的是为了调整_____。

33. 如图 13-5-17（a）所示所示为某单级斜齿轮减速器传动示意图，图 13-5-17（b）所示为输出轴 Ⅱ 的结构图，分析并回答下列问题。

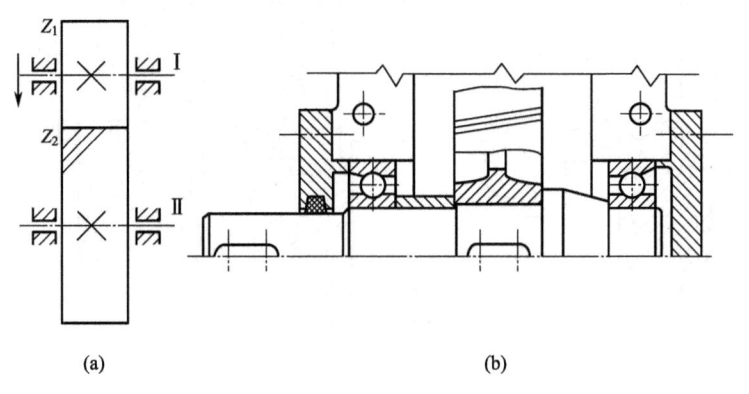

图 13-5-17

(1) 根据所受载荷情况分析，该轴属_____（转轴、心轴、传动轴）。

(2) 若此轴采用 40Cr 钢制造，则该材料属于_____（填"合金渗碳钢"、"合金调质钢"或"合金弹簧钢"），其平均含碳量为_____。这类材料一般情况下需要作_____热处理，以获得良好的综合力学性能。

(3) 该轴外形两端小、中间大，目的是为便于_____。

(4) 轴上安装齿轮的部位设置了键连接，其目的是_____。若采用的键标记为：键 16×100 GB/T1096—2003，则键的尺寸 16 是根据_____由标准选定的，键的有效长度为_____mm。

(5) 斜齿轮 Z_1 的旋向是_____，Z_2 产生的轴向力方向_____，它们的_____齿廓为渐开线，它们的_____模数符合标准值。

(6) 图中右轴承左端轴段设计成圆锥的原因是_____。

(7) 图中轴承的类型代号为_____，若轴承的内径为 35mm，则其内径代号为_____。该轴承与 30000 型轴承相比，其承载能力_____（填"高"或"低"）。

(8) 图中轴上两键槽的周向位置设计_____（填"合理"或"不合理"）。

(9) 轴上齿轮的宽度应_____（填"大于"、"小于"或"等于"）对应的轴段长度，目的是为了便于轴上齿轮的_____可靠。

(10) 为了调节轴承的游隙，可在端盖与箱体间加装_____。

(11) 轴上的支承轴颈有_____处。

34. 某减速器传动轴结构简图如图 13-5-18 所示。图中存在错误和不合理的地方。试分析该图并回答下列问题。

(1) 若件 10 的基准直径过小，将增大带的_____应力。

(2) 件 10 的最小基准直径应由带的_____确定。

(3) 件 10 通过_____实现轴向定位，通过件_____（填序号）实现轴向固定。

(4) 件 10 与带正确安装并传动时，工作面为_____，件 10 的轮槽顶面与带的顶面

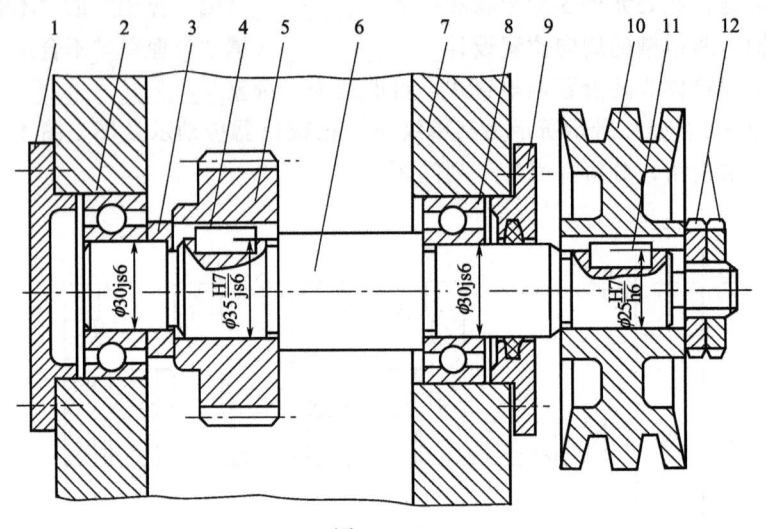

图 13-5-18

应_____。

(5) 件 11 工作面的尺寸公差带代号为_____，其配合制度是_____。

(6) 支承轴颈有_____处；件 5 与轴通过件 4 和_____实现周向固定。

(7) 件 3 的外圆直径取决于件 2 的_____高度与件 5 的_____直径。

(8) 件 4 和件 11 在周向位置的设计是_____（填"合理"或"不合理"）的。

(9) 件 8 外圈采用的材料是_____；内孔与轴采用_____制配合。

(10) 若件 5 为直齿圆柱齿轮，且转速较高，件 2 的尺寸系列代号为（0）2，则件 2 的基本代号为_____。

(11) 按轴线形状，该轴属于_____轴。

(12) 与件 11 配合的轴段左侧的槽称为_____槽，右侧的槽称为_____槽。

35. 如图 13-5-19 所示为某锥齿轮—斜齿轮传动轴的结构简图。图中存在一些结构错误和不合理之处，试回答下列问题。

(1) 按照轴的外形分类，该轴属于_____轴。

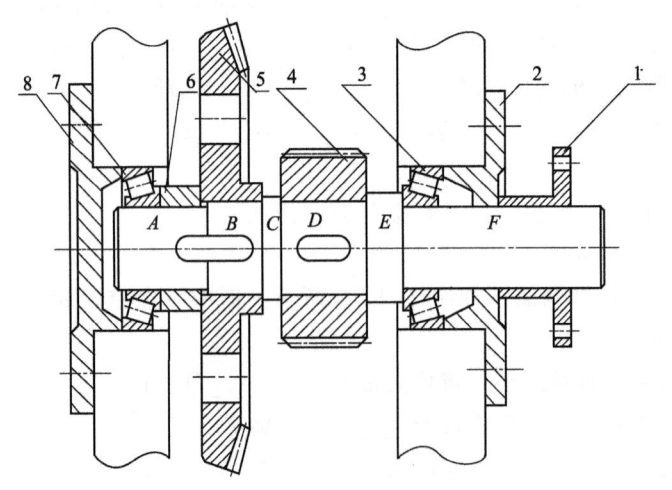

图 13-5-19

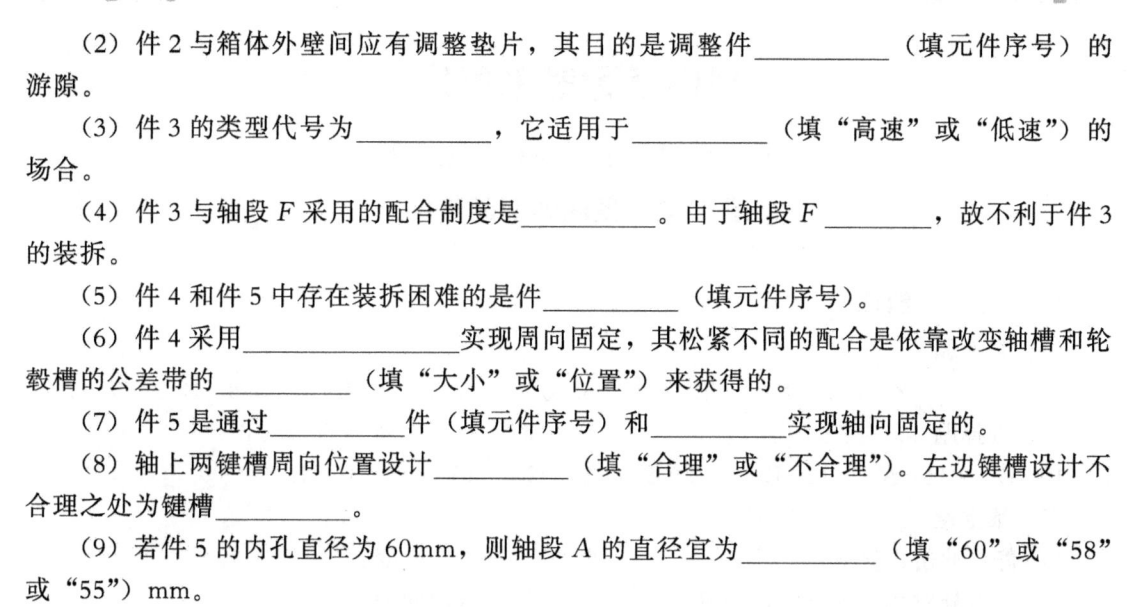

(2) 件 2 与箱体外壁间应有调整垫片，其目的是调整件_____（填元件序号）的游隙。

(3) 件 3 的类型代号为_____，它适用于_____（填"高速"或"低速"）的场合。

(4) 件 3 与轴段 F 采用的配合制度是_____。由于轴段 F _____，故不利于件 3 的装拆。

(5) 件 4 和件 5 中存在装拆困难的是件_____（填元件序号）。

(6) 件 4 采用_____实现周向固定，其松紧不同的配合是依靠改变轴槽和轮毂槽的公差带的_____（填"大小"或"位置"）来获得的。

(7) 件 5 是通过_____件（填元件序号）和_____实现轴向固定的。

(8) 轴上两键槽周向位置设计_____（填"合理"或"不合理"）。左边键槽设计不合理之处为键槽_____。

(9) 若件 5 的内孔直径为 60mm，则轴段 A 的直径宜为_____（填"60"或"58"或"55"）mm。

(10) 件 1 通过件 2 实现轴向定位的方法_____（填"合理"或"不合理"）。

巩固练习参考答案

第一模块 金属材料及热处理

第1章 金属材料的性能

1.1 强度、塑性

一、判断题

1. √ 2. × 3. × 4. × 5. √ 6. × 7. × 8. × 9. √

二、选择题

10. D 11. A 12. B 13. B 14. C 15. C 16. B

三、填空题

17. 静，冲击，交变；　　　　　　18. 静，冲击，交变；

19. 一部分对另一部分的，相等；　　20. 单位横截面面积上；

21. 静载荷，屈服，抗拉，拉伸；　　22. 载荷不增加，应力；

23. 断裂；　　　　　　　　　　　　24. 永久变形，断后伸长率，断面收缩率；

25. $L_0 = 10d_0$，$L_0 = 5d_0$；　　　26. 好。

四、计算题

27. $A = 12\%$；$Z = 64\%$；$R_{eL} = 318.5\text{MPa}$；$R_m = 535\text{MPa}$；不符合要求。

1.2 硬度、韧性和疲劳强度

一、判断题

1. √ 2. √ 3. √ 4. × 5. × 6. × 7. √ 8. √ 9. ×

二、选择题

10. D 11. B 12. B 13. A 14. A

三、填空题

15. 局部，布氏，洛氏，维氏；

16. 淬硬钢球或硬质合金球，时间，压痕直径，压痕直径；

17. 10mm，1000kgf，30，150；

18. 准确，大，不宜，低，低，铸铁、非淬火钢等，不宜；

19. 压痕深度，HRA，HRB，HRC，HRC；

20. 很硬，硬质合金，较软的，非淬火钢、有色金属，中等硬度，一般淬火钢；

21. C，50；　　22. 高，小，广，差，平均；　　23. HV，布氏；

24. 冲击，单位横截面面积，冲击吸收功，α_k，冲击韧度；　25. 交变，无数，应力。

第2章 钢及其热处理

2.1 非合金钢

一、判断题

1. √ 2. √ 3. × 4. × 5. √ 6. √ 7. × 8. √

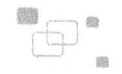

二、选择题

9. C　10. B　11. A　12. D　13. B　14. C、B、A　15. B　16. A

三、填空题

17. 硫，磷，硅，锰，硅，锰，硫，磷，硫，磷；　18. 低碳，中碳，高碳；

19. ≤0.25％，0.25％＜W_C＜0.6％，≥0.6％；

20. 普通质量，优质，特殊质量，硫、磷；

21. 结构，工具，各种机械零件和工程结构件，W_C＜0.7％，工具，W_C＞0.7％；

22. 沸腾，镇静，半镇静；

23. 屈服强度，最小屈服强度，质量等级，脱氧，屈服强度为 235MPa 的 A 级沸腾钢；

24. 两，碳，平均碳的质量分数为 0.4％；

25. 低，好，焊接，冲压，渗碳，调质，综合，高，高，好，差，弹性，耐磨；

26. 0.7％，优质或高级优质；

27. T，0.8％；

28. Q235—A·F：屈服强度为 235MPa 的 A 级沸腾钢；20：平均含碳量为 0.2％的优质碳素结构钢；45：平均含碳量为 0.45％的优质碳素结构钢；T10：平均含碳量为 1％的碳素工具钢；T12A：平均含碳量为 1.2％的高级优质碳素工具钢；

29. 08F、15、35、45、60、65、T10、T12A，08F、15、35、45、60、65、T10、T12A，T10、T12A，08F、15、T10、60、65、35、45。

2.2　钢的热处理

一、判断题

1. ×　2. ×　3. ×　4. ×　5. ×　6. ×　7. ×　8. √　9. ×　10. ×　11. ×　12. √

二、选择题

13. B　14. D　15. B　16. B　17. A　18. A　19. A　20. B

三、填空题

21. 加热，保温，冷却，组织，性能；　　　22. 随炉；

23. 空气；　　　　　　　　　　　　　　　24. 降低，变好，消除；

25. 快速，水、油、碱水、盐水；　　　　　26. 马氏体，强度，硬度；

27. 最高硬度，含碳量；　　　　　　　　　28. 深度，化学成分，临界冷却速度；

29. 没有，高于；　　　　　　　　　　　　30. 回火；

31. 回火温度；　　　　　　　　　　　　　32. 低温，中温，高温；

33. 低温，中温，高温；　　　　　　　　　34. 淬火＋高温回火；

35. 高硬度，韧性；　　　　　　　　　　　36. 火焰加热，感应加热；

37. 分解，吸收，扩散；　　　　　　　　　38. 球化退火，淬火＋低温回火；

39. 正火，渗碳淬火＋低温回火。

2.3　低合金钢和合金钢

一、判断题

1. √　2. ×　3. ×　4. √　5. ×　6. √　7. ×　8. ×

二、选择题

9. C　10. B　11. A　12. C　13. B　14. B　15. B　16. B　17. D　18. C

三、填空题

19. 屈服强度，最低屈服强度，质量等级，脱氧，屈服点为 390N/mm² 的 A 级沸腾钢；

20. 两，0.6%，2%，小于 1.5%；　　21. 渗碳淬火＋低温回火；

22. 调质；　　23. 弹簧；

24. 滚动轴承内、外圈、滚动体，球化退火，淬火＋低温回火；

25. 40Cr，20CrMnTi，60Si2Mn，GCr15；　　26. 正火，调质；

27. 退火，渗碳淬火＋低温回火；　　28. 球化退火，淬火＋低温回火。

第 3 章　铸铁、铸钢及有色金属

3.1　铸铁和铸钢

一、判断题

1. √　2. ×　3. ×　4. ×　5. √　6. ×　7. ×　8. √　9. √　10. √

二、选择题

11. D　12. A　13. B　14. C　15. B

三、填空题

16. 大于 2.11%；　　17. 好，好，好，好，低，差，差，不能；

18. 片状石墨；　　19. 抗拉强度为 200MPa 的灰铸铁；

20. 团絮状石墨，高，好，不可以，薄壁；

21. 黑心可锻铸铁，抗拉强度为 330MPa，伸长率为 8%；

22. 球状，好，接近；

23. 球墨铸铁，抗拉强度为 450MPa，伸长率为 10%；

24. HT200，KHT350—10，QT500—05；　　25. 复杂，高；

26. 屈服强度为 200MPa、抗拉强度为 400MPa 的铸钢；

27. 好。

3.2　有色金属

一、判断题

1. ×　2. ×　3. √　4. ×　5. √　6. √　7. √　8. √　9. √

二、选择题

10. A　11. B　12. D

三、填空题

13. 黑色，有色，黑色；　　14. 变形，铸造；

15. 11%，7%；　　16. 铜，锌；

17. 加工，铸造；　　18. 铜，铅，铅黄；

19. 锡，锌，锡青；　　20. 11%，6%，83%，锡基；

21. 16%，16%，2%，66%，铅基；　　22. 滑动轴承内衬或轴瓦。

第二模块 常 用 机 构

第4章 常用机构概述

4.1 机器、机构、构件、零件

一、选择题

1．D　2．C　3．A　4．A

二、判断题

5．×　6．√　7．√　8．×　9．×

三、填空题

10．运动构件，固定构件；　　　　　　11．结构，运动；

12．机械能做功，能量的转换，传递或转变运动的形式；

13．动力，工作任务，终端，运动和动力；　　14．工作，传动，动力。

四、简答题

15．(1) 整体式和分开式连杆在内燃机曲柄滑块机构中均构成运动的单元，为构件。(2) 整体式连杆，从制造的角度看，它又是零件。(3) 分开式连杆从制造的角度看，由连杆体、连杆盖、螺栓、螺母等组成，即是由若干零件组成的。由上可知：构件是运动的单元，零件是制造的单元，构件可以是零件，也可以由若干个零件装配而成。

4.2 运动副

一、选择题

1．C　2．B，A　3．B　4．D　5．C

二、判断题

6．√　7．×　8．×　9．√　10．√　11．√　12．×　13．√

三、填空题

14．接触，连接；　　　　　　15．接触，高，低；

16．移动，转动，螺旋；　　　17．相对转动，相对移动；

18．7，0，5，2，5，1，低；　19．6，0，5，1，4，1，低。

四、简答题

20．(a) 5，3个转动副，1个移动副，1个高副；(b) 5，4个转动副，1个高副。

第5章 平面连杆机构

5.1 铰链四杆机构

一、选择题

1．B　2．C　3．C　4．A　5．C　6．B　7．A　8．B　9．B　10．C

二、判断题

11．×　12．×　13．×　14．×　15．×　16．√　17．×　18．√　19．×　20．√

三、填空题

21．移动，转动，平面，低；　　　　22．大于，机架，双摇杆；

23．空回行程，工作行程；　　　　　24．曲柄摇杆，踏板，2；

25. 行程速比系数，K，K>1； 26. 平行双曲柄，死点位置，2，机构错列；
27. 大于，等于，机架，连架杆； 28. 旋转，双曲柄；
29. 长度，长度，转向，双曲柄四杆机构，方向，相等。

四、简答题

30. （1）否；（2）是；（3）是；（4）双摇杆，$0<a\leqslant 40$ cm；
31. （1）曲柄摇杆，双曲柄，双摇杆，曲柄摇杆；（2）0，2；（3）双摇杆机构，2，增大；（4）顺时针。

五、计算题和作图题

32. （1）$100\text{mm}\leqslant L_{AB}\leqslant 140\text{mm}$；（2）$60\text{mm}<L_{AB}<100\text{mm}$ 或 $140\text{mm}<L_{AB}\leqslant 300\text{mm}$
33. （1）如题图 5-1-1 所示；（2）1.38；（3）如题图 5-1-1 所示。

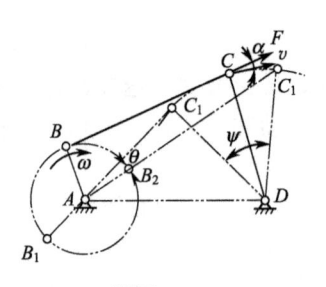

题图 5-1-1

5.2 铰链四杆机构的演化和应用

一、选择题

1. C 2. B 3. D 4. B 5. C

二、判断题

6. × 7. × 8. × 9. √ 10. √

三、填空题

11. 无穷大，2； 12. $l_1\leqslant l_2$； 13. 曲柄摇杆，摆动导杆；
14. 曲柄滑块，快； 15. 固定滑块（或移动导杆）；
16. 移动，移动，转动； 17. 150。

四、简答题

18. （1）普通双曲柄机构，曲柄滑块机构；（2）无；（3）见题图 5-2-1；（4）有；（5）$\dfrac{180°-\theta}{180°+\theta}$

19. （1）平行双曲柄（或平行四边形），4；（2）曲柄滑块（或对心曲柄滑块），不存在；（3）见题图 5-2-2 中 α（对顶角方向也正确）；（4）见题图 5-2-2 中 F_1、F_2（图中半径 r 的长度等于 EF）；（5）80，0.08；（6）1/4（或 0.25）。

20. （1）转动导杆机构，曲柄滑块机构，导杆，曲柄；（2）顺时针，无，有；（3）见题图 5-2-3；（4）AE；（5）曲柄摇杆机构；（6）低副。

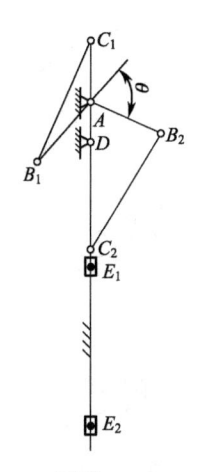

题图 5-2-1

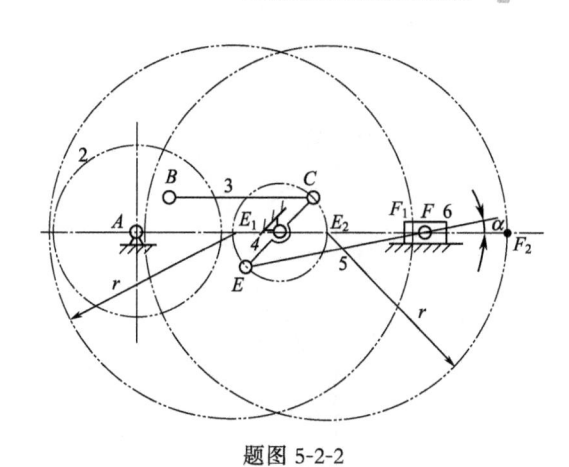

题图 5-2-2

题图 5-2-3

五、计算题和作图题

21. （1）极限位置见题图 5-2-4 中 C_1 和 C_2，$\theta = \arccos 1/5 - \arccos 1/2 = 18.5°$，$H = 20\sqrt{6} - 10\sqrt{3}$ mm；（2）$K = 1.23$，向右；$\alpha_{max} = 45.6°$

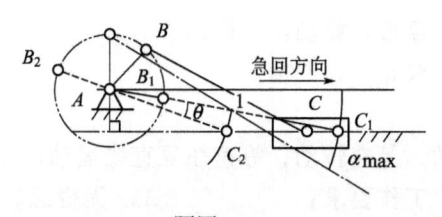

题图 5-2-4

22. （1）$\theta = \Psi = 60°$；（2）$K = 2$，如题图 5-2-5 所示；

（3）如题图 5-2-5 所示，$\alpha = 26.6°$

23. （1）$H = 2L_{CD} = 2 \times 50$ mm $= 100$ mm；（2）$t = 60/60$ s $= 1$ s；（3）$K = \varphi_{慢}/\varphi_{快} = 240°/120° = 2$；（4）$\bar{v}_{慢} = H/t_{慢} = 100 \times 3/2 = 150$ mm/s $= 0.15$ m/s。

24. （1）旋转，往复直线，摇杆，滑块；（2）连杆，摇杆；（3）无；（4）曲柄摇杆；（5）6，转动，移动；（6）有；（7）见题图 5-2-6 中 MN。

题图 5-2-5

题图 5-2-6

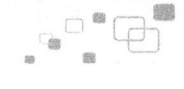

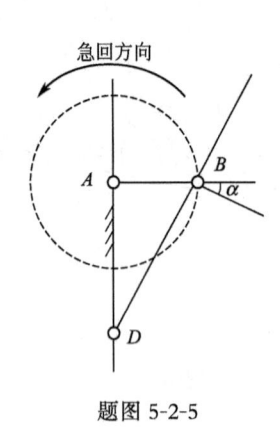

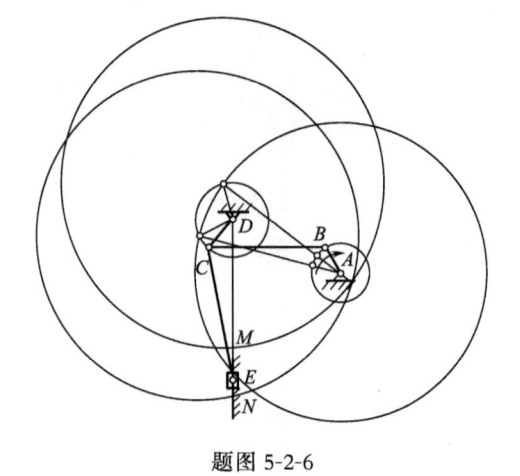

第6章 凸轮机构

6.1 凸轮机构及其有关参数

一、选择题

1. C 2. B 3. D 4. C 5. C 6. B 7. D 8. A 9. B
10. D 11. A 12. C 13. D 14. B 15. B

二、判断题

16. √ 17. × 18. × 19. × 20. × 21. √ 22. √ 23. √
24. √ 25. × 26. × 27. ×

三、填空题

28. 基圆半径，压力角，滚子半径； 29. 30°～40°；

30. 尖顶，滚子，平底，盘形，移动，圆柱；

31. 从动件运动规律，曲线轮廓，凹槽；

32. 径向，对心，偏置；

33. 凸轮，从动件，主动，等速转动，等速往复直线运动；

34. 从动件的运动规律，工作要求； 35. 无穷远，往复直线，仿形；

36. 反比，大，小，大； 37. 滚子半径；

38. 升程，升程角。

四、简答题

39. (1) 见题图 6-1-1；(2) 0；(3) 180°，180°，2e。

40. (1) 低速，小；(2) 上升，见题图 6-1-2；(3) 24mm，4m/s；(4) $\alpha \leqslant 45°$，基圆半径。

41. (1) 见题图 6-1-3；(2) 升—降—停 ；(3) 15mm，20mm，7.91mm；
(4) $r_1 > \rho_{min}$；(5) 压力角过大，增大基圆半径。

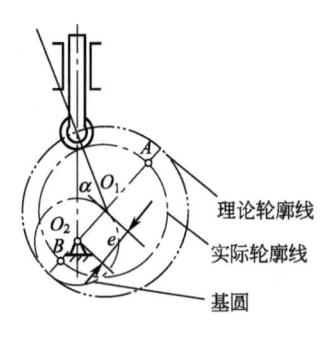

题图 6-1-1 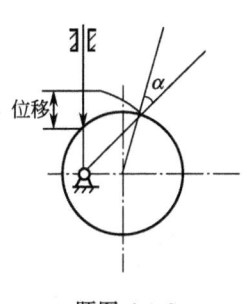　　　　　　　　题图 6-1-2 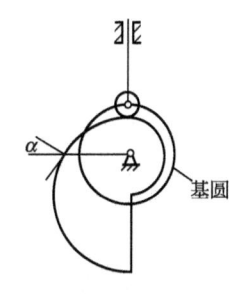　　　　　　　　题图 6-1-3

6.2　从动件常用的运动规律

一、选择题

1．B　　2．A　　3．A　　4．D　　5．C

二、判断题

6．√　7．×　8．×　9．√　10．×　11．×

三、填空题

12．加速度无穷突变，低速，小；　　13．抛物，斜直线，柔性；

14．工作要求，等速。

四、简答题

15．见题图 6-2-1。

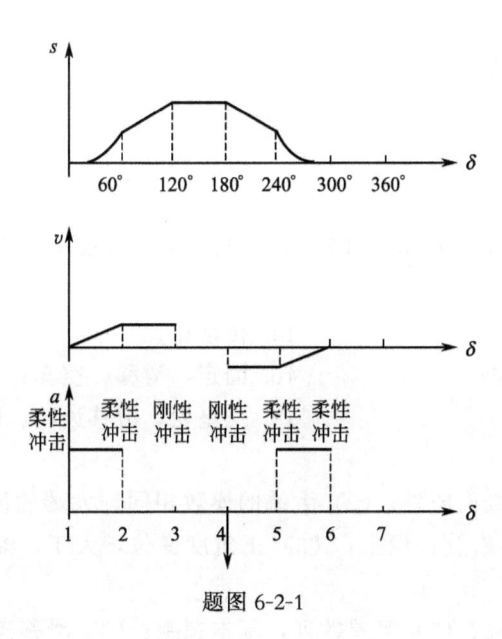

题图 6-2-1

16．(1) (c)；(2) 90°，90°，180°，0°；(3) O、A、B、C；(4) 在 O、A 处以圆弧过渡对曲线修正。

17．(1) 等加速等减速，3，中；(2) 60°；(3) 60s；(4)（略）。

18．(1) 见题图 6-2-2 所示；(2) 见题图 6-2-2 所示，标注出压力角；(3) 见题图 6-2-2 所示，等加速等减速，中，轻。

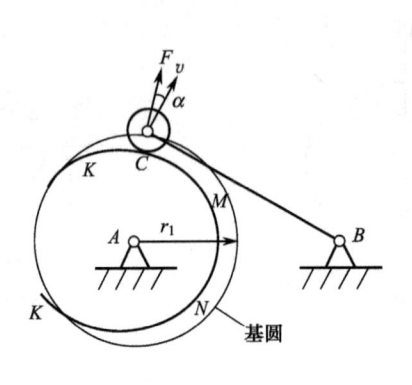

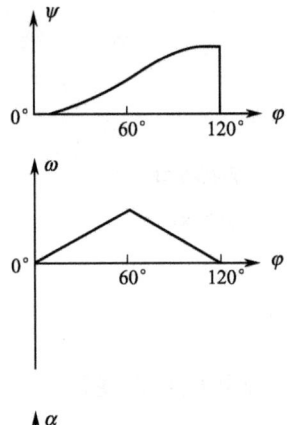

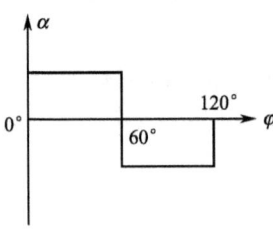

题图 6-2-2

第7章　其他常用机构

7.1　变速和变向机构

一、选择题

1．A　2．B　3．C　4．D　5．B

二、判断题

6．×　7．×　8．×　9．√　10．×　11．√　12．×

三、填空题

13．输入轴转速不变；

14．传动比；

15．摩擦力，接触半径；

16．固定，滑移，空套；

17．输入轴转向不变；

18．三星轮，滑移齿轮，圆锥齿轮。

四、综合分析题

19．(1) 变向，垂直纸面向外；(2) 大端的模数相同，大端的齿形角相同；(3) 向下，向右；(4) 2，4.5；(5) 右旋，向上；(6) 正角度变位，大于，渐开线；(7) 66，52.5；(8) 15.7（或 5π）。

20．(1) 塔齿轮，不高；(2) 等差数列，基本螺距；(3) 滑移齿轮，导向平键；(4) 3，变向；(5) 16；(6) 离合器，不可以；(7) 左。

7.2　间歇运动机构

一、选择题

1．C　2．A　3．B　4．D　5．C　6．C　7．C　8．B　9．B　10．C　11．A　12．A

二、判断题

13. × 14. √ 15. × 16. × 17. √ 18. × 19. × 20. × 21. √ 22. √

三、填空题

23. 连续，时动时停；　　　　　　　　24. 棘爪，棘轮，机架，棘爪，高；

25. 防止棘轮逆转；　　　　　　　　　26. 改变摇杆摆角，使用遮板装置，使用遮板装置；

27. 带圆销的曲柄（或拨盘），具有径向槽的槽轮，机架，带圆销的曲柄（或拨盘），高；

28. 静止，运动；　　　　　　　　　　29. 1；

30. 1；　　　　　　　　　　　　　　31. 减小，增大；

32. 1/4，2

四、计算题

33. $\frac{2}{3}$ s，$\frac{4}{3}$ s；34. 960r/min，$\frac{1}{48}$ s；35.（1）1s；（2）144；（3）$\sin\alpha = \frac{e}{R} = \frac{1}{3}$；（4）41.4mm。

五、综合分析题

36.（1）60；（2）6°；（3）略；（4）从左往右摆动为急回方向；（5）7/6s，5/6s；（6）逆时针，不会，运动。

37.（1）右，左；（2）顺时针，顺时针；（3）导程，螺旋；（4）50，40；（5）10；（6）100，2。

第三模块　机械传动与轴系零件

第8章　摩擦轮传动与带传动

8.1　摩擦轮传动

一、判断题

1. × 2. √ 3. √ 4. × 5. √ 6. × 7. × 8. √

二、选择题

9. C　　10. D　　11. A　　12. B

三、填空题

13. 摩擦力矩大于阻力矩；　　　　　　14. 增大摩擦系数，增加正压力；

15. 主动，从动，局部；　　　　　　　16. 接触半径；

17. 相反，半径之和，相同，半径之差；18. 重合，线速度；

19. 不准确，打滑；　　　　　　　　　20. 小，好，无级，近，小，低；

21. 主动轮转速，从动轮转速，反比。

四、计算题

22. $D_1 = 300$mm，$D_2 = 600$mm，$n_2 = 250$r/min。

23.（1）1.5；（2）66.67r/min；（3）200r/min，40r/min；（4）逐渐变小。

8.2　带传动

一、判断题

1. × 2. × 3. √ 4. × 5. √ 6. × 7. × 8. × 9. √ 10. × 11. ×

12. √ 13. × 14. √ 15. √ 16. √ 17. × 18. √ 19. × 20. ×
21. √ 22. × 23. × 24. × 25. ×

二、选择题

26. C 27. C 28. D 29. A 30. C 31. A 32. A 33. B 34. C 35. B 36. B
37. C 38. D 39. A 40. D 41. D 42. C 43. A 44. C 45. C

三、填空题

46. 摩擦型，啮合型，啮合型；

47. 有效圆周力超过带轮上的极限摩擦力，小带轮；

48. 紧，松；

49. 紧边，松边；

50. 不准确，弹性滑动；

51. $V_主 > V_带 > V_从$；

52. 打滑，弹性滑动，弹性滑动，打滑；

53. 远，好，小，低，高速，大，打滑；

54. 摩擦力，啮合；

55. 反比；

56. 开口，交叉，半交叉，角度；

57. 开口式，开口式，交叉式，开口式；

58. 接触弧，圆心，小，≤120°，中心距；

59. $\alpha_1 = 180° - \dfrac{D_2 - D_1}{a} \times 60°$

60. 大，小，小；

61. 小；

62. 胶合，缝合，铰链带扣，铰链带扣；

63. 5，大，小；

64. 伸张，压缩，强力，包布，强力层，帘布，线绳；

65. B 型带，基准长度为 2240mm；

66. 严重，弯曲应力，短，带型；

67. 38°，36°，34°，较小，较大；

68. 计算功率，主动轮转速；69. 5~25m/s，有效圆周力，离心力；

70. 带型，带速，小轮直径；

71. 平齐，不接触；

72. 平行，在同一旋转平面内，扭曲，过早磨损；

73. 全组带，不能；

74. 调整中心距，安装张紧轮；

75. 松边内侧靠近小带轮，增大包角，松边外侧靠近大带轮，带只受单向弯曲且小轮包角不至于减小过多。

四、计算题

76. $D_2 = 300mm$；$n_2 = 400r/min$。

77. $i_{12} = 4$；$D_2 = 800mm$；$L = 3660mm$；$\alpha = 144°$（合适）。

78. $i_{12} = 3$；$n_2 = 400r/min$；$a = 600mm$。

79. $i_{12} = 4$；$d_{d2} = 800mm$；$L = 3660mm$；$\alpha = 144°$（合适）；$v = 12.56m/min$（合适）。

五、综合分析题

80. (1) 带型，弯曲应力；(2) 小，合适，增大中心距；(3) 不合理，松边布置在下方；(4) 动载荷，打滑和疲劳破坏；(5) 缩短中心距，张紧程度，将皮带按下 15mm 左右为合适；(6) 小；(7) 中心距，松边内侧，大带轮；(8) 计算功率，主动轮转速；(9) 帘布；(10) 小带轮；(11) 带型，带速，小轮直径；(12) 15，符合。

第 9 章　螺 旋 传 动

9.1　螺纹的种类及应用

一、判断题

1. ×　2. ×　3. √　4. √　5. ×　6. ×　7. ×　8. √　9. ×
10. √　11. ×　12. √　13. √

二、选择题

14. C　15. A　16. D　17. A　18. B　19. C　20. A　21. A　22. C
23. D　24. B　25. D

三、填空题

26. 右旋，左旋；　　　　　　　　　27. 三角形，梯形、锯齿形、矩形，锯齿形；

28. 60°，单，好，粗牙，细牙；

29. 细牙，粗牙，细牙，细牙，细牙，粗牙，细牙，细牙；

30. 55°，非螺纹密封管螺纹，用螺纹密封管螺纹；

31. 30°，高，好，好；　　　　　　32. 33°，30°，3°，高，好，单向；

33. 正方形，一半，0，高，低，差，难；　34. 螺纹大径，大，小，小，大；

35. 导程＝螺距×线数；

36. 矩形螺纹、锯齿形螺纹、梯形螺纹、三角形螺纹；

37. 中径，切，轴线的垂线，$\tan\phi = \dfrac{P_h}{\pi d_2}$，越高，越差，多线；

38. 螺纹导程角小于材料的当量摩擦角；　39. 牙型，大径，螺距；

40. 普通，圆锥外，圆锥内，圆柱内，梯形。

9.2　螺旋传动

一、判断题

1. ×　2. ×　3. √　4. √　5. ×　6. √

二、选择题

7. C　　8. A

三、填空题

9. 旋转，直线，大，高，大，低；　　　10. 点，滚动，小，高，可逆，精密；

11. 快速运动，极小的位移。

四、计算题

12. （1）6；（2）3.75mm；（3）0.3mm。

13. （1）右旋，2mm；（2）左旋，1mm。

14. （1）20mm，向下；（2）5mm，向下；（3）15mm，向上；（4）0.25mm。

15. （1）右旋，2.1mm；（2）左旋，2.9mm。

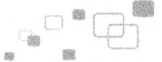

第10章 链传动和齿轮传动

10.1 链传动

一、判断题

1. √ 2. × 3. √ 4. × 5. × 6. × 7. × 8. × 9. × 10. √

二、选择题

11. A 12. D 13. C 14. B 15. B 16. A 17. A 18. C

三、填空题

19. 传动，起重，输送，传动；　　20. 链节，内链板、套筒和滚子，外链板和销轴；

21. 四，承载不均匀；　　22. 开口销或弹簧卡片，过渡链节；

23. A系列24号链条，排数为2，链节数为60；

24. 好，小，高，易，高；

25. 多边形效应，不宜，低；　　26. 下；

27. 调整中心距，使用张紧轮，去除1～2节链节。

10.2 直齿圆柱齿轮传动

一、判断题

1. √ 2. √ 3. √ 4. × 5. √ 6. × 7. √ 8. × 9. × 10. × 11. ×
12. × 13. × 14. × 15. √ 16. √ 17. × 18. √ 19. √ 20. √ 21. ×
22. × 23. × 24. √ 25. × 26. × 27. √

二、选择题

28. B 29. C 30. D 31. A 32. D 33. D 34. C 35. C 36. B 37. C 38. D

39. A 40. A 41. B 42. A

三、填空题

43. 平行轴，相交轴，交错轴，平行轴，相交轴，交错轴；

44. 开式传动，闭式传动；　　45. 相反，相同；

46. 线段长度，弧长；　　47. 相切，不相等，越小，弯曲，0；

48. 基圆，大，直线；　　49. 无；

50. 法线，运动；　　51. 不相等，大，费力，0；

52. 标准模数，标准压力角；

53. 模数，齿数，压力角，齿顶高系数，顶隙系数，模数，齿数，压力角；

54. 分度，基；　　55. 齿距，π，要，mm；

56. m、Z，m、Z、$α$；　　57. 渐开线在分度圆上，20°；

58. 1.0，0.25，0.8，0.3；　　59. 34；

60. $Z≥42$，全部，$Z≤41$，部分；　　61. <，<，>，>；

62. 相同，相反；　　63. 瞬时传动比等于基圆半径的反比；

64. 两轮廓的接触点，啮合点的运动轨迹，两基圆的内公切线，两轮齿顶圆与理论啮合线交点间的线段，理论啮合线与两齿轮中心连线的交点，分别以两轮的轮心为圆心、过节点所作的两个圆，过节点的运动方向线与啮合线的夹角；

65. 保持不变；

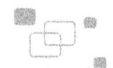

66. 重合，相等，相切，相切，大于，大于，相切，相离；

67. 越大，无，节圆；　　　　　　68. $m_1 = m_2 = m$，$α_1 = α_1 = 20°$；

69. 实际啮合线段长度，基圆齿距，增大，减小；

70. 重合度大于 1，大于。

四、问答、作图与计算题

71. $α_k = 60°$，$ρ_k = 173.2$。

72. $r = 150mm$，$r_a = 152.5mm$，$r_f = 146.875mm$，$ρ = 51.3mm$，$ρ_a = 58.2mm$，$α_a = 22.439°$。

73. （1）$Z_1 = 24$，$m = 2mm$；（2）$d_1 = 48mm$，$d_2 = 120mm$，$d_{a1} = 52mm$，$d_{a2} = 116mm$，$d_{f1} = 43mm$，$d_{f2} = 125$，$a = 36mm$。

74. （1）100；（2）大；（3）大于；（4）齿形角；（5）啮合；（6）传动可分离，侧隙；（7）相切。

75. （1）（2）略；（3）30，60，20°；（4）0.5，25.88°，变大，变大，变小；（5）Z_2；（6）＞，＝；（7）1.1。

10.3 其他齿轮传动

一、判断题

1. ×　2. √　3. ×　4. √　5. ×　6. √　7. √　8. ×　9. ×　10. ×　11. ×　12. √　13. √　14. ×

二、选择题

15. B　16. D　17. A　18. C　19. B　20. C　21. B　22. A　23. A　24. A　25. D　26. B　27. A　28. B

三、填空题

29. 渐开螺旋面，好，强，有，不能，高速重载；

30. $m_n = m_t cosβ$，$tanα_n = tanα_t × cosβ$，$p_n = p_t cosβ$；

31. 分度，切线，轴线，平稳，大，8°～30°，8°～15°；

32. 渐开线，曲线；

33. 相交，90°，重合，不相等；大端背锥的展开面；

34. 大端；　　　　　　　　　35. 直线，齿条；

36. 直线，相等，相等；

37. 两齿轮的模数和齿形角分别相等；两齿轮的法面模数和法面齿形角分别相等，两齿轮的螺旋角大小相等，旋向相反；两齿轮的法面模数和法面齿形角分别相等，两齿轮的螺旋角大小相等，旋向相同；两齿轮的大端模数和大端齿形角分别相等。

四、计算题

38. 1r/min；39. 50。

10.4 齿轮传动的受力分析

1.

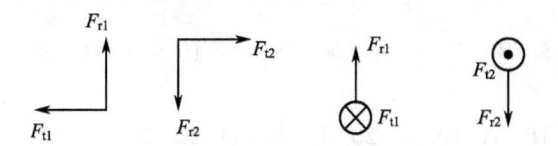

2.

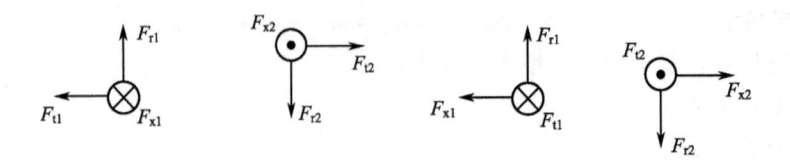

3.

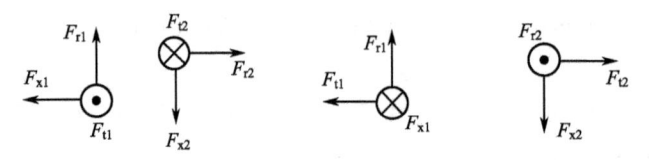

4. （1）下，上；（2）向外，向下，向左；（3）左旋，右旋。

10.5 齿轮的根切、最小齿数、变位、精度和失效

一、判断题

1. × 2. √ 3. × 4. √ 5. √ 6. √ 7. × 8. × 9. √
10. √ 11. × 12. √

二、选择题

13. C 14. C 15. B 16. C 17. A 18. D 19. C 20. C 21. A 22. D

三、填空题

23. 仿形法，展成法，展成法，展成法，仿形法，仿形法，仿形法；

24. 展成法，齿顶线，轮坯基圆的切点；　　25. 展成，啮合干涉；

26. 小于，高，短；　　　　　　　　　　27. 中线，分度圆，非标准；

28. 标准齿轮，正变位齿轮，负变位齿轮；

29. 齿条刀具的中线相当于轮坯分度间的距离；变位量，模数；

30. 运动精度，工作平稳性精度，接触精度，齿轮副侧隙；

31. 齿厚极限偏差，中心距极限偏差，无，储存润滑油，防止齿轮受热膨胀而卡死；

32. 运动，工作平稳性，接触；

33. 传递运动的准确性，工作平稳性，载荷分布的均匀性；

34. 轮齿折断，硬，韧；

35. 齿面磨损，轮齿折断，齿面点蚀，轮齿折断，齿面胶合，齿面塑性变形，凹沟，凸棱。

四、计算题

36. （1）15 ；（2）0.1。

第11章 蜗杆传动

11.1 蜗杆传动概述

一、判断题

1. × 2. √ 3. √ 4. × 5. × 6. × 7. × 8. × 9. √ 10. √ 11. × 12. √

二、选择题

13. B 14. C 15. A 16. A 17. A 18. A 19. C 20. C 21. D 22. B

三、填空题

23. 直线，曲线，阿基米德螺旋线，渐开线；
24. 过蜗杆轴线且与蜗轮轴线垂直的平面，直线，渐开线，齿轮齿条；
25. 蜗杆，90°； 26. 1～4，1，2～3，4；
27. 大，高；   28. 蜗杆导程角小于材料的当量摩擦角；
29. 18，27；   30. 大，恒定，好，小，大，低；
31. 青铜，钢；   32. 不能；
33. 主平面；   34. 减少蜗轮刀具数目、使刀具标准化；
35. $\tan\gamma_1 = \dfrac{\pi m z_1}{\pi d_1} = \dfrac{z_1}{q}$，$d_1 = mq$；
36. 低，高；   37. 0.2；   38. $\gamma_1 = \beta_2$。

四、计算题

39. (1) $m = 5$mm，$q = 22$，$z_2 = 40$，$n_2 = 28$；(2) $d_1 = 110$mm，$d_{t2} = 188$mm；(3) $a = 155$mm；(4) 有自锁性。

40. (1) 54；(2) 16.7°；(3) 顺时针。

41. (1) $n_1 = 800$r/min；(2) 有；(3) $d_1 = 36$mm，$d_{a1} = 40$mm，$d_{a2} = 84$mm，$a = 58$mm；(4) 向上；(5) 15.7mm。

11.2 蜗杆传动受力分析及转向判别

1.

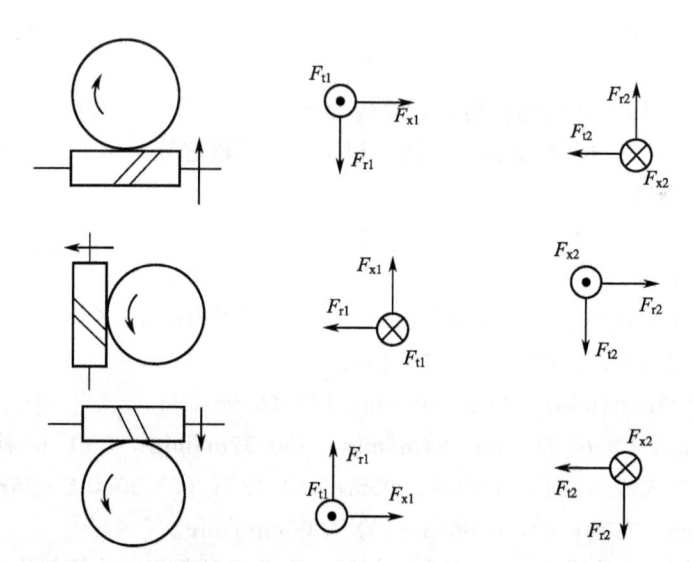

2. (1) 法面，法面；(2) 右旋，左旋；(3) 上，上；(4) 左旋，向里；(5) 向下，圆周；(6) 法面；(7) 低，好；(8) 钢；(9) 2。

3. (1) 顺；(2) 大，型号；(3) 上，2；(4) 右，上；(5) 左；(6) 里；(7) 右旋，右旋；(8) 18；(9) 导程角。

4. (1) 计算功率，主动轮转速，B 型带、基准长度为 2240mm；(2) 大，带型；(3) 大于；(4) 左，上；(5) 右旋，左旋，左旋；(6) 右，上；(7) 渐开，阿基米德螺旋；(8) 27。

5. (1) 大端；(2) 法向（法面）；(3) 转轴；(4) 左，左；
(5)

构件代号	周向力方向	径向力方向	轴向力方向
1			
3	$-Y$		$+X$
5	$+X$		$-Y$

第12章 轮 系

12.1 轮系的分类和应用

一、判断题

1. √ 2. × 3. √ 4. × 5. × 6. √

二、选择题

7. C   8. C   9. B   10. C

三、填空题

11. 均固定，不固定，周转；

12. 行星轮系，差动轮系，行星轮系，差动轮系，差动轮系；

13. 较大，远，能，合成，分解。

12.2 定轴轮系

一、判断题

1. × 2. √ 3. × 4. √ 5. ×

二、填空题

6. 前一级，后一级，从动轮的转向，总传动比；

7. 惰轮；   8. 外啮合，相同，相反，平行轴定轴。

三、综合和计算题

9. $i_{17} = 6$，$i_{16} = 4$，$i_{15} = 6$，$i_{37} = 3$，$i_{73} = 1/3$。

10. $n_6 = 100\text{r/min}$。

11. （1）$v = 140\text{mm/min}$，移动方向：向右；（2）700r/min；（3）0.1mm；（4）120r，60r；（5）170°；（6）11.3°，175mm；（7）120。

12. （1）58.875mm/min；（2）0.589mm；（3）16.98r。

13. （1）略；（2）6种，803.84m/min，150.72m/min；（3）6种，0.56m/min，0.28m/min；（4）7.536m，向下；（5）1.05m；（6）1/3；（7）30r，5.625r。

14. （1）10mm，右旋；（2）0.0833；（3）1000mm/min。

15. （1）高副，A，打滑；（2）直齿，相等；（3）3，改变从动轮的方向；（4）右，向外，向左；（5）右，上；（6）12.6，1.6；（7）84，80；75.18。

第13章 轴系零件

13.1 键、销及其连接

一、判断题

1. ×   2. ×   3. ×   4. √   5. √   6. √   7. ×   8. ×   9. ×   10. ×

11. × 12. √ 13. × 14. ×

二、选择题

15. C 16. B 17. A 18. D 19. A 20. D 21. B 22. B 23. C 24. B
25. A 26. B 27. A 28. A

三、填空题

29. 松键，紧键；
30. A，B，C，1∶100，上下表面，能；
31. 一对楔键，平行，成对安装，大，大；
32. A型，B型，C型；
33. 周向固定，导向作用；
34. 基轴，h9；
35. 较松键连接，一般键连接，较紧键连接，较松键连接，较紧键连接，一般键连接；
36. 轴径，毂长，略小于；
37. 半圆，深，大，轻，锥形轴端；
38. 大径定心，小径定心，齿侧定心，小径定心，齿侧定心，齿侧定心；
39. 渐开线，大，高，大径定心，齿形定心，齿形定心；
40. 直线形，渐开线，小，小；
41. 过盈，不能，1∶50，自锁，能，盲孔；
42. 定位销，不宜，2个，连接销，剪切，挤压，安全销，自动剪断。

13.2 滑动轴承

一、判断题

1. × 2. √ 3. × 4. √ 5. × 6. × 7. √ 8. √

二、选择题

9. D 10. C 11. C 12. C 13. C 14. C 15. C

三、填空题

16. 滑动，径向滑动轴承，止推滑动轴承，径向止推滑动轴承；
17. 轴承座，轴套，过盈，简单，低，不可，不方便，低，小；
18. 可，简便，广；
19. 内，差，差，大；
20. 相对移动，内柱外锥，内锥外柱，内锥外柱，内柱外锥，增加弹性；
21. 连续，间歇；
22. 低，轻；
23. 滴油，油环，飞溅，压力，压力。

13.3 滚动轴承

一、判断题

1. × 2. √ 3. √ 4. √ 5. × 6. × 7. × 8. × 9. × 10. ×

二、选择题

11. A 12. D 13. C 14. B 15. D 16. A

三、填空题

17. 内圈，外圈，滚动体，保持架；
18. 滚动轴承钢，球化退火，淬火＋低温回火；
19. 大，小；
20. 游隙，低；
21. 形状，滚子，球，球，球；
22. 10mm，12mm，15mm，17mm；
23. 圆锥滚子，推力球，深沟球，角接触球，6、7、3、7、5、6；
24. 滚子，球，向心，推力，向心推力，球，角接触球，调心；
25. 普通，普通，球；
26. 基孔，过盈，基轴。

13.4 联轴器、离合器、制动器

一、判断题

1. √ 2. √ 3. √ 4. √ 5. × 6. × 7. × 8. √ 9. × 10. √ 11. √
12. √ 13. √ 14. ×

二、选择题

15. B 16. C 17. D 18. C 19. D 20. B 21. A 22. A 23. B 24. C 25. A
26. D 27. A 28. C 29. A 30. A

三、填空题

31. 不能，任意；
32. 凸肩凹槽，剖分环，低，大，平稳；
33. 低，小，平稳；
34. 内，综合偏移，高，大，高；
35. 小，离心惯性力，低，小，小；
36. 交叉，35～45°，变速，附加动，成对；
37. 在同一平面，相等；
38. 弹性套柱销，弹性柱销，有，高；
39. 弹性柱销；
40. 机械操纵，液压操纵，气动操纵，电气操纵；
41. 啮合式，啮合式，摩擦式，摩擦式，摩擦式，摩擦式；
42. 矩形，锯齿形，梯形，梯形，锯齿形，矩形；
43. 多片式，多片式，单片式；
44. 转速，转向；
45. 降低机器转速或使其停止，摩擦力，高。

13.5 轴的结构

一、判断题

1. × 2. × 3. √ 4. × 5. × 6. √ 7. ×

二、选择题

8. A 9. B 10. C 11. A 12. A 13. B 14. A

三、填空题

15. 直轴，曲轴，挠性软轴；
16. 光轴，阶台轴，阶台轴，光轴；
17. 转轴，心轴，传动轴；
18. 支承轴颈，配合轴颈，轴肩，轴环，轴身；
19. 支承轴颈，螺纹；
20. 可靠的，加工，应力集中，安装和拆卸；
21. 小于，可靠的轴向固定；
22. 大于，可靠的轴向固定；
23. 细牙，自锁性好、对轴的削弱小，小于；
24. 压入法，温差法，压入，温差；
25. 过盈配合；
26. 退刀槽，便于退刀，越程槽，越过加工表面；
27. 同一加工直线，加工；
28. 加工和装配；
29. 便于轴上零件的定位、固定，装拆；
30. 间隙；
31. 轴承盖。

四、综合题

32. （1）转；（2）30208；（3）GCr15，球化退火；（4）基孔；（5）键，略短于；（6）h9，基轴，轴径；（7）轮4的轴向固定，轴承的拆卸，不合理；（8）不合理；（9）轴承游隙（间隙）。

33. （1）转轴；（2）合金调质钢，0.40%，调质；（3）轴上零件的装配；（4）周向固定，轴径，84；（5）右旋，向左，端面，法面；（6）轴肩低于轴承内圈高度、方便轴承拆卸；(7) 7，07，低；(8) 合理；(9) 大于，轴向固定；(10) 调整垫片；(11) 45。

34. (1) 弯曲；(2) 型号；(3) 轴肩，12；(4) 两侧面，平齐；(5) h9，基轴制；(6) 2，过渡配合；(7) 内圈，内孔；(8) 合理；(9) 滚动轴承钢，基孔；(10) 6206；(11) 阶台；(12) 越程，退刀。

35. (1) 阶台（或阶梯）；(2) 3；(3) 3，低速；(4) 基孔制，过长（或太长）；(5) 4；(6) 普通平键（或平键或键连接），位置；(7) 6，轴环（或轴段C）；(8) 合理，过长（或太长）；(9) 55；(10) 不合理。

读者意见反馈表

书名：机械基础学习指导与巩固练习（机电类）　　主编：储文彬　　　　策划编辑：张凌

> 谢谢您关注本书！烦请填写该表。您的意见对我们出版优秀教材、服务教学，十分重要。如果您认为本书有助于您的教学工作，请您认真地填写表格并寄回。我们将定期给您发送我社相关教材的出版资讯或目录，或者寄送相关样书。

个人资料

姓名_____年龄_____联系电话_____（办）_____（宅）_____（手机）

学校_____专业_____职称/职务_____

通信地址_____邮编_____E-mail_____

本书在内容上需要更正的疏漏、错误：

请您详细填写：_____
_____
_____

巩固练习、试卷参考答案是否存在不匹配、错误的答案：

请您详细填写：_____
_____
_____

还存在哪些没有覆盖到的知识点、考点：

请您补充：_____
_____
_____

您希望本书内容在哪些方面得到改进？

□知识要点　　□例题解析　　□巩固练习　　□试卷数量　　□配套资源

请您详细填写：_____
_____
_____

感谢您的配合，您的意见是我们进步的阶梯！可将本表或者您的建议、意见，按以下方式反馈给我们：

【方式一】电子邮件：zling@phei.com.cn（张凌）

【方式二】邮局邮寄：北京市万寿路173信箱华信大厦1101室　职业教育分社（邮编：100036）
张凌　收　电话：010-88254583

如果您需要了解更详细的信息或有著作计划，请与我们联系。

反侵权盗版声明

电子工业出版社依法对本作品享有专有出版权。任何未经权利人书面许可,复制、销售或通过信息网络传播本作品的行为,歪曲、篡改、剽窃本作品的行为,均违反《中华人民共和国著作权法》,其行为人应承担相应的民事责任和行政责任,构成犯罪的,将被依法追究刑事责任。

为了维护市场秩序,保护权利人的合法权益,我社将依法查处和打击侵权盗版的单位和个人。欢迎社会各界人士积极举报侵权盗版行为,本社将奖励举报有功人员,并保证举报人的信息不被泄露。

举报电话:(010)88254396;(010)88258888
传　　真:(010)88254397
E-mail:dbqq@phei.com.cn
通信地址:北京市万寿路 173 信箱
　　　　 电子工业出版社总编办公室
邮　　编:100036

目 录

第1章　金属材料的性能阶段测试卷 …………………………………………………………… 1
第2章　钢及其热处理阶段测试卷 ……………………………………………………………… 3
第3章　铸铁、铸钢及有色金属阶段测试卷 …………………………………………………… 5
第4章　常用机构概述阶段测试卷 ……………………………………………………………… 7
第5章　平面连杆机构阶段测试卷 ……………………………………………………………… 9
第6章　凸轮机构阶段测试卷 …………………………………………………………………… 13
第7章　其他常用机构阶段测试卷 ……………………………………………………………… 17
第8章　摩擦轮传动与带传动阶段测试卷 ……………………………………………………… 21
第9章　螺旋传动阶段测试卷 …………………………………………………………………… 25
第10章　链传动和齿轮传动阶段测试卷 ……………………………………………………… 29
第11章　蜗杆传动阶段测试卷 ………………………………………………………………… 33
第12章　轮系阶段测试卷 ……………………………………………………………………… 37
第13章　轮系零件阶段测试卷 ………………………………………………………………… 41
机械基础综合测试卷(一) ………………………………………………………………………… 45
机械基础综合测试卷(二) ………………………………………………………………………… 49
测试卷参考答案 …………………………………………………………………………………… 53

第1章 金属材料的性能阶段测试卷

一、判断题（每题2分，共20分）

1. 断后伸长率和断面收缩率这两个指标中，断后伸长率更能反映变形的真实程度。所以断后伸长率指标更能准确地表达材料的塑性。（   ）
2. 拉伸试验时，试样拉断前能承受的最大应力称为材料的抗拉强度。（   ）
3. 强度是指金属材料在交变载荷作用下抵抗变形或破坏的能力。（   ）
4. 铸铁、铜、铝等金属材料在拉伸试验时都会发生屈服现象。（   ）
5. 塑性好的材料发生疲劳断裂时会有明显的塑性变形，而脆性材料发生疲劳断裂时没有明显的塑性变形。（   ）
6. 布氏硬度主要适用于测定灰铸铁、有色金属、各种软钢等硬度不是很高的材料。（   ）
7. 疲劳强度反映材料抵抗交变载荷而不被破坏的能力。（   ）
8. 冲击韧性表示材料抵抗冲击载荷作用而不被破坏的能力。（   ）
9. C标尺洛式硬度常用于测硬质合金等很硬的材料。（   ）
10. 维氏硬度的测定原理与布氏硬度的测定原理相似。（   ）

二、选择题（每题3分，共30分）

11. 金属的（   ）越好，其锻造性能就越好。
 A. 硬度　　　　　B. 塑性　　　　　C. 弹性　　　　　D. 强度
12. 由于金属材料具有一定的（   ），有利于某些成形工艺、修复工艺、装配的顺利完成。
 A. 强度　　　　　B. 塑性　　　　　C. 硬度　　　　　D. 韧性
13. 下列材料中在拉伸试验时，不产生屈服现象的是（   ）。
 A. 纯铜　　　　　B. 低碳钢　　　　C. 铸铁　　　　　D. 纯铝
14. 零件在工作中所承受的应力，不允许超过抗拉强度，否则会产生（   ）现象。
 A. 弹性变形　　　B. 断裂　　　　　C. 塑性变形　　　D. 屈服
15. 现需测定某铸铁的硬度，一般应选用（   ）来测试。
 A. 布氏硬度计　　B. 洛氏硬度计　　C. 维氏硬度计　　D. 以上均可以
16. 大小或方向不随时间变化或变化缓慢的载荷叫（   ）。
 A. 冲击载荷　　　B. 静载荷　　　　C. 交变载荷
17. 冲击韧度的值越大，表明材料的（   ）越好。
 A. 强度　　　　　B. 塑性　　　　　C. 硬度　　　　　D. 韧性
18. 实际生产中的机械零件，其主要失效形式是（   ）。
 A. 拉伸断裂　　　B. 疲劳断裂　　　C. 冲击断裂　　　D. 剪切断裂
19. 洛氏硬度HRC常用于测量（   ）的金属材料。
 A. 很硬　　　　　B. 很软　　　　　C. 中等硬度　　　D. 以上都可以
20. 反映金属材料抵抗局部塑性变形能力的指标是（   ）。
 A. 伸长率　　　　B. 强度　　　　　C. 断面收缩率　　D. 硬度

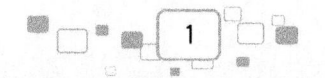

三、填空（每3分，共36分）

21. 铸铁的硬度测定用_____硬度实验法，淬火钢的硬度测定用_____硬度实验法。

22. 材料_____前所能承受的最大抵抗应力，称为抗拉强度。

23. 塑性是金属材料在断裂前发生_____的能力。表征塑性的指标有_____和_____。

24. 洛氏硬度试验是根据_____确定其硬度值，布氏硬度试验是根据_____确定其硬度值。

25. 金属材料在_____应力作用下，能经受_____次循环而不断裂的最大_____值称为金属材料的疲劳强度。

26. 冲击韧性表示材料抵抗_____载荷作用而不被破坏的能力。

四、计算题（共14分）

27. 有一直径为10mm的低碳钢短试样，在拉伸试验时，当载荷增加到21980N时产生屈服现象，当载荷增加到31400N时产生缩颈，随后试样被拉断。其断后标距是62mm，直径为4mm。求此钢的屈服强度、抗拉强度、断后伸长率及断面收缩率。

第2章 钢及其热处理阶段测试卷

一、判断题（每题2分，共30分）

1. 碳素钢中的P、S等元素能提高钢的强度、硬度，属于有益元素。（   ）
2. 碳素钢按质量等级划分的主要依据是钢中的P、S含量。（   ）
3. 碳素工具钢属于优质或高级优质钢，也属于高碳钢。（   ）
4. 在相同条件下，与08F钢相比，T10钢的强度、硬度较高，但塑性、韧性较差。（   ）
5. T10钢的平均含碳量为1.0%，属于优质钢。（   ）
6. 退火状态（接近平衡组织）下的T10钢比20钢的塑性和强度都高。（   ）
7. 中温回火主要用于弹性零件及热锻模具等。（   ）
8. 将T12钢进行淬火处理，由于含碳量高，故淬透性一定好。（   ）
9. 表面热处理不仅改变钢表面的组织结构，也改变钢材表面的化学成分。（   ）
10. 一般要求高硬度、高耐磨的零件，可进行淬火后高温回火。（   ）
11. 45钢、60钢、滚动轴承钢宜采用完全退火。（   ）
12. 金属材料GCr15是滚动轴承钢，用它也可以制作量具。（   ）
13. 合金弹簧钢经淬火后一般进行高温回火处理。（   ）
14. 40Cr是应用广泛的合金渗碳钢，其渗碳处理后需进行淬火和低温回火处理。（   ）
15. 20CrMnTi钢属于调质钢，为了获得"外硬内韧"的力学性能，常采用调质热处理。（   ）

二、选择题（每题2分，共30分）

16. 机械制造中，T8钢常用来制造（   ）。
   A. 容器   B. 刀具   C. 轴承   D. 齿轮
17. 65钢的平均含碳量为（   ）。
   A. 0.65%   B. 6.5%   C. 65%   D. 0.065%
18. 下列材料中，适合制造锯条的是（   ）。
   A. 60Si2Mn   B. 60钢   C. GCr15   D. T10
19. T10钢的平均含碳量为（   ）。
   A. 0.1%   B. 1%   C. 10%   D. 0.01%
20. 下列材料中，适合制造弹簧的是（   ）。
   A. 45钢   B. 60Si2Mn   C. GCr15   D. T10
21. 对钢性能产生热脆性的元素是（   ）。
   A. 硫   B. 磷   C. 硅   D. 锰
22. 用40Cr钢制造一传动轴，要求表面有高硬度心部具有好的韧性，应采用（   ）热处理。
   A. 渗碳+淬火+低温回火   B. 表面淬火+低温回火
   C. 表面渗氮   D. 表面氰化处理
23. 用45钢制造的齿轮，要求具有优良的综合力学性能，应采用（   ）热处理。
   A. 渗碳+淬火+低温回火   B. 表面淬火+低温回火

C. 完全退火　　　　　　　　D. 调质

24. 为了改善 GCr15 钢的切削加工性能，应采用（　　）热处理。
A. 正火　　　B. 球化退火　　　C. 完全退火　　　D. 调质

25. 与 40 钢相比，40Cr 钢的（　　）。
A. 淬透性好　B. 淬透性差　　　C. 淬硬性好　　　D. 淬硬性差

26. 一般来说，回火钢的性能只与（　　）有关。
A. 含碳量　　B. 加热温度　　　C. 冷却速度　　　D. 保温时间

27. 某汽车制造厂要给汽车变速齿轮选材，最合适的材料是（　　）。
A. T12　　　B. GCr9　　　　　C. 20CrMnTi　　　D. 60Si2Mn

28. 下列材料中，适合做汽车板弹簧的是（　　）。
A. 45 钢　　B. 60Si2Mn　　　C. GCr12　　　　D. T10

29. 用 GCr9 钢制造滚动轴承，最终热处理为（　　）。
A. 淬火 + 高温回火　B. 淬火 + 中温回火　C. 淬火 + 低温回火　D. 淬火

30. 40Cr 属于合金（　　）。
A. 调质钢　　B. 渗碳钢　　　　C. 弹簧钢　　　　D. 轴承钢

三、填空（每空 2 分，共 40 分）

31. 低碳钢指碳的质量分数_____的铁碳合金，中碳钢指碳的质量分数_____的铁碳合金，高碳钢指碳的质量分数_____的铁碳合金。

32. 碳素工具钢平均碳的质量分数都在_____以上，而且按质量分，此类钢属于_____钢。

33. 钢的热处理是采用适当的方式对金属材料或工件进行_____、_____和_____，以获得预期的_____与_____的工艺。

34. 退火是将钢加热到适当温度，保持一定时间，然后_____冷却的热处理工艺。

35. 钢的正火工艺是将其加热到一定温度，保温一段时间，然后在_____中冷却。

36. 淬火是将钢加热到适当温度，保持一定时间，然后_____冷却的热处理工艺。

37. 淬火的目的是获得_____组织，提高钢的_____、_____和耐磨性。

38. 淬透性是指钢经淬火后获得淬硬层_____的能力。淬透性主要取决于钢的_____和_____。

39. 调质是指_____。

第3章 铸铁、铸钢及有色金属阶段测试卷

一、判断题（每题2分，共30分）

1. 与40钢相比，HT150具有良好的铸造性、耐磨性和减振性。（   ）
2. 铸铁的塑性、韧性较好，可以用压力方法成形零件。（   ）
3. 可锻铸铁因为可以锻造而得名。（   ）
4. 灰铸铁中的碳主要以片状石墨的形态存在。（   ）
5. 球墨铸铁的力学性能接近铸钢，它可以用来代替部分碳钢。（   ）
6. 可锻铸铁由于生产率低、生产成本高，故现在有被球墨铸铁取代的趋势。（   ）
7. 球墨铸铁是目前应用最广泛的一种铸铁。（   ）
8. 铸造用碳钢一般用于制造形状复杂，力学性能要求较高的机械零件。（   ）
9. 变形铝合金具有良好的塑性，常用于各种铸件加工。（   ）
10. ZAlSi12属于铸造铝合金，其中硅的含量为12%。（   ）
11. 普通黄铜是铜硅二元合金。（   ）
12. HPb59—1表示平均铜的质量分数为59%，平均铅的质量分数为1%的铅黄铜。（   ）
13. 青铜是指主加元素除锌、硅以外元素所形成的铜合金。（   ）
14. QSn4—3表示平均锡的质量分数为4%、平均锌的质量分数是3%，其余是铜的锡青铜。（   ）
15. 滑动轴承合金是用于制造滑动轴承内衬或轴瓦的铸造合金。（   ）

二、选择题（每题3分，共24分）

16. 从灰铸铁的牌号可以看出它的（   ）指标。
 A. 硬度　　　　　B. 韧性　　　　　C. 塑性　　　　　D. 强度

17. 石墨以球状形态存在的铸铁叫做（   ）。
 A. 灰铸铁　　　　B. 可锻铸铁　　　C. 球墨铸铁　　　D. 蠕墨铸铁

18. 某汽车制造厂要给内燃机的曲轴选材，最合适的材料是（   ）。
 A. HT200　　　　B. QT500—05　　C. T10　　　　　D. KHT350—10

19. 下列关于铸铁的说法，错误的是（   ）。
 A. 铸造性能好　　B. 减振性能好　　C. 锻造性能好　　D. 耐磨性好

20. 灰铸铁中的石墨以（   ）形态存在。
 A. 片状　　　　　B. 团絮状　　　　C. 球状　　　　　D. 渗碳体

21. H60 表示（   ）。
 A. 铜的质量分数为60%，锌的质量分数为40%的普通黄铜
 B. 锌的质量分数为60%，铜的质量分数为40%的普通黄铜
 C. 铜的质量分数为60%，锌的质量分数为40%的普通青铜
 D. 锌的质量分数为60%，铜的质量分数为40%的普通青铜

22. 下列属于铸造铝合金的是（   ）。
 A. H70　　　　　B. ZAlCu5Mn　　C. ZSnSb4Cu4　　D. ZSnSb8Cu4

23. 下列不属于滑动轴承合金的材料是（   ）。

A. ZPbSb16Sn16Cu2　　　　　　B. ZSnSb11Cu6
C. ZCuZn38　　　　　　　　　D. ZPbSb16Sn16Cu2

三、填空题（每空 2 分，共 40 分）

24. 与钢相比，铸铁的铸造性_____，耐磨性_____，减振性_____，切削加工性_____，价格_____，塑性_____，韧性_____，_____（能、不能）锻造。

25. 灰铸铁中的碳主要以_____的形态存在，可锻铸铁中的碳主要以_____的形态存在，球墨铸铁是指碳以_____的形态存在的铸铁。

26. HT200、KHT350—10、QT500—05 中，适宜制造机床床身的是_____，适宜制造汽车后桥外壳的是_____，适宜制造柴油机曲轴的是_____。

27. 铸钢一般用于制造形状_____、综合力学性能要求_____的零件。

28. 铝合金分为_____铝合金和_____铝合金两类。

29. 黄铜是指以_____为基体，以_____为主加元素的铜合金。

四、解释下列材料牌号的含义（共 6 分）

30. HT200

31. KTH330—08

32. QT450—10

第 4 章 常用机构概述阶段测试卷

一、判断题（每题 2 分，共 20 分）
1. 运动副是连接，连接也就是运动副。（   ）
2. 构件都是可动的。（   ）
3. 机器的传动装置都是机构。（   ）
4. 固定机床床身的螺栓和螺母组成螺旋副。（   ）
5. 组成移动副的两构件间的接触形式，只有平面接触。（   ）
6. 两构件通过内、外表面接触，可组成转动副，也可组成移动副。（   ）
7. 机构的构件之间可以有确定的相对运动。（   ）
8. 机器动力部分是机器运动的来源。（   ）
9. 螺纹副也是运动副，它是低副的一种。（   ）
10. 高副能传递复杂运动，低副不能传递较复杂运动。（   ）

二、选择题（每题 2 分，共 14 分）
11. 组成机器的运动单元是（   ）。
   A. 机构　　　　　B. 构件　　　　　C. 部件　　　　　D. 零件
12. 机器工作部分的结构形式取决于（   ）。
   A. 动力装置　　　B. 传动类型　　　C. 电力装置　　　D. 机器的用途
13. 下列可作为工作机的是（   ）。
   A. 车床　　　　　B. 电动机　　　　C. 空气压缩机　　D. 内燃机
14. 下图所示示机构中，改变运动形式的是（   ）。

A.　　　　　　　　　　　　　B.

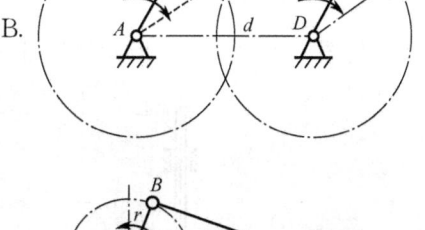

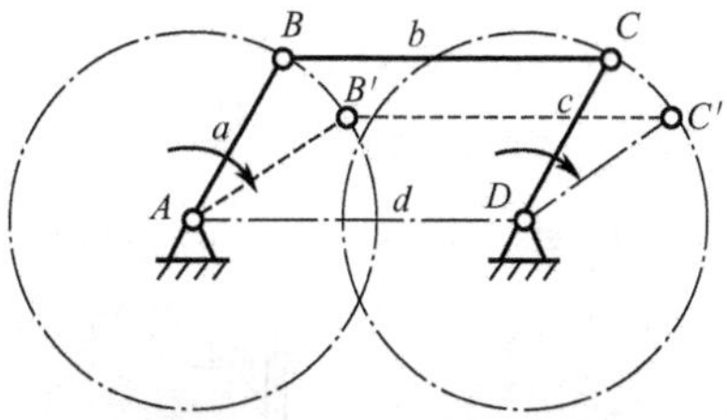

C. 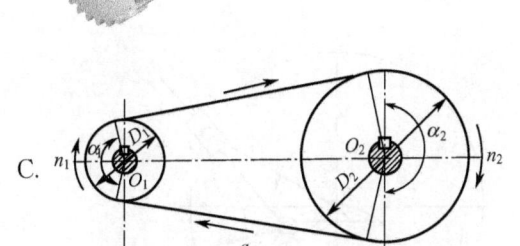　　　　　　　　　　　　　D.

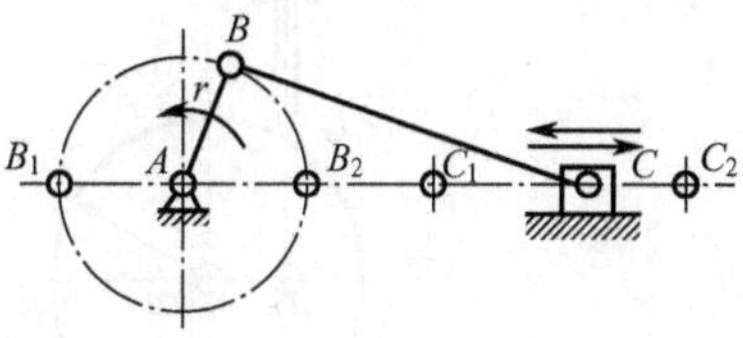

15. 效率较低的运动副的接触形式是（   ）。
   A. 齿轮啮合接触　B. 凸轮接触　　　C. 螺旋副　　　　D. 车轮与导轨接触
16. 属于机床传动装置的是（   ）。
   A. 电动机　　　　B. 拖板　　　　　C. 齿轮机构　　　D. 主轴
17. 车床中丝杠与螺母组成的运动副是（   ）。
   A. 转动副　　　　B. 移动副　　　　C. 螺旋副　　　　D. 高副

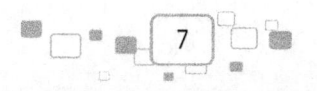

三、填空题（每题 2 分，共 42 分）

18. 机器或机构，都是由_____组合而成的，且相互间具有_____。机器与机构通称为_____。

19. 机器可以用来_____人类的劳动，完成有用的_____。其主要功能是利用_____或_____实现的。

20. 机构的主要功能在于_____运动或_____运动的形式。

21. 机器基本上是由_____、_____和_____三部分组成的。自动化机器中还有_____。

22. 机器的工作部分是直接完成机器_____的部分，处在整个传动装置的_____，其结构形式取决于机器的_____。

23. 单缸内燃机中的连杆是_____件，它是由螺杆、螺母、连杆体等组成的。

24. 房门的开、关运动，是_____副在接触处所允许的相对运动。

25. 抽屉的拉出、推进运动，是_____副在接触处所允许的相对运动。

26. 暖水瓶的旋紧或旋开，是低副中的_____在接触处的复合运动。

27. 火车车轮在铁轨上运动时，车轮和铁轨构成_____。

四、综合分析题（共 24 分）

28. 分析图 4-1 所示自卸翻斗车装置中的机构有那些运动副。（12 分）

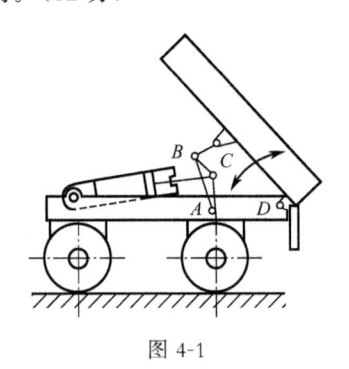

图 4-1

29. 分析图 4-2(a)、(b) 所示机构各有哪些运动副。（12 分）

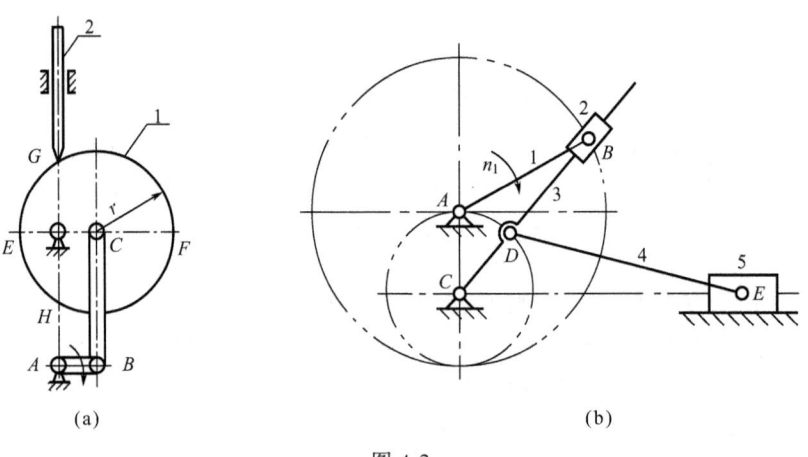

(a)　　　　　　　　　　　(b)

图 4-2

第5章 平面连杆机构阶段测试卷

一、判断题（每题 2 分，共 20 分）

1. 导杆机构中导杆的往复运动有急回特性。（   ）
2. 利用选择不同构件作固定机架的方法，可以把曲柄摇杆机构改变为双摇杆机构。（   ）
3. 在曲柄摇杆机构中，曲柄的极位夹角可以等于 90°，也可以大于 90°。（   ）
4. 平面连杆机构是由低副连接而成的，所以它不能实现较复杂的平面运动形式。（   ）
5. 在铰链四杆机构中，只要两连架杆都能绕机架上的铰链作整周转动，则一定是双曲柄机构。（   ）
6. 有急回特性的机构工作中一定会产生死点位置。（   ）
7. 当曲柄摇杆机构把往复摆动运动变成回转运动时，机构必存在"死点"位置。（   ）
8. 平面连杆机构各构件的运动轨迹必在同一平面或平行平面内。（   ）
9. 导杆机构中，构成转动导杆机构的条件是机架长度小于曲柄长度。（   ）
10. 在实际生产中，机构的"死点"位置对工作都是不利的，处处都要考虑克服。（   ）

二、选择题（每题 3 分，共 24 分）

11. 曲柄摇杆机构中，当曲柄为主动件时，若连杆的长度变短，则摇杆的摆角将（   ）。
    A. 变大   B. 变小   C. 不变   D. 不可确定

12. 以下不属于曲柄摇杆机构的是（   ）。
    A. 铲土机   B. 破碎机   C. 搅拌机   D. 剪板机

13. 以下不含有双摇杆机构的是（   ）。
    A. 飞机起落架   B. 牛头刨床的横向进给机构
    C. 自卸翻斗车   D. 车辆前轮转向机构

14. 能将转动运动与往复直线运动相互转化的机构是（   ）。
    A. 曲柄摇杆机构   B. 螺旋传动
    C. 曲柄滑块机构   D. 偏心轮机构

15. 改变摆动导杆机构中导杆摆角的有效方法是（   ）。
    A. 改变导杆长度   B. 改变曲柄长度
    C. 改变机架长度   D. 改变曲柄转速

16. 飞机起落架机构是依靠机构的（   ）来保证飞机降落的安全性的。
    A. 急回特性   B. "死点"位置
    C. 平面运动平稳性   D. 急回特性死点位置

17. 下列机构以最短杆为机架的应用实例是（   ）。
    A. 惯性筛   B. 飞机起落架
    C. 偏心轮机构   D. 缝纫机踏板机构

18. 某四杆机构中的最短杆能作整周转动，若以此杆的相邻杆为机架时，机构类型可能为（   ）。
    A. 曲柄摇杆机构   B. 双曲柄机构
    C. 双摇杆机构   D. A 和 C

三、填空题（每题1分，共20分）

19. 我们把四杆机构中_____的平均速度大于_____的平均速度的性质称为急回特性。生产实际中常利用这一特性来缩短_____时间，以提高_____。

20. 偏心轮机构是由_____机构演而来的，它只能以_____为主动件。

21. 公共汽车车门启闭机构属于_____机构；雷达天线的俯仰摆动机构属于_____机构。

22. 描述急回运动快慢的参数为_____。只有当_____时，机构才具有急回特性。

23. 机车车轮联动装置，应用的是_____机构，运动中机构会出现_____现象，数量为_____个，要顺利渡过该位置的常用方法是_____。

24. 导杆是机构中与另一运动构件组成_____副的构件；导杆机构中运动副形式为_____副与_____副。

25. 牛头刨床的横向进给机构应用了_____四杆机构，而滑枕机构应用了_____机构，这两个机构的共同特点是均具有_____运动特性。

26. 一对心曲柄滑块机构，滑块往复运动的速度为5m/s，曲柄转速为1000r/min，则曲柄长度为_____ mm。

四、综合题（共36分）

27. 根据图 5-1 所示各杆尺寸和以 AD 为机架，判断并指出各铰链四杆机构的名称。（7分）

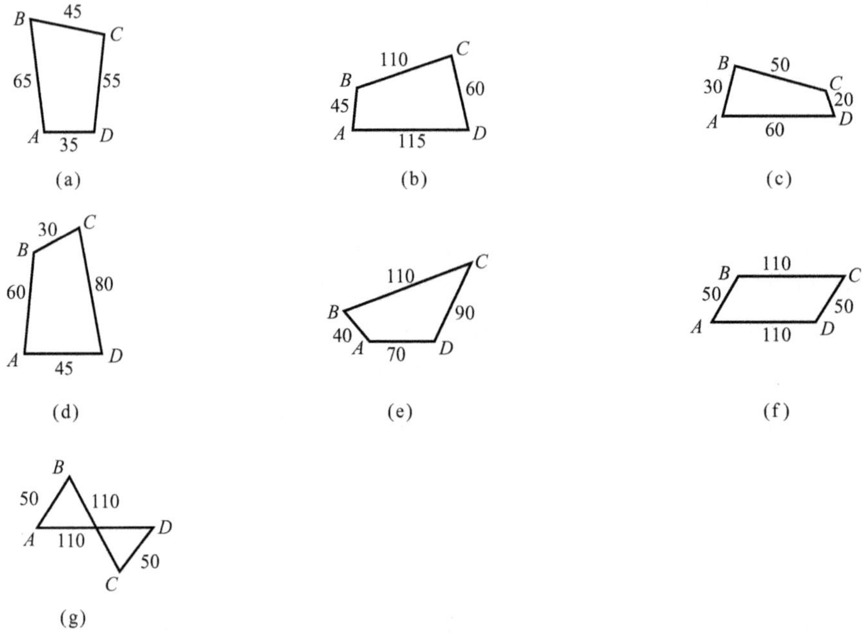

图 5-1

28. 按图 5-2 所示脚踏砂轮机构示意图回答：（5分）

（1）该砂轮机构属于_____机构。

（2）当脚踏到_____时，砂轮可能停止转动，该位置称为_____位置。

（3）作图标出"死点"位置。（2分）

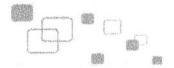

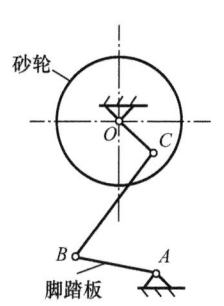

图 5-2

29. 如图 5-3 所示为一平面四杆机构，试回答：（11 分）
(1) 图示机构为_____机构，判定理由是_____。
(2) 该机构是由_____机构演化而来的，BC 为_____，AC 为_____。
(3) 在图中作出 θ 及 ψ。（4 分）
(4) 如 BC 杆在工作行程中转过 240°，则 K = _____，_____（有、无）急回特性。

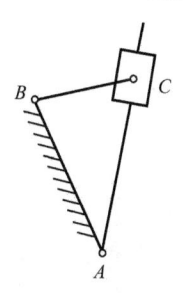

图 5-3

30. 如图 5-4 所示的机构中，已知 AB = 20mm，BC = 60mm，e = 10mm，则：（13 分）

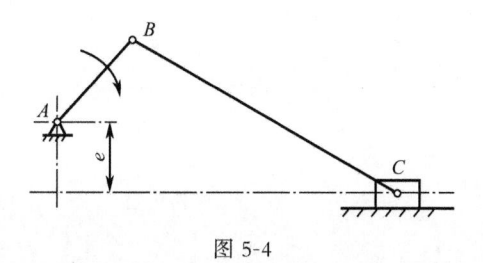

图 5-4

(1) e ≠ 0 时，该机构的名称是_____；AB 为曲柄的条件是_____。当 AB 为主动件时，它_____（具有，不具有）急回特性，它_____（具有，不具有）"死点"位置。
(2) 作出极位夹角 θ 以及滑块 C 在图示位置时的压力角 α。（4 分）
(3) 构件 C 的行程 H = _____。
(4) 若 e = 0 时，此机构的名称是_____；当 AB 为主动件时，它（具有，不具有）急回特性，理由是_____；此时滑块 C 的行程 H = _____。
(5) 图示机构中滑块的急回方向为_____。

第6章 凸轮机构阶段测试卷

一、判断题（每题2分，共20分）

1. 设计凸轮时，应在机构受力许可的情况下，尽量把压力角取得大些，以便使机构尽可能紧凑。（   ）
2. 滚子从动件的运动规律可按要求任意拟定。（   ）
3. 由于滚子式从动件摩擦阻力小，承载能力大，故可用于高速场合。（   ）
4. 为避免刚性冲击，可采用 $r = h/2$ 的过渡圆弧修正位移曲线转折处。（   ）
5. 凸轮机构仅适用于实现特殊要求的运动规律，且传力不太大的场合，但可以高速启动。（   ）
6. 在自动车床中，如果采用凸轮控制刀具的进给运动，则在切削加工阶段时，从动件应采用等速运动规律。（   ）
7. 凸轮机构的压力角越大，机构的传力性能就越差。（   ）
8. 滚子从动件的凸轮机构中，为了避免产生刚性冲击，应按等速运动规律运动。（   ）
9. 凸轮的理论轮廓线与实际轮廓线是否相同，取决于从动件的端部形状。（   ）
10. 采用等加速等减速运动规律，从动件在整个运动过程中速度不会发生突变。（   ）

二、选择题（每题2分，共22分）

11. 作等速运动规律的从动件，产生刚性冲击的位置有（   ）。
   A. 升程的起点　　　　　　B. 升程的终点
   C. 升程的中点　　　　　　D. 升程的起点和终点
12. 滚子式从动件凸轮机构，当（   ）时，从动件运动规律不会"失真"。
   A. $r_t > \rho_{min}$　　B. $r_t = \rho_{min}$　　C. $r_t < \rho_{min}$　　D. $r_t \leq \rho_{min}$
13. （   ）从动件对于较复杂的凸轮轮廓曲线，也能准确地获得所需要的运动规律。
   A. 顶尖式　　　B. 滚子式　　　C. 平底式
14. （   ）机构可使从动件得到较大的行程。
   A. 盘形凸轮　　B. 圆柱凸轮　　C. 移动凸轮
15. 下列机构中要用凸轮机构的是（   ）。
   A. 绕线器　　　B. 电影放映机　　C. 抽水机　　　D. 港口起重机
16. （   ）是影响凸轮机构结构尺寸大小的主要参数。
   A. 滚子半径　　B. 压力角　　　C. 基圆半径
17. 结构紧凑、润滑性能好、摩擦阻力较小，适用于高速凸轮机构的从动件类型是（   ）。
   A. 曲面式　　　B. 尖顶式　　　C. 滚子式　　　D. 平底式
18. 属于空间凸轮机构的有（   ）。
   A. 移动凸轮机构　　　　　　B. 圆柱凸轮机构
   C. 盘形槽凸轮机构　　　　　D. 盘形凸轮机构
19. 为提高仪表，记录仪等机构工作的灵敏性，常用（   ）凸轮机构。
   A. 滚子式　　　B. 尖顶式　　　C. 平底式　　　D. 曲面式
20. 凸轮机构在动作时产生刚性冲击的缘故是（   ），产生柔性冲击的原因是（   ）。

A. 加速度的瞬间无限大　　　　　B. 瞬时加速度值有限突变
C. 速度瞬时值有限突变　　　　　D. 速度瞬时值无限大

三、填空题（每空 1 分，共 11 分）

21. 盘形凸轮从动件的_____不能太大，否则将使凸轮的_____尺寸变化过大。

22. 凸轮机构可用在作间歇运动的场合，从动件的运动时间与停歇时间的_____及停歇_____都可以任意拟定。

23. 作等加速等减速运动规律的凸轮机构，其从动件的位移曲线是_____线，速度曲线为_____，运动过程中将产生_____冲击。

24. 凸轮机构从动件的运动动规律决定了_____，而凸轮机构主动件常作_____运动。

25. 圆柱凸轮机构可使从动件得到很大位移的原因是_____。

26. 在一些传力小、速度低且要求准确实现任意运动规律场合下，我们一般选用_____凸轮机构。

四、综合分析题（共 47 分）

27. 如图 6-1 示为一机床的分度补偿机构，凸轮顺时针转动。试回答：(13 分)

（1）该机构由_____、_____等机构组成；

（2）写出下列各构件的名称：

①_____；②_____；③_____；

④_____；

（3）该复合机构中，主动件是构件_____；

（4）图示位置的下一瞬间，构件 3 将向_____方向转动，构件 4 将向_____方向移动。

（5）若③的转速中等，④的质量不大且负载较小的场合，应选_____运动规律；

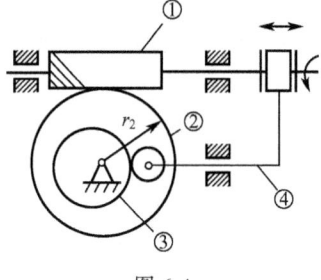

图 6-1

（6）作出③的理论轮廓线，及该接触点的压力角。

28. 如图 6-2 所示为一剪切机的结构示意图，构件 1 绕 A 点作等速转动，构件 2、3 为滚子，分析并回答下列问题：(19 分)

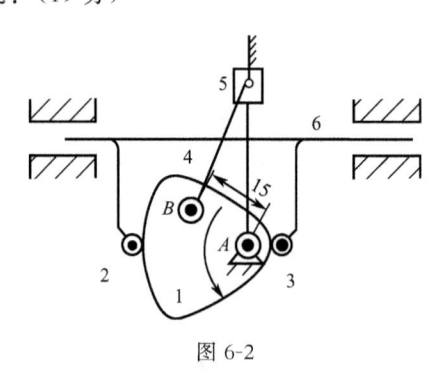

图 6-2

（1）该剪切机由_____和_____两个基本机构组成；(2 分)

（2）构件 5 上下移动的最大行程是_____，若以构件 5 为主动件，该机构_____（有、无）死点；(3 分)

（3）构件 1 和 2 之间的运动副属于_____，构件 1 和构件 4 的运动副是

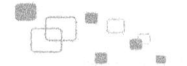

_____；（2分）

(4) 为了避免从动件6发生自锁，构件1和构件2在推程时的压力角必须满足条件_____，其压力角越小，则基圆半径_____；（4分）

(5) 若从动件6的运动规律如下：

φ	0°～150°	150°～210°	210°～360°
s	以速度 v,等速上升 20mm	停止不动	以加速度 a,等加速等减速回到原处

试画出其速度、加速度及位移曲线并指出其刚性或柔性冲击。（8分）

29. 如图6-3所示为某组合机构传动简图。图中，件1和轮2构成对心凸轮机构，其中件1的滚子半径 r_t = 5mm；轮2是圆心为 O，半径 r = 100mm的圆盘；轮2绕 A 点顺时针匀速转动并与件3在 B 点铰链连接；件4的转动中心为 D，极限位置为 C_1、C_2，且 D、C_1、E 共线；件5与件4、件3、滑块6铰链连接。已知：L_{OA} = 40mm，$L_{AD} = L_{DC} = L_{CE}$ = 200mm，$\angle ADC_2 = 90°$，$\angle C_1 DC_2 = \angle 30°$。试回答下列问题：

(1) 件1的行程 h = _____ mm。在推程中，压力角 $\alpha \leqslant$ _____ 时，件1不发生自锁。
(2) 轮2的基圆半径 r_0 = _____ mm，推程角 φ_1 = _____，远休止角 φ_2 = _____。
(3) 轮2与件1组成的运动副为_____副。
(4) 凸轮机构有_____处压力角为0°。图示位置压力角的正弦值等于_____。
(5) 铰链四杆机构 $ABCD$ 中，L_{AB} = _____ mm，L_{BC} = _____ mm。该机构的基本类型为_____机构。

（6）滑块 6 的最大压力角 α_{6max} = _____，行程 H = _____ mm。

（7）图示位置，滑块 6 的运动趋势为向_____。

（8）滑块 6 的急回方向向_____。

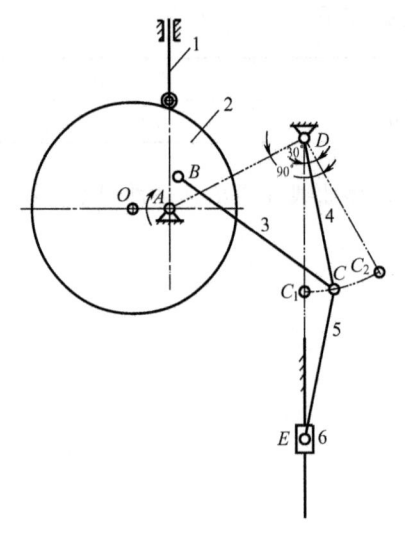

图 6-3

第7章 其他常用机构阶段测试卷

一、判断题（每题 2 分，共 20 分）

1. 在圆销进入或退出啮合时，槽轮机构无刚性冲出，运动较棘轮机构平稳。（　　）
2. 齿式棘轮机构的转角一定是"有级调节"的。（　　）
3. 六槽双销外啮合槽轮机构，曲柄转 2 周，则槽轮转过 120°。（　　）
4. 所有的变向机构都是采用增减惰轮的方法实现变向的。（　　）
5. 只要具有间歇运动的机构，肯定是步进运动机构。（　　）
6. 无论是有级变速机构还是无级变速机构，均只能在一定的速度范围内实现变速。（　　）
7. 有级变速机构，具有变速可靠、传动比准确、变速时无噪声等优点。（　　）
8. 当主动件转速一定时，槽轮机构槽轮的间歇运动周期只取决于曲柄的数目。（　　）
9. 采用遮板式调节棘轮转角时，遮板遮住的棘齿越多，棘轮转角越大。（　　）
10. 自行车后轴的"飞轮"运用了齿式棘轮超越机构。（　　）

二、选择题（每题 2 分，共 20 分）

11. 当从动件的转角需要经常改变时，可用（　　）机构实现。
    A. 间歇齿轮　　　B. 槽轮　　　C. 棘轮　　　D. 齿轮
12. 摩擦盘式无级变速机构是通过改变两盘的（　　）来获得不同传动比的。
    A. 接触角度　　　B. 接触半径　　　C. 接触面积　　　D. 接触点
13. 欲增加槽轮机构静止不动的时间，可采用（　　）的方法。
    A. 适当增大槽轮机构的直径　　　　B. 减少槽轮的槽数
    C. 缩短曲柄的长度　　　　　　　　D. 减少圆销数
14. 无级变速机构（　　）。
    A. 传动比准确　　　　　　　　　　B. 很少用做精确要求场合
    C. 传递功率大　　　　　　　　　　D. 结构复杂
15. 牛头刨床的进给运动机构采用的是（　　）。
    A. 槽轮机构　　　B. 棘轮机构　　　C. 间歇齿轮机构　　　D. 凸轮机构
16. 用于速度较快或定位精度要求较高的转位装置中，实现间歇运动的机构是　　　。
    A. 凸轮式间歇机构　　　　　　　　B. 内啮合槽轮机构
    C. 外啮合槽轮机构　　　　　　　　D. 不完全齿轮机构
17. 车床上为便于车出等差数列的螺距可采用（　　）变速机构。
    A. 拉键　　　B. 塔齿轮　　　C. 倍增　　　D. 机械无级
18. 槽轮的槽数 Z = 6，且槽轮静止时间为其运动时间的两倍，则圆销的数目为（　　）。
    A. 1　　　B. 2　　　C. 3　　　D. 4
19. 单圆销内啮合槽轮机构工作中的停歇时间（　　）单圆销外啮合槽轮机构的。
    A. 小于　　　B. 等于　　　C. 大于　　　D. 大于等于
20. 以下不是通过改变齿轮传动比大小来改变从动件转速的变速机构是（　　）。
    A. 塔齿轮变速机构　　　　　　　　B. 拉键变速机构

C. 倍增变速机构　　　　　　　　　　D. 分离锥轮式变速机构

三、填空题（每空 2 分，共 36 分）

21. 主动件转速一定时，槽轮机构的间歇周期取决于_____。
22. 车床走刀箱采用_____变速机构调节走刀速度。
23. 有一棘轮丝杠联动机构，已知棘轮齿数为 30，丝杠导程为 6mm，棘爪的摆角为 48°时，则工作台的移动距离为_____mm。
24. 在变速机构中齿轮在轴上的安装方法常见约有_____、_____和_____三种。
25. 变速机构分为_____和_____两大类，其中_____件的转动半径是用来变速的。
26. 槽轮机构的主动件是_____，它作_____运动，具有_____槽的槽轮是从动件。
27. 双动式棘轮机构，它的主动件有_____个棘爪，它们以先后次序推动棘轮转动，这种机构的间歇停留时间_____。
28. 内啮合槽轮机构的从动件是_____，圆销数为_____个。
29. 有一双圆销外啮合槽轮机构，槽轮有六条槽，主动件转速为 60r/min，当主动件转 1 转时，槽轮运动时间为_____，停歇时间为_____。

四、综合分析题（共 24 分）

30. 读识图 7-1 所示各机构，解答下列问题。(11 分)

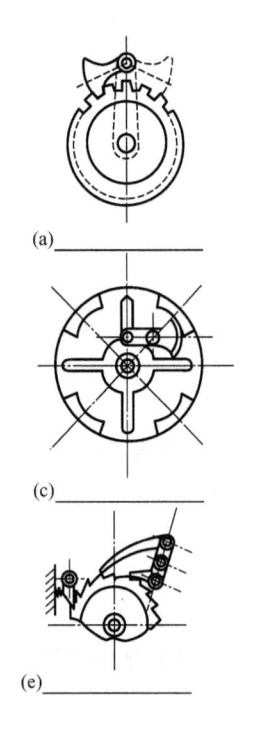

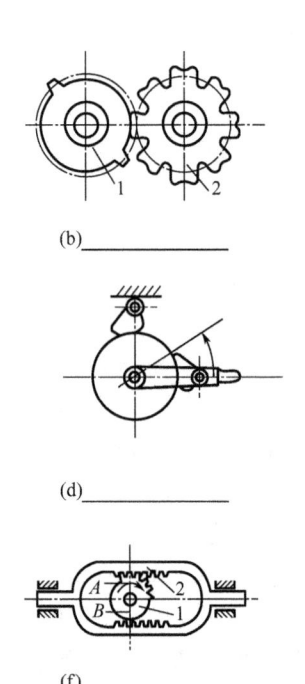

(a)_____　　　　　　　　　　(b)_____

(c)_____　　　　　　　　　　(d)_____

(e)_____　　　　　　　　　　(f)_____

图 7-1

(1) 在图中横线填出各机构名称；(3 分)
(2) 标出图 (a)、(b)、(f) 图示情况下从动件的间歇转动或移动方向。
(3) 从动件只能单向转动或移动的有图_____；能防止从动件逆动的有图_____

_____；从动件为单动式的有图_____；从动件为双动式的有图_____。

（4）当图7-1(f)中主动件上 A 点转至 B 点位置时，从动件运动方向_____（填"改变"或"不变"或"不确定"）。

31. 图7-2所示为打字机换行机构示意图。构件1绕 O_1 点等速转动，其轮廓是以 O_2 为圆心、半径为 r 的圆；机构与同轴的直径为60mm的打印机输纸皮辊组成一个整体并作间歇运动。分析并回答一下问题。（13分）

（1）该组合机构由_____机构、_____机构和四杆机构组成。

（2）该组合机构有_____个低副，有_____个高副。

（3）构件6、7和机架组成的机构适合于转角_____（填"需要"或"不需要"）调节、传递动力_____（填"大"或"小"）的场合。

（4）若构件6每转过3齿，打字机变换一行，且行距为9.42mm，则构件6的齿数等于_____，构件6的最小转角为_____。

（5）在2、3、4和5组成的四杆机构中，若构件3为最短杆，该四杆机构属于_____（填"双曲柄"、"双摇杆"或"曲柄摇杆"）机构。

（6）在构件1、2和5组成的机构中，若仅增加构件1的半径值，该机构压力角将_____（填"变大"、"不变"或"变小"）。

（7）在图中作出构件1、2和5组成机构的基圆。

（8）在图中作出构件1、2和5组成机构的理论轮廓曲线。

（9）在图中作出构件1运动到图示位置时，构件2的压力角 α。

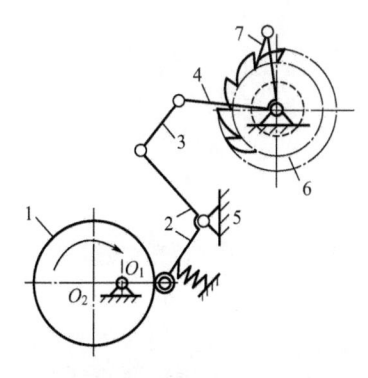

图7-2

第 8 章　摩擦轮传动与带传动阶段测试卷

一、判断题（每题 2 分，共 20 分）

1. 摩擦轮传动中，为防止过载打滑时在主动轮的轮面上产生局部磨损，从动轮则多使用硬质材料制成。（　　）
2. 各种带传动都是通过摩擦力传递运动和动力的。（　　）
3. 相同条件下，包角越小，带传动的传动能力越弱。（　　）
4. C2240 GB 11544—1989 表示 B 型普通 V 带，内周长度为 1400mm。（　　）
5. V 带带轮的直径不能过大，否则弯曲应力过大而使带的寿命下降。（　　）
6. V 带安装时，带两侧面及底部与带轮轮槽接触，这样可保证具有较大的摩擦力。（　　）
7. 为保证弯曲变形后的带与带轮两侧面接触良好，V 带轮的槽角应大于带的楔角。（　　）
8. V 带传动张紧轮应安放在松边外侧靠近小带轮处。（　　）
9. 对于中等中心距的带传动，带的张紧程度以大拇指能将带按下 15mm 为宜。（　　）
10. 由于存在弹性滑动，故带传动的传动比不准确。（　　）

二、选择题（每题 2 分，共 20 分）

11. 下列关于摩擦力传动的特点描述，错误的是（　　）。
　　A. 传动平稳、噪声小　　　　　　　　B. 结构简单，维修容易
　　C. 传动比不精确　　　　　　　　　　D. 能传递较大的动力
12. 机床的传动系统中，在高速级采用带传动的主要目的是（　　）。
　　A. 能获得较大的传动比　　　　　　　B. 制造和安装方便
　　C. 传动平稳　　　　　　　　　　　　D. 可传递较大的功率
13. 某传动采用带传动，要求两轴平行，且两轮转向相反，那么可采用（　　）。
　　A. V 带传动　　　　　　　　　　　　B. 平带开口式传动
　　C. 平带交叉传动　　　　　　　　　　D. 平带半交叉传动
14. 对开口式带传动的包角验算后，发现包角过小，则可采取的措施是（　　）。
　　A. 增大中心距　　　　　　　　　　　B. 增大大带轮直径
　　C. 增大传动比　　　　　　　　　　　D. 减小带速
15. V 带的承载性能主要取决于（　　）。
　　A. 强力层　　　　B. 伸张层　　　　C. 压缩层　　　　D. 包布层
16. 带轮的最小直径取决于（　　）。
　　A. 带速　　　　　B. 带轮直径　　　C. 带的型号　　　D. 功率
17. 带传动中采用张紧装置的目的是（　　）。
　　A. 减轻带的弹性滑动　　　　　　　　B. 提高带的寿命
　　C. 改变带的运动方向　　　　　　　　D. 调节带的预紧力
18. 带传动的使用时，新旧带不能混用，原因是（　　）。
　　A. 混用会不安全　　　　　　　　　　B. 混用会使效率降低
　　C. 混用会使各根带寿命不一致　　　　D. 混用会使各根带载荷分布不匀
19. 单根三角带所能传递的功率主要与以下因素有关（　　）。

A. 转速、型号、中心距　　　　　　　　　B. 小轮包角、型号、工况情况
C. 带速、型号、小轮直径　　　　　　　　D. 小轮直径、小轮包角、中心距

20. 以下关于带传动优点的表述中，（　　）是错误的。
A. 带传动的吸振性好　　　　　　　　　　B. 带传动平稳、无噪声
C. 带传动的传动距离大　　　　　　　　　D. 带传动可以保证精确的传动比

三、填空题（每空 2 分，共 32 分）

21. 摩擦轮传动的不打滑条件是_____。带传动的不打滑条件是_____。

22. 提高摩擦轮传动能力的措施有_____、_____。

23. 考虑弹性滑动，主动轮速度 $v_主$、从动轮速度 $v_从$、带速 $v_带$ 关系是_____。

24. 带传动的中心距一定时，两带轮直径差越大，则包角越_____；中心距和 D_1 一定时，传动比越大，包角越_____。

25. 平带传动的传动比不应超过_____，V 带传动的传动比不应超过_____，否则会造成传动尺寸变_____，包角变_____。

26. V 带传动的带速范围是_____，过低，则_____大，易打滑；过高，则_____大，使传动能力下降。

27. 带传动的张紧方法有_____和_____。

四、计算题（共 18 分）

28. 某外接圆柱式摩擦轮传动，中心距为 300mm，传动比为 2，主动轮转速为 500r/min。求：两轮直径，从动轮转速。（8 分）

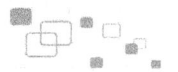

29. 已知某平带传动，主动轮直径 $D_1 = 250$mm，转速 $n_1 = 1200$r/min，从动轮转速 n_2 为 400r/min，中心距为 800mm。试求传动比 i_{12}，从动轮直径 D_2，带的长度，并校核小带轮的包角是否合适。（10 分）

五、综合题（共 10 分）

30. 如图所示为 V 带传动结构简图。已知：主动轮为小带轮，直径 $D_1 = 200$mm，以 $n_1 = 1440$r/min 等速转动，转向如图所示；中心距 $a = 1000$mm，传动比 $i = 3$。分析计算后，回答下列问题（不考虑弹性滑动）：

(1) 图中从动轮的转向为_____。大带轮的直径 $D_2 = $_____mm。

(2) 小带轮的包角 $\alpha = $_____，经验算后____（满足、不满足）要求。

(3) N 点的工作速度 $v = $_____m/s，经验算后_____（符合、不符合）要求。

(4) 带的长度 $L = $_____mm。

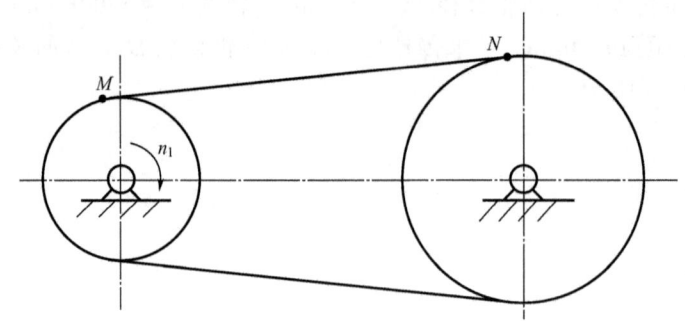

图 8-1

（5）传动带长期使用后，张紧能力将下降。一般情况下，在_____不能调整时，可采用安装张紧轮的方法来保持传动能力。此时，应将张紧轮放在 V 带的松边_____靠_____轮。

第 9 章　螺旋传动阶段测试卷

一、判断题（每题 2 分，共 20 分）

1. 公称直径相同时，与粗牙螺纹相比，细牙螺纹的小径大，导程角较小，自锁性好。（　）
2. 普通螺纹和管螺纹牙型均为三角形，二者在应用上可以互换。（　）
3. 矩形螺纹常用于单向受力的传动机构。（　）
4. 锯齿形螺纹的传动效率比梯形螺纹的高，但比矩形螺纹的低。（　）
5. 常用于高压、高温、密封要求高的管路连接的螺纹应是矩形螺纹。（　）
6. 螺纹的公称直径是指螺纹大径的基本尺寸。（　）
7. M18×1.5 与 M18 螺纹相比，前者小径小，螺距大，因此强度低，自锁性好。（　）
8. 螺纹的牙型、大径和螺距三要素都符合国家标准的螺纹称为标准螺纹。（　）
9. 普通螺旋传动具有结构简单，传动连续、平稳，承载能力大，精度、效率高等特点。（　）
10. 从普通螺纹标记中可以识别螺纹的旋向及粗牙和细牙。（　）

二、选择题（每题 2 分，共 20 分）

11. 传动效率高，但强度和对中性差的传动螺纹是（　　）。
   A. 普通螺纹　　　　B. 锯齿形螺纹　　　　C. 矩形螺纹　　　　D. 梯形螺纹
12. 梯形螺纹牙型半角为（　　）。
   A. 15°　　　　B. 20°　　　　C. 30°　　　　D. 55°
13. 车床中丝杆常使用（　　）螺纹。
   A. 普通螺纹　　　　B. 锯齿形螺纹　　　　C. 矩形螺纹　　　　D. 梯形螺纹
14. 下列螺纹中，（　　）常用于静连接。
   A. 普通螺纹　　　　B. 锯齿形螺纹　　　　C. 矩形螺纹　　　　D. 梯形螺纹
15. 螺纹顶径是指（　　）。
   A. 螺纹大径　　　　　　　　　　　　　　B. 螺纹小径
   C. 外螺纹大径和内螺纹小径　　　　　　　D. 内螺纹大经和外螺纹小径
16. 以下标记的螺纹中，最可能用做轴上零件轴向固定的是（　　）。
   A. M27×1　　　　B. M27　　　　C. Tr36×6　　　　D. G1.5A
17. 下列螺纹标记中，表示细牙普通螺纹的是（　　）。
   A. M24×1.5　　　　B. M12—6H　　　　C. Rc1$\frac{3}{4}$　　　　D. Tr24×9（P3）
18. 下列螺纹标记中，属于内螺纹的是（　　）。
   A. R1$\frac{1}{4}$-LH　　　　　　　　　　B. G1$\frac{1}{4}$A-LH
   C. Tr24×9（P3）—6H　　　　　　　　D. M30×1.5LH—5g6g
19. 下列螺纹标记中，表示出螺纹大径公差带代号的是（　　）。
   A. Tr42×3LH—5g　　　　　　　　　　B. M30×1.5LH—5H

C. Tr24×9（P3）—6H 　　　　　　D. M24—5g6g

20. 下列螺纹标记中，属于左旋内螺纹的是（　　）。

A. G1$\frac{3}{4}$B 　　　　　　B. M30×1.5LH—5G6G

C. Tr24×9（P3）—6H 　　　　　　D. Tr42×8LH—5g

三、填空题（每空2分，共28分）

21. 顺时针旋入的螺纹是_____螺纹。

22. 普通螺纹的牙型角为_____，且常为_____线，其自锁性_____。按螺距不同，可分为_____螺纹和_____螺纹。

23. 管螺纹的牙型角为_____，梯形螺纹牙型角为_____，锯齿形螺纹牙型角为_____。

24. 螺距、导程、线数的关系是_____。

25. 相同条件下，矩形螺纹、锯齿形螺纹、梯形螺纹、三角形螺纹用于传动时，其效率大小顺序是_____。

26. 螺纹连接的自锁条件是_____。

27. 相同条件下，螺纹的导程角越大，则传动效率____，自锁性____。

四、计算题（共22分）

28. 某普通螺旋传动机构，采用的螺纹为Tr36×6（P3），该机构为螺杆原位回转，螺母往复移动。问：（1）当螺母移动90mm时，螺杆需转多少圈？（2）螺杆转60°时，螺母移动多少？（3）若螺杆的圆周上有刻度，刻度数为100，那么当螺杆转1个刻度时，螺母移动多少？（10分）

29. 图 9-1 所示是某差动螺旋传动的微调镗刀结构简图。螺杆 1 在 a、b 两处相同，刀套 2 固定，镗刀 3 在刀套 2 中不能回转只能移动。已知，a 处螺纹的导程为 2mm，螺杆 1 图示方向旋转 1r 时，镗刀 3 向右移动 0.5mm，试分析：（12 分）

(1) 若 a 处螺纹旋向为右旋，则 b 处螺纹旋向和导程为多少？

(2) 若 a 处螺纹旋向为左旋，则 b 处螺纹旋向和导程为多少？

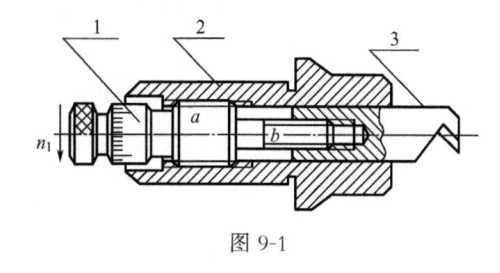

图 9-1

五、综合题（共 10 分）

30. 分析题图 9-2 所示摩擦压力机的工作原理，回答下列问题。

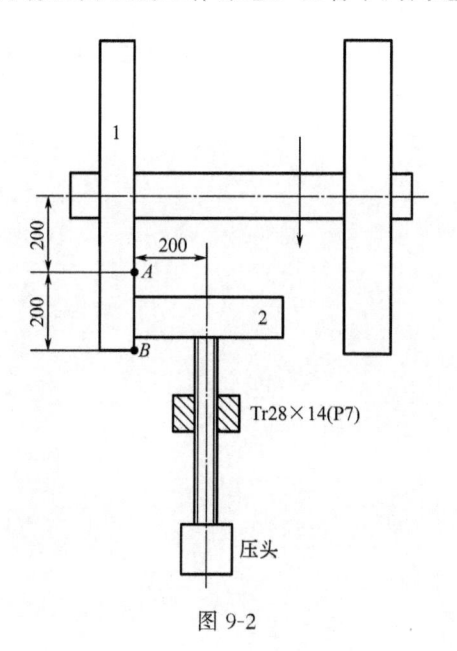

图 9-2

（1）该压力机由_____机构和_____机构_____（串联、并联）组成而成的复合装置。

（2）由题图可知，压头是_____下降的。（填"等速"、"加速"、"减速"）

（3）为了使轮 1 和轮 2 之间能正常传动，必须使两轮之间产生的_____足以克服从动轮上的_____，否则会出现_____现象。

（4）图示情况下，压头运动方向为向_____。

（5）图中 A、B 两点为轮 1 调节的极限位置。轮 1 的转速 $n_1 = 1000 \text{r/min}$，则压头的最大移动速度 v_{max} 约为_____m/min。

第 10 章　链传动和齿轮传动阶段测试卷

一、判断题（每题 2 分，共 30 分）

1. 套筒滚子链采用的接头形式有开口销、弹簧夹和过渡链节三种，其中过渡链节是用在链节数为奇数的链条上的。（　　）
2. 滚子链的套筒与滚子，外链板与销轴均为过盈配合。（　　）
3. 使用长链节、多齿数的链轮，可降低链传动的多边形效应。（　　）
4. 发生线在基圆上滚过的线段长度等于基圆上被滚过的弧长。（　　）
5. 平行轴齿轮传动、相交轴齿轮传动属于平面传动，交错轴齿轮传动属于空间传动。（　　）
6. 用范成法加工齿数少于 17 的齿轮时，必将会发生根切现象。（　　）
7. 与相同模数、压力角的标准齿轮相比，正变位齿轮的齿厚大，槽宽小，强度高。（　　）
8. 在齿轮精度 7-6-6 GM GB10095—1998 的标注中，7 是接触精度等级。（　　）
9. 适当提高齿面硬度，可以有效地防止或减速减缓齿面点蚀、磨损、胶合和塑性变形这四种失效形式。（　　）
10. 在分度圆半径不变的条件下，齿形角越大，则齿顶变宽，齿根变瘦，承载能力降低。（　　）
11. 齿轮传动时，在节点处，两轮的线速度大小相等。（　　）
12. 斜齿轮螺旋角越大，传动时所产生的轴向推力也越大。（　　）
13. 相对于直齿轮而言，斜齿轮传动的的平稳性好，但承载能力弱。（　　）
14. 一对圆锥齿轮传动，相当于一对作纯滚动的圆锥摩擦轮传动。（　　）
15. 标准模数相同的直齿、斜齿圆柱齿轮的全齿高相等。（　　）

二、选择题（每题 2 分，共 20 分）

16. （　　）是链传动承载能力、链及链轮尺寸的主要参数。
  A. 链轮齿数　　　　B. 链节距　　　　C. 链节数　　　　D. 中心距
17. 链传动中，要求传动速度高和噪音小时，宜选用（　　）。
  A. 套筒滚子链　　　B. 牵引链　　　　C. 齿形链　　　　D. 起重链
18. 下列关于渐开线性质的描述，错误的是（　　）。
  A. 基圆的切线必为渐开线上某点的法线
  B. 基圆上齿形角为零
  C. 基圆内有渐开线
  D. 渐开线的形状取决于基圆大小
19. 标准渐开线齿轮在（　　）上的齿形角为 20°。
  A. 分度圆　　　　　B. 齿根圆　　　　C. 节圆　　　　　D. 齿顶圆
20. 一对渐开线标准直齿圆柱齿轮啮合传动中，啮合角的大小是（　　）的。
  A. 由大到小逐渐变化　　　　　　　　B. 由小到大逐渐变化
  C. 由小到大再到小逐渐变化　　　　　D. 始终保持不变

21. 齿轮传动的连续传动条件是（　　）。
   A. ε = 1　　　　B. ε＞1　　　　C. ε＜1　　　　D. ε＞0
22. 直齿锥齿轮（　　）的模数是标准值。
   A. 平均分度圆上　　B. 大端上　　C. 小端上　　D. 法面
23. 斜齿轮的法面模数与端面模数的关系是（　　）。
   A. $m_n = m_t \cos\beta$　　B. $m_t = m_n \cos\beta$　　C. $m_n = m_t \sin\beta$　　D. $m_t = m_n \sin\beta$
24. 用确定刀具范成加工齿轮时，是否发生根切现象，主要取决于刀具与齿轮的啮合极限点，而啮合极限点的位置取决于（　　）。
   A. 齿轮模数　　B. 齿顶圆直径　　C. 基圆半径　　D. 刀具的齿距
25. 已知一齿轮泵中，两渐开线圆柱外齿轮为正常齿，齿数分别为 12 和 36，模数为 2mm，中心距为 48 mm，则该齿轮传动为（　　）。
   A. 标准直齿轮传动　　　　　　　　B. 标准斜齿轮传动
   C. 高度变位齿轮传动　　　　　　　D. 角度变位齿轮传动

三、填空题（每空 1 分，共 15 分）

26. 水平布置的链传动中，松边常布置在____方。
27. 模数是指分度圆上_____与____比值，该值_____（要、不要）符合标准值。
28. 正常齿制直齿圆柱外齿轮中，当_____时，基圆半径小于齿根圆半径，齿轮的齿廓_____（全部、部分）为渐开线。
29. 斜齿轮的端面齿廓为_____；法面齿廓为_____。
30. 齿轮的加工方法有_____和_____。其中，精度高的是_____。
31. 变位系数是_____与_____的比值。
32. 齿轮传动发生齿面塑性变形时，主动轮节线处会出现_____，从动轮节线处会出现_____。

四、计算题（共 20 分）

33. 某正常齿制直齿圆柱标准齿轮，$m = 5$mm，$z = 100$，试求：渐开线在分度圆上的曲率半径 ρ、齿顶圆的曲率半径 ρ_a、齿顶圆齿形角 α_a。（10 分）

34. 一对齿数为 z_1、z_2 的标准直齿圆柱齿轮传动，正常齿制，两轮转向相同，$i_{12}=3$，大齿轮齿数 $z_2=60$，测得大齿轮的齿顶圆直径为 $d_{a2}=117.16$ mm，试求：（1）z_1 和 m；（2）d_{a1}、d_{f2}、a。（10 分）

五、综合题（共 15 分）

35. 如图 10-1 所示为一对渐开线直齿圆柱齿轮的啮合原理图，齿轮 O_1 为主动轮，根据图中给定的条件，完成下列各题：（9 分）

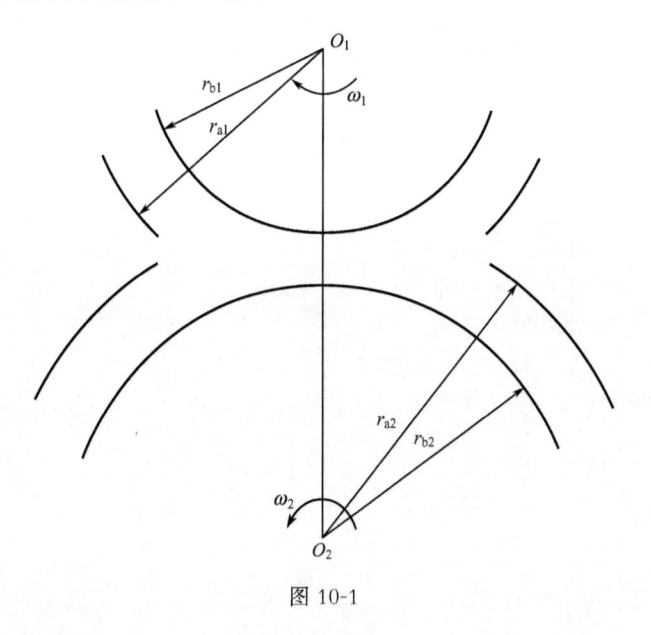

图 10-1

（1）补画出理论啮合线 N_1N_2，实际啮合线 B_1B_2；
（2）标出节点 P 和啮合角 α'；
（3）若齿轮的齿数分别为 $z_1=40$，$z_2=80$，模数 $m=2$ mm，安装中心距为 120 mm，则

$O_1P = $ _____ ，$\alpha' = $ _____ ;

（4）若将安装中心距调整为 122mm，则 $O_1P/O_2P = $ _____，相对于中心距未调整前，此时的重合度 ε _____ （填"变大"或"变小"）；

（5）当 B_1B_2 _____ p_b 时，才能保证传动连续。

36. 如图 10-2 所示传动装置，动力从轮 1 输入，齿轮 1、2 组成斜齿轮传动，要求中间轴两轮的轴向力相反。试分析并回答下列问题。（共 6 分）

（1）齿轮 4 的转向为向_____。

（2）齿轮 1 的圆周力方向为_____，齿轮 2 的径向力方向为_____，齿轮 3 的轴向力方向为_____。

（3）齿轮 1 的旋向为_____，齿轮 2 的旋向为_____。

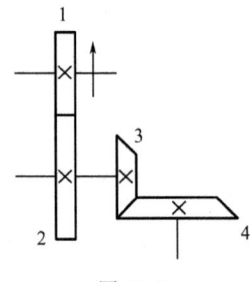

图 10-2

第11章 蜗杆传动阶段测试卷

一、判断题（每题2分，共20分）
1. 蜗杆传动用来传递两垂直相交轴之间的运动和动力。（   ）
2. 按规定蜗杆的导程角 γ 与蜗轮的螺旋角 β 两者之间的关系是 $\gamma=\beta$。（   ）
3. 在蜗杆传动中，蜗杆通常为主动件。（   ）
4. 通过蜗轮轴线，且与蜗杆轴线相垂直的平面称为主平面。（   ）
5. 相同条件下，蜗杆直径系数 q 值越小，则蜗杆的刚性越好，传动效率越高。（   ）
6. 任何蜗杆传动都具有自锁性能。（   ）
7. 与齿轮传动相比，蜗杆传动的传动比大，传动效率高。（   ）
8. 仅模数和齿形角相同的蜗杆与蜗轮是不能任意互换啮合的。（   ）
9. 为了减小摩擦，提高蜗杆传动的效率，蜗轮常采用青铜等减摩材料。（   ）
10. 蜗杆传动中，啮合为逐渐进入和逐渐退出，故传动平稳性好。（   ）

二、选择题（每题2分，共12分）
11. 一蜗杆传动，已知蜗杆头数 $z_1=2$，直径系数 $q=18$，蜗轮齿数 $z_2=48$，模数 $m=2\text{mm}$，则该传动中心距 a 等于（   ）mm。
    A. 50   B. 66   C. 68   D. 70
12. 蜗杆传动属于（   ）。
    A. 平行轴齿轮传动   B. 相交轴齿轮传动
    C. 交错轴齿轮传动   D. 开式传动
13. 在蜗杆传动中，蜗杆与蜗轮的轴线位置在空间一般交错成（   ）。
    A. 60°   B. 90°   C. 120°   D. 180°
14. 蜗杆传动在主平面内相当于（   ）相啮合。
    A. 标准齿条与渐开线齿轮   B. 螺杆和螺母
    C. 渐开线齿轮与渐开线齿轮   D. 标准齿条与标准齿条
15. 传动比大且准确的是（   ）。
    A. 带传动   B. 链传动   C. 蜗杆传动   D. 齿轮传动
16. 蜗杆模数 m、头数 z_1 一定时，蜗杆直径系数 q 值越大，则（   ）。
    A. 蜗杆刚性越好，传动效率越高   B. 蜗杆刚性越好，传动效率越低
    C. 蜗杆刚性越差，传动效率越低   D. 蜗杆刚性越差，传动效率越高

三、填空题（每空2分，共30分）
17. 阿基米德蜗杆的轴向齿廓为_____，法向齿廓为_____，端面齿廓为_____；蜗轮的端面齿廓为_____。
18. 在主平面内，蜗杆齿廓为_____，蜗轮齿廓为_____，蜗杆传动相当于_____传动。
19. 蜗杆传动的自锁条件_____。
20. 为避免根切，蜗杆传动中，要求：当 $z_1=1$ 时，$z_{2\min}=$ _____；当 $z_1>1$ 时，$z_{2\min}=$ _____。

21. 蜗杆传动的参数以_____的参数为标准参数。

22. 蜗杆传动中，除 m、α 要符合标准外，蜗杆直径系数 q 也要符合标准，其目的是_____。

23. 蜗杆传动的正确啮合条件是_____、_____、_____。

四、计算题（共 18 分）

24. 有一传动比 $i_{12} = 30$ 的蜗轮传动。已知蜗杆头数 $z_1 = 1$，蜗杆顶圆直径 $d_{a1} = 40\text{mm}$，蜗轮顶圆直径 $d_{a2} = 64\text{mm}$，蜗杆轴转速 $n_1 = 900\text{r/min}$。试求：

（1）模数 m、直径系数 q、蜗轮齿数 z_2 及蜗轮转速 n_2；

（2）蜗杆分度圆直径 d_1、蜗轮根圆直径 d_{f2}；

（3）中心距 a；

（4）若材料的当量摩擦角为 $6°$，则该蜗杆传动有无自锁性？

五、综合题（共 20 分）

25. 题图 11-1 所示传动装置由带传动、蜗杆传动、直齿锥齿轮传动、斜齿轮传动、螺旋传动组成，其中，蜗杆采用单线，螺旋副采用 Tr40×7—7H/7e，螺母的移动方向向左，传动时要求轴Ⅱ、轴Ⅲ中的轴向力最小。试分析：

（1）带传动时，带的工作面为_____，带的结构由伸张层、压缩层、包布层和_____组成。

（2）带的型号是根据_____和_____选定的。

（3）若带轮直径分别为 $D_1 = 200\text{r/min}$，$D_2 = 400\text{r/min}$，带传动中心距为 650mm，电动机转速为 900r/min，则该带传动的带速_____（填"合适"、"不合适"），包角_____（填"合适"、"不合适"）。若包角不合适，在带轮直径不变的条件下，可采用_____方法。

（4）展成法加工蜗轮时，其不发生根切的最少齿数为_____。

（5）蜗杆1的_____模数为标准模数，齿轮3的_____模数为标准模数。

（6）该螺旋副中，丝杆的中径公差带代号为_____，线数为_____。

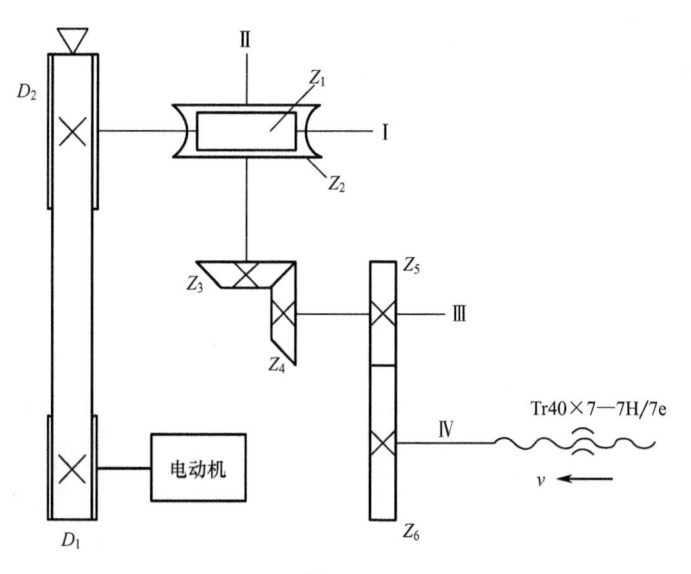

图 11-1

(7) 蜗杆 Z_1 的旋向为_____，齿轮 Z_5 的旋向为_____。

(8) 电动机的转动方向为_____，蜗杆 Z_1 的轴向力方向为_____，Z_1 的周向力方向为_____；齿轮 Z_4 的轴向力方向为_____，Z_4 的径向力方向为_____；齿轮 Z_6 的周向力方向为_____。

第 12 章 轮系阶段测试卷

一、判断题（每题 2 分，共 10 分）

1. 定轴轮系中，各齿轮的轴均是固定不动的。（　　）
2. 差动轮系可实现运动的合成与分解。（　　）
3. 轮系既可用于相距较远的两轴间传动，又可获得较大的传动比。（　　）
4. 既为前一级齿轮副中的主动轮，又为后一级齿轮副中的从动轮，这种齿轮称为惰轮。（　　）
5. 惰轮齿数的多少不影响轮系的总传动比，但可以改变轮系中从动轮的回转方向。（　　）

二、填空题（每空 3 分，共 24 分）

6. 滑移齿轮变向机构和三星轮变向机构是利用_____的奇偶数来实现变向的。
7. 用正负号表示齿轮转向时，$(-1)^m$ 中，m 表示首末两轮间_____对数；m 为偶数，则首、末两轮轴向_____；m 为奇数，则首、末两轮轴向_____。该方法只适用于_____轮系。
8. 周转轮系分为_____、_____两种，其中，可实现运动的合成与分解的是_____。

三、分析与计算题（共 66 分）

9. 如图 12-1 所示为某带式输送机传动系统图。已知：$n = 960$ r/min，减速器中各轮齿数 $Z_1 = 20$，$Z_2 = 60$，$Z_3 = 25$，$Z_4 = 50$，链轮齿数 $Z_5 = 9$，$Z_6 = 18$，滚筒的直径 $D = 200$ mm，计算并回答以下问题。（共 10 分）

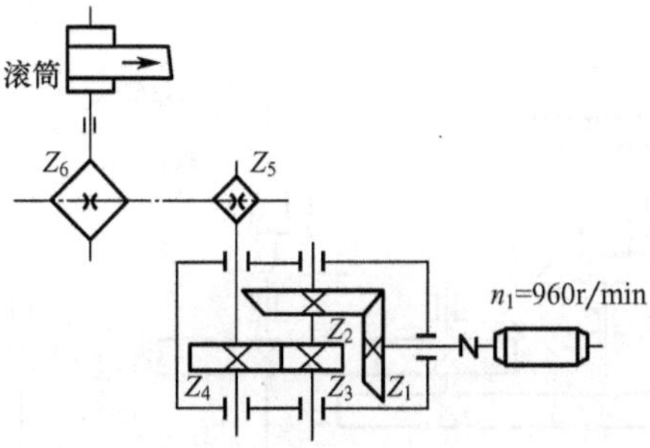

图 12-1

（1）该传动系统的传动比等于_____。
（2）齿轮 4 的转速 n_4 等于_____ r/min。
（3）输送带每分钟移动的距离等于_____ m。
（4）在图示方向传送时，电动机的转向为_____。（填"向上"或"向下"）。
（5）若 Z_3、Z_4 为模数等于 2 mm 的标准圆柱直齿渐开线齿轮，则齿轮 Z_3 的齿顶圆直径等于_____ mm，齿轮 Z_4 的基圆直径等于_____ mm。

10. 在图 12-2 所示的轮系中，已知 $n_1 = 600$ r/min，$Z_1 = 20$，$Z_2 = 40$，$Z_3 = 20$，$Z_4 = 60$，$Z_5 = 2$，$Z_6 = Z_7 = 40$，$Z_8 = 20$，其他参数如图所示。解答下列问题。（15 分）

(1) 螺纹代号"Tr40×14（P7）LH"中，Tr 表示_____螺纹，LH 表示该螺纹为_____旋。

(2) 蜗杆 5 的螺旋线旋向为_____旋，转速为_____ r/min。

(3) 齿条向_____移动，速度为_____ m/min。

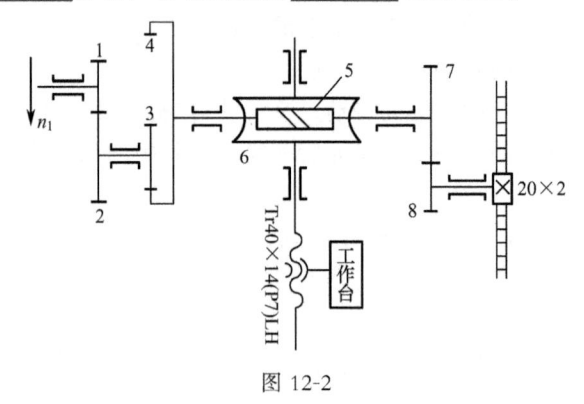

(4) 工作台向_____移动，移动速度为_____ mm/min。

图 12-2

(5) 蜗轮轴受到来自蜗杆的轴向力方向向_____，受到来自工作台的轴向力方向向_____。（填"上"或"下"）

(6) 若蜗杆 5 的模数和头数不变，则当蜗杆导程角增大时，蜗杆 5 的分度圆直径_____，传动装置的刚度_____，蜗杆传动的传动比_____。（填"增大"、"减小"或"保持不变"）

11. 如图 12-3 所示为一机械传动方案，Ⅰ轴为输入轴，按图中箭头所示方向转动。已知：$Z_1 = Z_2 = Z_3 = 30$，$Z_4 = Z_{12} = 20$，$Z_5 = Z_8 = 40$，$Z_6 = Z_7 = Z_9 = Z_{11} = 60$，$Z_{10} = 80$，$Z_1$、$Z_2$ 和 Z_3 为直齿圆锥齿轮，Z_4、Z_6 为斜齿轮，Z_{12} 为标准直齿圆柱齿轮。分析该传动方案，回答下列问题。（21 分）

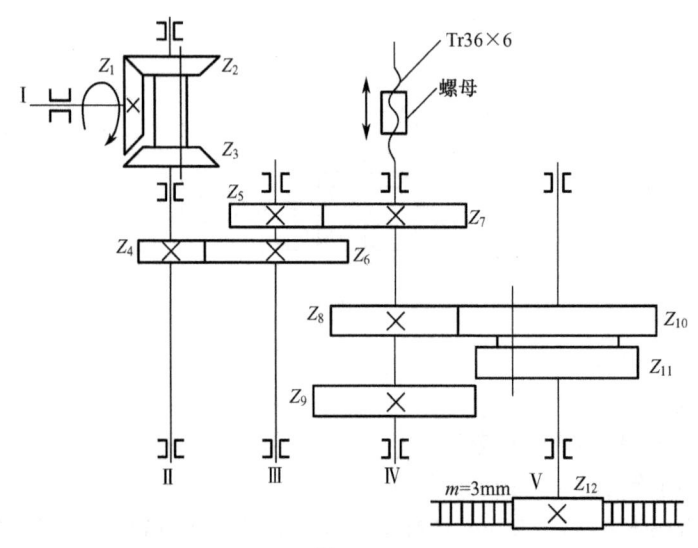

图 12-3

（1）图中 Z_1、Z_2 和 Z_3 构成_____机构。Z_2 所受的周向力_____（垂直纸面向里、垂直纸面向外）。

（2）齿轮 Z_1 和 Z_2 的啮合条件为_____和_____。

（3）如图所示状态下，螺母的移动方向为_____，齿条的运动方向为_____。

（4）该传动系统中，齿条向左运动的速度有_____种。齿条快速运动时，该系统的传动比是_____。

（5）为了使Ⅱ轴上的轴向力尽可能小，齿轮 Z_6 的旋向为_____，Z_6 产生的轴向力方向为_____。

（6）若该传动系统在结构上要求Ⅲ轴和Ⅳ轴的中心距为 102mm，齿轮 Z_5 的模数为 2mm。则 Z_5 和 Z_7 这对齿轮传动应为_____（高度、正角度、负角度）变位齿轮传动。此时的啮合角_____（大于、小于、等于）分度圆上齿形角，Z_7 的齿廓形状为_____。

（7）齿轮 Z_{12} 的齿顶圆直径 d_{a12} = _____ mm，齿根圆直径 d_{f12} = _____ mm。

（8）如图所示状态下，螺母移动 1mm，齿条移动的距离为_____ mm。

12. 图 12-4 所示轮系中，所有齿轮均为标准齿轮，除齿条外模数都相等。Ⅴ轴上齿数为 Z_{14} 的齿轮是斜齿轮，Ⅴ带传动的中心距 a = 500mm。试回答下列问题。（20分）

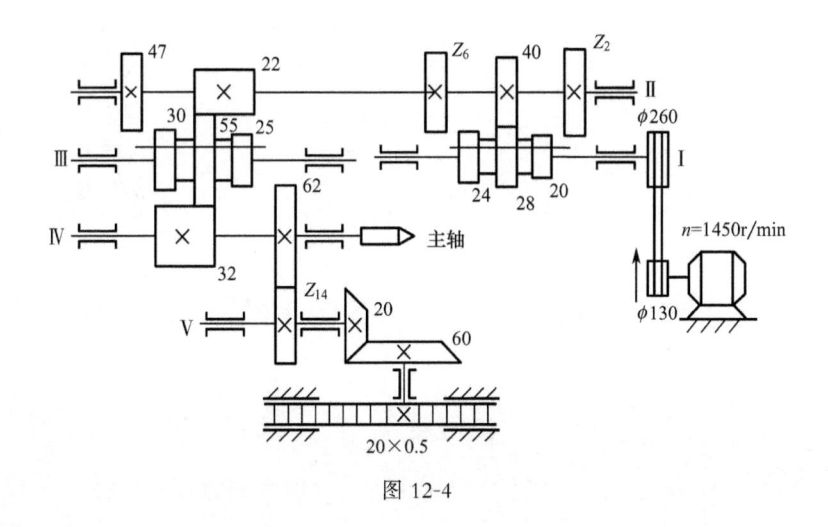

图 12-4

（1）Ⅴ带型号的选用，主要是根据_____和_____由选型图确定。

（2）Ⅴ带安装时，若两带轮轴线不平行，则带在使用中会出现_____和两侧面的_____。

（3）从安装角度看，图示轮系中齿轮有_____和_____两种方式。

（4）电动机的转向如图所示，齿条将向_____移动。

（5）范成法加工标准直齿圆柱齿轮不产生根切的最少齿数是_____，加工小于最少齿数的直齿圆柱齿轮时，可采用_____变位以避免根切。

（6）若要求Ⅴ轴上所受的轴向力尽可能小，则 Z_{14} 斜齿轮的轴向力方向向_____，

Z_{14} 斜齿轮的旋向为_____旋。

（7）Z_2 = _____；若主轴转一周，以 π 取 3 算出齿条移动了 20mm，则 Z_{14} = _____。

（8）主轴的级数为_____，电动机至主轴的最大传动比是_____（保留两位小数）。

第 13 章 轮系零件阶段测试卷

一、判断题（每题 2 分，共 30 分）

1. 由于楔键的楔入作用，易造成轴和轴上零件的中心线不重合，当受到冲击、变载荷的作用时楔键连接容易发生松动。（   ）
2. 花键连接不仅可实现周向固定，也可对轴上零件的移动起导向作用。（   ）
3. 与 B 型普通平键相比，A 型普通平键的键槽两端应力集中较大，应用较少。（   ）
4. 在选用平键的尺寸时，可以按标准选用，也可自行设计。（   ）
5. 定位销一般能承受很小的载荷，直径可以按结构要求确定，使用的数目不得多于两个。（   ）
6. 平键连接的挤压强度不够时，可适当增加键高和轮毂槽的深度来补偿。（   ）
7. 整体式滑动轴承结构简单，成本低，因而应用比对开式滑动轴承广泛。（   ）
8. 当轴颈较长，轴的刚度较小时，可在轴的一端采用自位滑动轴承。（   ）
9. 轴瓦开油孔和油沟，油孔是为了供应润滑油；油沟是为了使油能均匀分布在整个轴颈长度上。（   ）
10. 球轴承比滚子轴承具有较高的极限转速和旋转精度，高速时应优先选用球轴承。（   ）
11. 由于滚动轴承用滚动摩擦取代了滑动轴承的滑动摩擦，因此在相同条件下，滚动轴承的径向尺寸较滑动轴承小。（   ）
12. 滚动轴承的外圈与轴承座孔及内圈与轴颈一般都采用基孔制的过渡配合。（   ）
13. 凸缘联轴器的结构简单、成本低、传递转矩大，适用于两轴对中性好、工作平稳的传动场合。（   ）
14. 两轴间具有较大的角度时，常采用万向联轴器。（   ）
15. 制动器一般装在机构中转速较低的轴上，因为低速轴容易停下来。（   ）

二、选择题（每题 2 分，共 30 分）

16. 锥形轴与轮毂的键连接常用（   ）。
  A. 平键连接 B. 半圆键连接 C. 楔键连接 D. 花键连接
17. （   ）键连接由于结构简单、对中性好，因此广泛用于高速精密传动中。
  A. 平键 B. 勾头楔键 C. 楔键 D. 切向键
18. 在普通平键的三种型号中，（   ）平键在键槽中不会发生轴向移动，应用最广。
  A. 圆头 B. 方头 C. 单圆头
19. 从"键 18×120 GB/T 1096—2003"标记中，可知键的有效长度为（   ）。
  A. 18 B. 120 C. 102 D. 112
20. 设计键连接，有以下环节：①按使用要求选择键的类型；②对键连接进行必要的强度校核计算；③按轴径选择键的截面尺寸；④按轮毂宽度选择键的长度。具体步骤是（   ）。
  A. ①→③→②→④ B. ①→③→④→②
  C. ①→④→②→③ D. ③→④→②→①

21. 关于三角形齿花键，下列说法中正确的是（　　）。
   A. 外齿形为渐开线，齿形角为45°　　B. 外齿形为渐开线，齿形角为20°
   C. 内齿形为渐开线，齿形角为20°　　D. 内齿形为渐开线，齿形角为45°
22. 用于重要的高速重载的机械中滑动轴承润滑方法，可采用（　　）。
   A. 滴油润滑　　B. 油环润滑　　C. 飞溅润滑　　D. 压力润滑
23. 安装在曲轴中部的滑动轴承应采用（　　）。
   A. 整体式滑动轴承　　　　　　　B. 对开式滑动轴承
   C. 调心式滑动轴承　　　　　　　D. 锥形表面式滑动轴承
24. 两轴承不是安装在同一刚性机架上，同心度较难保证时，应采用（　　）。
   A. 整体式滑动轴承　　　　　　　B. 对开式滑动轴承
   C. 调心式滑动轴承　　　　　　　D. 锥形表面式滑动轴承
25. 受较大的纯轴向载荷的高速轴宜采用类型代号（　　）的滚动轴承。
   A. 30000　　B. 50000　　C. 60000　　D. 70000
26. 滚动轴承的内、外圈与滚动体之间组成的运动副属（　　）副。
   A. 转动副　　B. 移动副　　C. 螺旋副　　D. 高副
27. 对两轴间偏移具有较大补偿能力的是（　　）。
   A. 凸缘联轴器　　B. 套筒联轴器　　C. 齿轮联轴器　　D. 弹性柱销联轴器
28. 离合器与联轴器功用的区别在于（　　）。
   A. 能否随时实现两轴分离或接合　　B. 主动轴和从动轴是否具有恒定的转速
   C. 主动轴和从动轴是否能分离　　　D. 无区别
29. 下列关于摩擦式离合器的特点描述，错误的是（　　）。
   A. 利用两机械零件间的摩擦力以传递动力
   B. 负载过大时会打滑
   C. 传动时会产生的冲击与振动
   D. 可在任何状态下接合和分离
30. 牙嵌式离合器中，对中环的作用是（　　）。
   A. 保证两轴同心　　　　　　　B. 允许两轴倾斜一个角度
   C. 允许两轴平移一段距离　　　D. 以上都是

三、综合分析题（共40分）

31. 如图13-1所示为某从动轴的结构简图（图中存在错误和不合理的地方），轴上件5为斜齿轮，其内孔直径65mm，轮毂宽度80mm；轴承8的内孔直径50mm。分析该图，回答下列问题。（15分）

（1）该轴从外形上看，呈两端小、中间大，其作用是_____。

（2）该轴通过标记为"键 C12×50 GB/T1096—2003"的平键与元件1连接。该连接采用_____制配合，键的有效工作长度等于_____mm。

（3）图中轴承8的类型是_____轴承，内径代号为_____。

（4）图中两个轴承的选用方法_____（合理、不合理）。

（5）若该轴如图所示转动（箭头向下），件5为外啮合左旋斜齿轮，则该轴受到轴向力的方向为_____（向左、向右）。

（6）与件5连接的轴段直径可取_____mm，长度可取_____（78、80、82）mm。

图 13-1

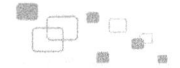

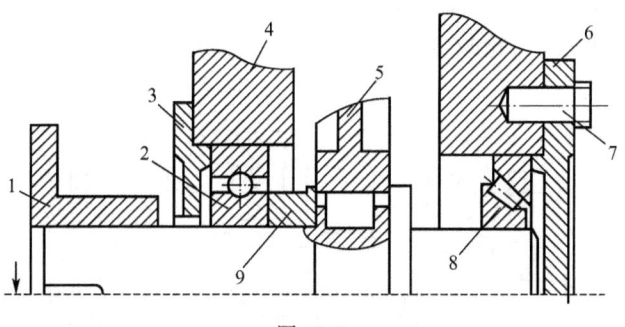

(7) 件 3 与轴之间存在_____。为防止箱内油液外泄，此处可设置_____装置。

(8) 从便于件 2、件 8 安装和固定的角度看，与件 2 配合处设计不合理的地方为：_____；件 8_____（周向、轴向）没有固定。

(9) 螺钉 7 处的错误设计为：①轴承盖 6 上的孔径应大于_____，②箱体 4 上螺纹孔的深度应_____（大于、等于、小于）螺钉 7 拧入的深度。

32. 图 13-2 所示为某减速器传动轴的结构简图。图中存在错误和不合理之处。试回答下列问题。(15 分)

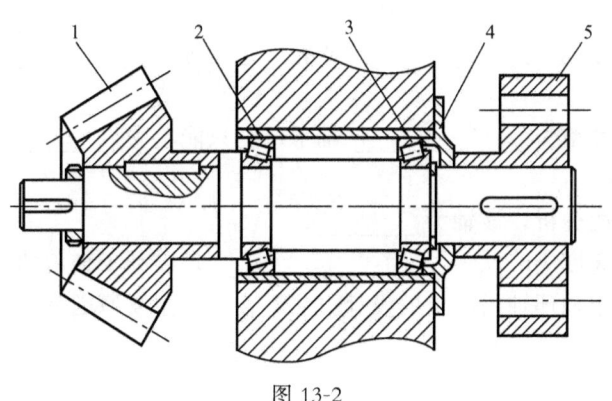

图 13-2

(1) 根据所受载荷的不同，该轴属于_____（填"心轴"或"转轴"或"传动轴"）。

(2) 件 1 为直齿_____齿轮。这类齿轮传动的正确啮合条件是：_____相等，且_____相等。

(3) 若轴承代号为 31310，则轴承的公称内径是_____mm，轴承类型为_____。

(4) 件 2 安装处，轴的结构设计_____（填"合理"或"不合理"）。

(5) 件 3 通过_____和_____实现轴向固定。

(6) 轴上键槽设计是不合理的，因为不便于_____（填"加工"或"装拆"或"固定"）。

(7) 为了使件 1 与右侧轴环端面紧密贴合、定位牢靠，应保证轴环高度 h、轴环过渡圆角半径 r 和件 1 轮毂孔倒角尺寸 C 之间的关系满足不等式_____。

(8) 件 4 与轴之间应存在_____，以避免工作时产生摩擦与磨损。

(9) 件 5 通过_____型平键连接实现周向固定。平键的工作面为_____（填

"两侧面"或"上下表面"），其剖面尺寸主要根据_____来选择。

33. 图 13-3 所示为二级齿轮减速器中间轴的结构草图（图中存在错误）。分析并回答下列问题。（10 分）

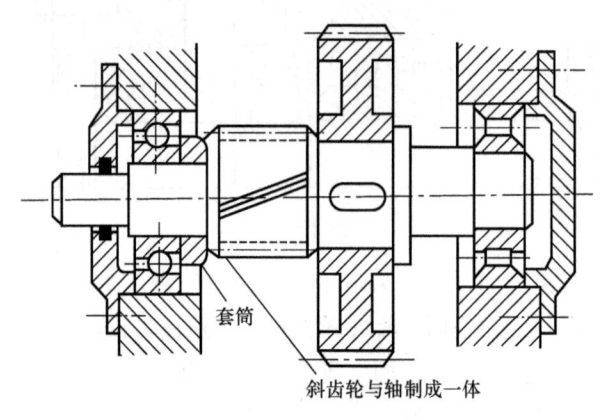

图 13-3

（1）轴左端外圆与端盖孔之间存在_____，故此处安装了密封装置。

（2）与轴上键槽配合的键为_____型普通平键。它是根据_____来确定其截面尺寸的。

（3）左端轴承的类型为_____轴承。它是通过_____与轴实现周向固定的。

（4）右端轴承的类型为_____轴承，它只能承受_____（填"轴向"或"径向"）力。

（5）从受载的性质分析，该轴为_____。

（6）套筒的左端高度应_____，以利于轴承的拆卸。

（7）右端齿轮采用轴环轴向固定的设计方法不合理，主要原因是_____。

机械基础综合测试卷（一）

一、判断题（每题2分，共20分）

1. GCr15钢是滚动轴承钢，其含铬量为15%。（   ）
2. 曲柄摇杆机构中的曲柄一定为最短杆，由此可知双曲柄机构中至少有一个曲柄是最短杆。（   ）
3. 若四杆机构的最短杆与最长杆的长度之和大于其余两杆长度之和，则该机构一定是双摇杆机构。（   ）
4. 一般情况下，对同一凸轮轮廓曲线，曲线较陡处的压力角较大。（   ）
5. 对滚子式从动件的凸轮而言，滚子损坏后，若找一个不同半径的滚子代替，从动件不变，压力角也不会改变。（   ）
6. 起轴向固定作用的螺纹一般采用细牙公制螺纹。（   ）
7. 标准螺纹是指牙型、大径和螺距都符合国家标准的螺纹。（   ）
8. 蜗杆传动的几何参数中，当头数 Z_1 不变时，q 值越大，效率越高，刚性越好。（   ）
9. 蜗杆的圆周力与蜗轮的圆周力大小相等，方向相反。（   ）
10. 轴的结构尺寸（直径、圆角半径、倒角、键槽、退刀槽、越程槽、中心孔等）应符合标准规范。（   ）

二、选择题（每题2分，共20分）

11. 零件渗碳后，一般需经（   ）处理，能达到表面硬而耐磨的目的。
    A. 淬火后低温回火　　　B. 正火　　　C. 调质
12. 当曲柄摇杆机构的摇杆带动曲柄运动时，曲柄在"死点"位置的瞬时运动方向是（   ）。
    A. 原运动方向　　　B. 反方向　　　C. 不定的
13. V带传动设计时不需圆整的参数是（   ）。
    A. 带轮直径　　　　　　　　　　　B. 中心距
    C. 带的根数　　　　　　　　　　　D. 带轮的基准长度
14. 下列不属于摩擦轮传动的是（   ）。
    A. 摩擦压力机　　　　　　　　　　B. 制动器
    C. 机械无级变速器　　　　　　　　D. 同步带传动
15. 分离锥轮式无级变速机构，当 R_1 增大，R_2 减小时，从动轴的转速将（   ）。
    A. 降低　　　B. 增高　　　C. 不变
16. 承受轴向载荷较大的高速轴应用（   ）轴承支撑。
    A. 6000　　　B. 7000　　　C. 8000　　　D. 0000
17. 自行车后飞轮的内部结构为（   ），因而可蹬车滑行乃至回链。
    A. 链传动　　　B. 制动器　　　C. 超越离合器　　　D. 侧齿式离合器
18. 一个齿轮的齿根圆比基圆大，则此外齿轮的最小齿数为（   ）。
    A. 41　　　B. 42　　　C. 40　　　D. 17

19. 对心滚子式凸轮机构，基圆与实际廓线（　　）。
   A. 相切　　　　　　　B. 相交　　　　　　　C. 相离
20. 防止齿轮折断的方法是选择适当的（　　）和齿宽，并采用合适的材料及热处理手段。
   A. 压力角　　　　　B. 模数　　　　　C. 传动比　　　D. 齿厚

三、填空题（每空1分，共20分）

21. 家用缝纫机踏板机构属于_____机构，主动件是_____。
22. 凸轮从动件的常用运动规律有_____和_____。前者的位移曲线是_____工作时会产生_____冲击；后者的位移曲线是_____，工作时会产生_____冲击。可采用_____和_____方法减小凸轮机构的刚性冲击。
23. 已知一双线蜗杆的模数为4mm，直径系数 $q = 12$，则该蜗杆的导程角 $\gamma =$ _____；若该蜗杆与一齿轮为48mm，则中心距 $a =$ _____。
24. 齿轮精度要求中，用于精密机床的分度机构中_____是主要的。
25. 带传动V带安装时，经常将松边置于_____方，其原因是_____，高速轴上一般使用带传动的原因是_____。
26. _____联轴器会给轴承带来附加动载荷，_____联轴器用于两轴线相交的两连接。
27. 普通螺纹的公称直径是指螺纹的_____的基本尺寸，管螺纹的公称直径是指管子的_____。

四、问答题（10分）

28. 图1所示为插床的主运动机构简图，分析并回答以下问题：

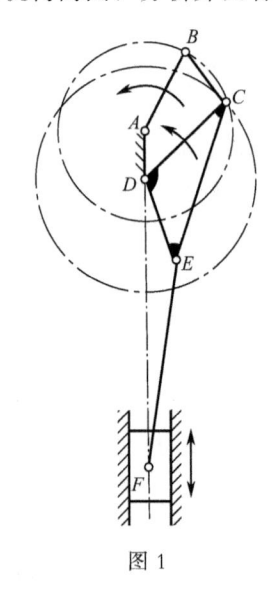

图1

(1) 该机构由_____和_____两个基本机构组成。
(2) 该机构以 AB 为主动件运动时，_____（有、无）急回特性，_____（存在、不存在）死点位置。
(3) 在图中作出元件 F 为极限位置。

（4）在 DEF 组成的机构中，元件 F 的最大行程等于_____，它是由_____机构演化而来的。

（5）在 ABCD 组成的机构中，其运动副为_____。若以 BC 为机架，则该机构为_____。

五、计算题（10 分）

29. 如一对标准直齿圆柱齿轮传动，标准安装，转向相同。现发现大齿轮损坏，要求配制新的齿轮。通过测量得到的大齿轮齿顶圆直径 $d_{a2}=87.45\text{mm}$，齿数 $z_2=37$，和它配对的小齿轮 $z_1=17$。试求：

（1）模数 m；（2）d_{a2}、d_{f2}、d_{a2} 及 p；（3）中心距 a。

六、综合题（共 20 分）

30. 某齿轮机构如图 2 所示，已知 $z_1=60$，$z_2=30$，$z_2'=80$，$z_3=120$，$z_3'=60$，$z_4=40$，蜗杆 $z_4'=2$（左旋），蜗轮 $z_5=80$，齿轮 $z_5'=40$，模数 $m_5'=5\text{mm}$。主动齿轮 1 的转速为 $n_1=200\text{r/min}$，试解答：（10 分）

（1）蜗轮的螺旋方向如何（左旋、右旋）？

（2）从齿轮 z_1 至蜗轮 z_5 这一传动路线的总传动比 i_{15} 为多少？

（3）齿轮 z_5' 的转速 n_5 为多少？

（4）齿条 6 移动的速度 v_6 为多少？（单位：m/s）

（5）若要使齿条 6 向上移动，则 n_1 转动方向如何（标注在图）；若齿轮 z_1 转动 5 秒钟，则齿条 6 向上移动多少米？

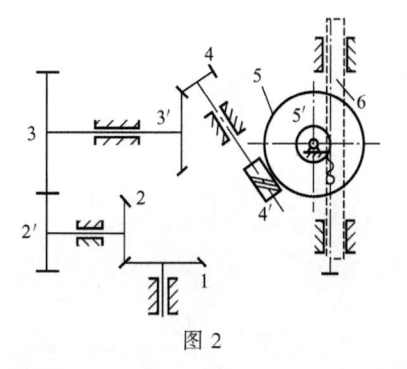

图 2

31. 根据图3结构，试回答下列问题。（10分）

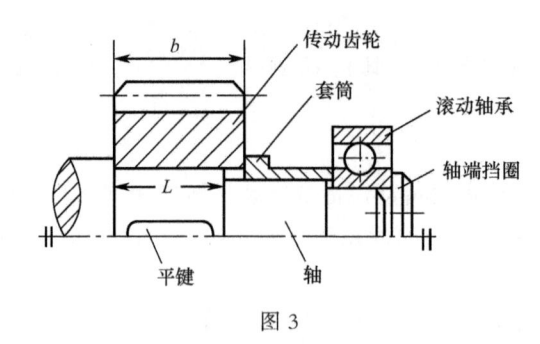

图3

(1) 传动齿轮的轴向定位由_____实现，轴向固定是通过_____来实现。

(2) 滚动轴承内圈与轴颈一般采用_____制的_____配合。

(3) 设传动齿轮的内孔倒角高度为 C，轴肩处圆角半径为 r，为保证齿轮在轴肩处_____，必须使 C 与 r 满足_____。（$C>r$，$C=r$，$C<r$）

(4) 从载荷性质分析，该轴属于_____；从轴线形状来看属于_____。

机械基础综合测试卷（二）

一、判断题（每题1.5分，共15分）

1. 高碳钢的质量优于中碳钢，中碳钢的质量优于低碳钢。（　　）
2. 只要具有间歇运动的机构，肯定是步进运动机构。（　　）
3. 无论是有级变速机构还是无级变速机构，均只能在一定的速度范围内实现变速。（　　）
4. 利用曲柄摇杆机构带动的棘轮机构，棘轮的转向和曲柄的转向相同。（　　）
5. 只有平键的截面尺寸 $b×h$ 是按轴的直径从标准中选定。（　　）
6. 滑移齿轮块在轴上也需要作轴向固定。（　　）
7. 滚动轴承由于阻力小，摩擦小，一般不需要润滑。（　　）
8. 结构尺寸相同时，球轴承与滚子轴承相比，后者的承载能力和耐冲击能力较强。（　　）
9. 一般闸瓦式制动器通电时，闸瓦抱紧制动。（　　）
10. 联轴器和离合器作安全装置用时，两者起安全保护的原理相同。（　　）

二、选择题（每题1.5分，共15分）

11. 制造刀具的材料是（　　）。
    A. 408F　　　　B. 45　　　　C. T12
12. 对运动的准确性要求高、传力小、速度低的凸轮机构，常用的从动件形式为（　　）。
    A. 滚子式　　　B. 平底式　　　C. 尖顶式　　　D. 曲面式
13. 槽轮的槽数 $Z=6$，且槽轮静止时间为其运动时间的两倍，则圆销的数目为（　　）。
    A. 1　　　　　B. 2　　　　　C. 3　　　　　D. 4
14. 车床上为便于车出等差数列的螺距可采用（　　）变速机构。
    A. 拉键　　　　B. 塔齿轮　　　C. 倍增　　　　D. 机械无级
15. 传动效率高的螺旋传动是（　　）。
    A. 普通螺纹传动　　　　　　B. 梯形螺纹传动
    C. 矩形螺纹传动　　　　　　D. 锯齿形螺纹传动
16. 一对标准直齿圆柱齿轮，中心距比标准值略小时，有变化的是（　　）。
    A. 分度圆　　　　　　　　　B. 压力角
    C. 传动比　　　　　　　　　D. 节圆
17. 齿轮的（　　）是指规定齿轮在1转中，其瞬时传动比的变化限制在一定范围内。
    A. 运动精度　　　　　　　　B. 工作平稳性精度
    C. 接触精度　　　　　　　　D. 齿轮副的侧隙
18. 对于转速高，传递转矩大，安装精度要求不高，并要求有较大综合位移补偿的两轴，宜选用（　　）联轴器。
    A. 十字滑块　　B. 凸缘　　　　C. 弹性套柱销　　D. 齿式
19. 对于滑动轴承，下列说法正确的是（　　）。

A. 整体式径向滑动轴承具有结构简单、间隙便于调整的特点
B. 对开式径向滑动轴承，可通过轴与轴瓦的相对移动，实现径向间隙的调整
C. 内柱外锥可调间隙式滑动轴承，可在轴瓦上对称地切出几条油槽，增加弹性
D. 为了轴承的润滑，轴瓦非承载的外表面应开油槽

20. 自行车飞轮的内部结构为（　　），因而可蹬车、滑行乃至回链。
A. 链传动　　　　B. 制动器　　　　C. 超越离合器　　　D. 侧齿式离合器

三、填空题（每空 1 分，共 22 分）

21. 影响凸轮机构工作性能的主要参数有_____、_____和_____。

22. 摇杆带动的棘轮机构，当曲柄长度变化时，棘轮的最小转角棘轮的转向_____（改变，不变）。

23. 内啮合槽轮机构的从动件是_____，圆销数为_____个。

24. 三圆销外啮合槽轮机构，槽轮有 6 条径向槽，槽轮转过 2 转，曲柄_____向转过_____转。

25. 摩擦轮传动时，产生打滑的原因是_____，可通过_____和_____两种措施防止，常将_____（填"软"或"硬"）轮作为主动轮使用。

26. 一个齿轮的齿根圆比基圆大，则此外齿轮的最少齿数为_____。

27. 轮齿的点蚀大多数先发生在_____，齿面胶合一般先发生在_____，塑性变形主动轮沿节线处形成_____。

28. 圆锥销的锥度为_____，其连接具有可靠_____；定位销使用数量不得少于_____个；在连接零件内的长度约为销直径的_____倍。

29. 销连接可用来确定零件之间的相互位置、传递_____，还可做安全装置中的_____。

四、问答题（共 28 分）

30. 如图 1 所示，牛头刨床的工作原理图，已知 $AB = 2BC$，$AD = 500$，则：（10 分）

(1) 该机构中构件 2 的名称是_____；

(2) 作出机构 $ABCD$ 极位夹角 θ 和摆角 Ψ、E 的两极限位置，并在图中标出。图中 θ 与 Ψ 的关系为 θ _____ Ψ（<、>、=）。E 的行程 $H =$ _____，该机构的行程速比系数 $K =$ _____，它_____（具有，不具有）急回特性；

(3) 若滑枕的回程和切削方向如图中所示，则主动件的运动方向为_____；

(4) 画出 C 点的压力角；

(5) 若改变该机构的固定件，则机构 $ABCD$ 可演化如下：以构件 2 为机架时可得_____机构；以构件 C 为机架时可得_____机构；如果改变构件长度，使 $BC = 2AB$，以构件 4 为机架时可得_____机构。

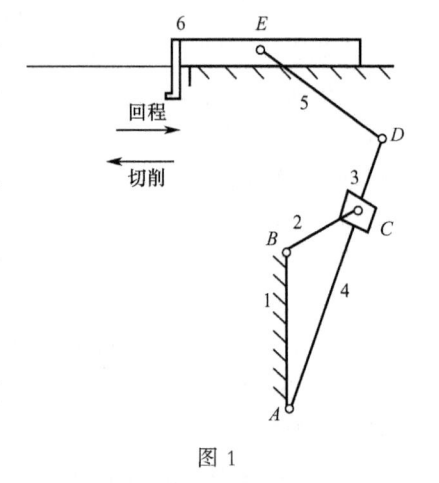

图 1

31. 用标准齿条型刀具展成法切制渐开线直齿圆柱齿轮，其基本参数为：$m = 2\text{mm}$，$\alpha = 20°$，$h_a^* = 1$。（8 分）

(1) 欲节制齿数 $z=90$ 的标准齿轮，求轮坯中心与刀具中心线之间的距离 $L=$ _____；当轮坯角速度。$\omega_{坯}=\dfrac{1}{22.5}$ rad/s 时，轮坯相对于刀具的切向移动速度 $v=$ _____；

(2) 在 v 不变、L 增大的情况下，所切制的齿轮是 _____（正、负）变位齿轮，此时分度圆上的齿厚 _____（大于、小于、等于）齿槽宽，相应轮齿根部厚度 _____（增大、减小、不变），齿顶 _____（变尖、变宽、不变）。

32. 如图 2 所示是模数为 m，齿数分别为 z_1、z_2 的两个标准渐开线齿轮的啮合传动图，试回答：（10 分）

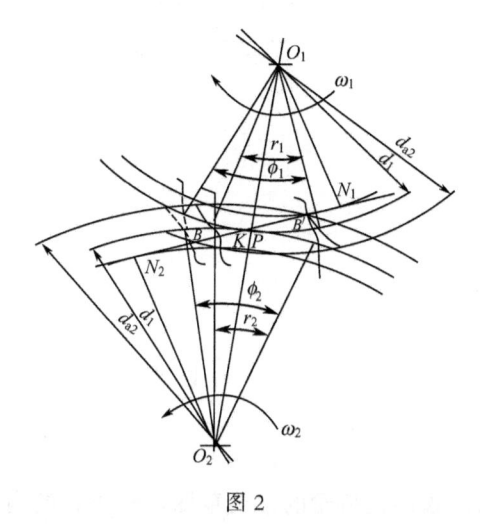

图 2

(1) 如图中 $a=\dfrac{1}{2}m(z_1+z_2)$，过节点 P 的两个节圆分别和两齿轮的 _____ 圆重合，此时 $a'=$ _____；

(2) $\overline{BK}=$ _____（式子表示）。当一对齿轮的 P_{b1} _____ P_{b2} 时，才能正确啮合；当实际啮合线 $\overline{BB'}$ _____ P_b 时，传动才能连续；

(3) 若 a 稍微增大后 $\overline{O_2P}/\overline{O_1P}$ 的值是否恒定？_____，此时，啮合角 $\alpha'=$ _____（用式子表示），图中 $\overline{N_1N_2}$ 将 _____，$\overline{BB'}$ 将 _____，$\overline{BB'}/P_b$ 将 _____，$\overline{BK}$ 将 _____；（填"变大"、"变小"或"不变"）

(4) 两齿轮运动速度相等的点是 _____，两齿廓表面存在磨损的原因是 _____。

五、综合题（共 20 分）

33. 如图 3 所示轮系，$z_1=40$，$z_2=40$，$z_3=20$，$z_4=40$，双头蜗杆，蜗轮齿数 $z_6=60$，试回答：（8 分）

(1) 求工作台的移动速度；

(2) 若使工作台右移，则 n_1 的方向如何？

(3) 若 z_3，z_4 为斜齿轮，且工作时要使轴Ⅱ、Ⅲ所受轴向力尽量地小，求 z_3，z_4 的螺旋方向；

(4) 蜗轮的螺旋方向；

(5) 写出 z_3，z_4 的正确啮合条件；

(6) 当工作台移动了 72mm 的距离，齿轮共转了多少度？

(7) 若用链传动来代替带传动，是否合理？

图 3

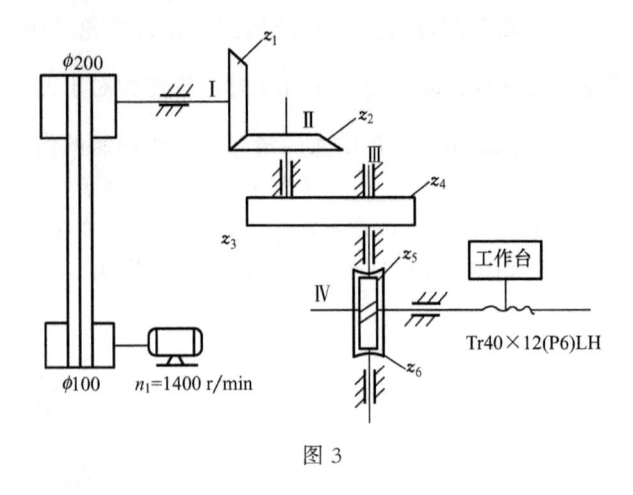

34. 如图 4 所示为装有斜齿圆柱齿轮的结构草图，斜齿轮的内孔直径为 70mm，宽度为 60mm，轴承孔内径为 60mm，轴上圆角半径为 2mm，试回答：（12 分）

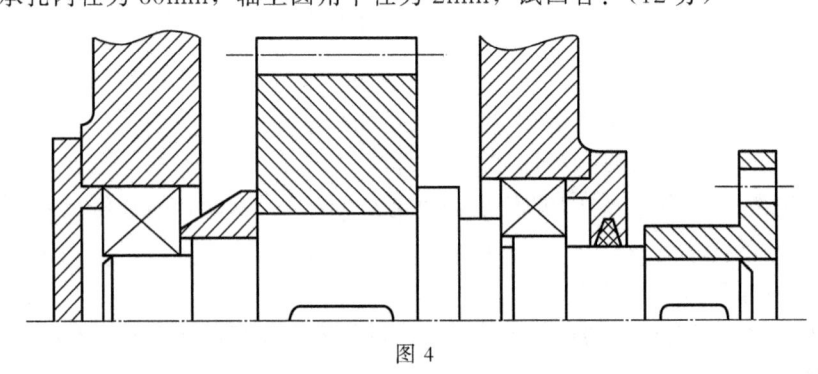

图 4

(1) 滚动轴承与轴的配合为_____制_____配合。

(2) 与斜齿圆柱齿轮相配的工作轴颈长度为_____ mm（62、60、58），该处平键的长度就要取_____ mm（60、58、56），键宽取决于_____，它的公差带代号为_____；斜齿轮的内孔倒角半径大小为_____（2、1.5、2.5）。

(3) 左端轴承的轴向定位零件是_____，轴向固定零件是_____。

(4) 在左侧轴上零件安装顺序为_____。

(5) 右端支承轴颈处的轴槽名称为_____，作用是_____。

(6) 轴承应选用_____。

A. 6060　　　B. 7012　　　C. 3060　　　D. 5012

测试卷参考答案

第1章 金属材料的性能阶段测试卷

一、判断题

1. ×　2. √　3. ×　4. ×　5. ×　6. √　7. √　8. √　9. ×　10. √

二、选择题

11. B　12. B　13. C　14. B　15. A　16. C　17. D　18. B　19. C　20. D

三、填空题

21. 布氏，洛氏；

22. 断裂；

23. 不可逆永久变形，断后伸长率，断面收缩率；

24. 压痕深度，压痕直径；

25. 交变，无数，应力；

26. 冲击。

四、计算题

27. 280MPa，400MPa，24%，84%。

第2章 钢及其热处理阶段测试卷

一、判断题

1. ×　2. √　3. √　4. √　5. √　6. ×　7. √　8. ×　9. ×
10. ×　11. ×　12. √　13. ×　14. √　15. ×

二、选择题

16. B　17. A　18. D　19. B　20. B　21. A　22. B　23. D　24. B
25. A　26. B　27. C　28. B　29. C　30. A

三、填空题

31. 小于等于0.25%，0.25%～0.6%，大于等于0.6%；

32. 0.7%，优质或高级优质；

33. 加热，保温，冷却，组织，性能；

34. 随炉冷却；

35. 空气；

36. 快速；

37. 马氏体，强度，硬度；

38. 深度，化学成分，临界冷却速度；

39. 淬火+高温回火。

第3章 铸铁、铸钢及有色金属阶段测试卷

一、判断题

1. √　2. ×　3. √　4. √　5. √　6. √　7. ×　8. √　9. ×
10. √　11. ×　12. √　13. ×　14. √　15. √

二、选择题

16. D　17. C　18. B　19. C　20. A　21. A　22. B　23. C

三、填空题

24. 好，好，好，好，低，差，差，不能；

25. 片状石墨，团絮状石墨，球状石墨；

26. HT200，KHT350—10，QT500—05；   27. 复杂，高；
28. 变形，铸造；   29. 铜，锌。

四、解释下列材料牌号的含义

30. HT200：最低抗拉强度为 200MPa 的灰铸铁。
31. KTH330—08：黑心可锻铸铁，最低抗拉强度为 330MPa，最低伸长率为 8%。
32. QT450—10：球墨铸铁，最低抗拉强度为 450MPa，最低伸长率为 10%。

第 4 章　常用机构概述阶段测试卷

一、判断题

1. ×   2. ×   3. √   4. ×   5. ×   6. √   7. ×   8. √   9. √   10. ×

二、选择题

11. B   12. D   13. A   14. D   15. C   16. C   17. C

三、填空题

18. 构件，确定的相对运动，机械；
19. 代替或减轻，机械功或实现能量的转换，机械能做功，能量转换；
20. 传递，转变；   21. 动力部分，传动部分，工作部分，自动控制部分；
22. 工作任务，终端，用途；   23. 构；
24. 转动；   25. 移动；
26. 螺旋副；   27. 高副。

四、综合分析题

28. 低副：移动副 1 个，转动副 8 个；高副：2 个。
29. (a) 低副：移动副 1 个，转动副 4 个；高副：1 个；
    (b) 低副：移动副 2 个，转动副 4 个。

第 5 章　平面连杆机构阶段测试卷

一、判断题

1. √   2. √   3. √   4. ×   5. ×   6. ×   7. √   8. √   9. √   10. ×

二、选择题

11. C   12. D   13. B   14. C   15. B   16. B   17. A   18. A

三、填空题

19. 空回行程，工作行程，非工作，工作效率；   20. 对心曲柄滑块，偏心轮；
21. 反向双曲柄，双摇杆；   22. 行程速比系数，$K>1$；
23. 平行双曲柄，死点，2，增设辅助装置；   24. 移动，移动，转动；
25. 曲柄摇杆，摆动导杆，急回；   26. 75。

四、综合题

27. (a) 双曲柄机构，(b) 曲柄摇杆机构，(c) 曲柄摇杆机构，(d) 双摇杆机构，(e) 曲柄摇杆机构，(f) 平行四边形机构，(g) 反向双曲柄机构。
28. (1) 曲柄摇杆；(2) 曲柄和连杆共线（或 OC 和 BC 共线），死点；(3) 略。

29. (1) 摆动导杆，AB 为机架、BC＜AB；(2) 曲柄滑块，曲柄，导杆；(3) 略；(4) 2，有。

30. (1) 偏置曲柄滑块机构，AB + e＜BC，具有，不具有；(2) 略；(3) 40.64mm；(4) 对心曲柄滑块机构，$\theta=0°$，2AB；(5) 向左。

第6章　凸轮机构阶段测试卷

一、判断题
1. √　2. ×　3. ×　4. √　5. √　6. √　7. √　8. ×　9. √　10. √

二、选择题
11. D　12. D　13. A　14. B　15. A　16. D　17. D　18. B　19. B　20. C、B

三、填空题
21. 行程，径向；　　　　　　　　22. 比例，次数；
23. 两段抛物，斜直线，柔性；　　24. 工作要求，等速；
25. 行程增加，只改变凸轮的长度，不改变凸轮的直径；
26. 尖顶式。

四、综合分析题
27. (1) 蜗杆传动，凸轮；(2) 蜗杆，蜗轮，凸轮，移动从动杆；(3) 1；(4) 逆时针，右；(5) 等加速等减速；(6) 略。

28. (1) 凸轮机构，曲柄滑块机构；(2) 30mm，有；(3) 高副，回转副；(4) $\alpha_{\max}=30°$，越大；(5) 略。

29. (1) 80，30°；(2) 65，180°，0°；(3) 高；(4) 2，$\frac{8}{13}$（或 0.62）；(5) 100（$\sqrt{2}-1$），(或 41.4)，100（$\sqrt{2}+1$）（或 241.4），曲柄摇杆；(6) 30°，200（$2-\sqrt{3}$）（或 53.6），(7) 上；(8) 上。

第7章　其他常用机构阶段测试卷

一、判断题
1. √　2. √　3. ×　4. ×　5. ×　6. √　7. ×　8. ×　9. ×　10. √

二、选择题
11. C　12. B　13. D　14. B　15. B　16. A　17. B　18. A　19. A　20. B

三、填空题
21. 槽轮的槽数和圆柱销数；　　　22. 塔齿轮；
23. 0.8；　　　　　　　　　　　24. 空套，滑移，固定；
25. 无级变速机构，有级变级机构，无级变速机构；
26. 曲柄，往复摆动，径向；　　　27. 两，较短；
28. 槽轮，1；　　　　　　　　　　29. $\frac{2}{3}$s，$\frac{1}{3}$s。

四、综合分析题

30. (1) (a) 双向式棘轮机构，(b) 间歇齿轮机构，(c) 内啮合槽轮机构，(d) 摩擦式棘轮机构，(e) 双动式棘轮机构，(f) 间歇齿条机构；(2) 略；(3) (d)，(b)，(c)，(d)，(e)，(a)，(d)，(c)，(f)，(b)，(e)；(4) 改变。

31. (1) 摆动凸轮（滚子从动件摆动凸轮），棘轮；(b) (e) (2) 7，2；(3) 需要，不大；(4) 60，6°；(5) 双摇杆；(6) 变小；(7) 见题图 7-1；(8) 见题图 7-1；(9) 见题图 7-1。

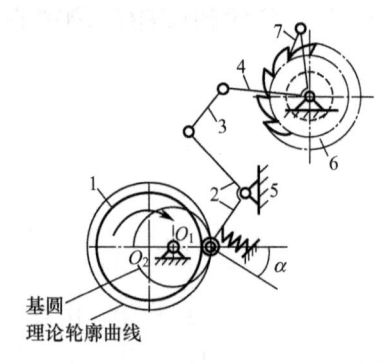

题图 7-1

第 8 章　摩擦轮传动与带传动阶段测试卷

一、判断题

1. × 2. × 3. √ 4. × 5. × 6. × 7. × 8. × 9. √ 10. √

二、选择题

11. D 12. C 13. C 14. A 15. A 16. C 17. D 18. D 19. C 20. D

三、填空题

21. 摩擦力矩大于阻力矩，有效圆周力小于带轮上的极限摩擦力；

22. 增加正压力，增大摩擦系数；　　　23. $v_主 > v_带 > v_从$；

24. 小，小；　　　　　　　　　　　　25. 5，7，大，小；

26. 5～25m/s，有效圆周力，离心力；　27. 调节中心距，安装张紧轮。

四、计算题

28. $D_1 = 200mm$，$D_2 = 400mm$，$n_2 = 250r/min$。

29. $i_{12} = 3$，$D_2 = 750mm$，$L = 3248mm$，$\alpha = 142.8°$（不合适）。

五、综合题

30. (1) 顺时针，600；(2) 156°，满足；(3) 15.07，符合；(4) 3296；(5) 中心距，内侧，大带。

第 9 章　螺旋传动阶段测试卷

一、判断题

1. × 2. × 3. × 4. √ 5. × 6. √ 7. × 8. √ 9. × 10. √

二、选择题

11. C 12. A 13. D 14. A 15. C 16. A 17. A 18. C 19. D 20. B

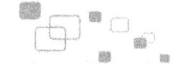

三、填空题

21. 右；　　　　　　　　　　　　　　22. 60°，单，好，粗牙，细牙；

23. 55°，30°，33°；　　　　　　　　24. 导程＝螺距×线数；

25. 矩形螺纹、锯齿形螺纹、梯形螺纹、三角形螺纹；

26. 螺纹导程角小于材料的当量摩擦角；　　27. 高，差。

四、计算题

28. （1）15r；（2）1mm；（3）0.06mm。

29. （1）右旋 1.5mm （2）左旋 2.5mm。

五、综合题

30. （1）摩擦轮传动，螺旋传动，串联；（2）加速；（3）摩擦力矩，阻力矩，打滑；（4）下；（5）28。

第10章　链传动和齿轮传动阶段测试卷

一、判断题

1. ×　2. ×　3. ×　4. √　5. ×　6. ×　7. √　8. ×　9. √

10. ×　11. ×　12. √　13. ×　14. √　15. √

二、选择题

16. B　17. C　18. C　19. A　20. D　21. B　22. B　23. A　24. C　25. C

三、填空题

26. 下；　　　　　　　　　　　　　　27. 齿距，π，要；

28. $Z \geqslant 42$，全部；　　　　　　　　29. 渐开线，曲线；

30. 仿形法，展成法，展成法；　　　　31. 变位量，模数；

32. 凹沟，凸棱。

四、计算题

33. 85.5，99.18，22.89°；　34. （1）20，2；（2）44mm，115mm，40mm。

五、综合题

35. （1）略；（2）略；（3）40，20°；（4）0.5，变小；（5）＞。

36. （1）左；（2）向里，向下，向左；（3）右旋，左旋。

第11章　蜗杆传动阶段测试卷

一、判断题

1. ×　2. √　3. √　4. ×　5. ×　6. ×　7. ×　8. √　9. √　10. √

二、选择题

11. C　12. C　13. B　14. A　15. C　16. B

三、填空题

17. 直线，曲线，阿基米德螺旋线，渐开线；　　18. 直线，渐开线，齿轮齿条；

19. 蜗杆导程角小于材料的当量摩擦角；　　　20. 18，27；

21. 主平面；　　　　　　　　　　　　　　22. 限制刀具数目，便于标准化；

23. $m_{x1} = m_{t2}$，$α_{x1} = α_{t2}$，$γ_1 = β_2$。

四、计算题

24. (1) 2mm，18，30，30r/min；(2) 36mm，55.2mm；(3) 48mm；(4) 有。

五、综合题

25. (1) 两侧面，强力层；(2) 主动轮转速，计算功率；(3) 合适，合适，增大中心距；(4) 18；(5) 轴向，大端；(6) 7e，1；(7) 右旋，右旋；(7) 向上，向左，向上，向右，向下，向外。

第12章　轮系阶段测试卷

一、判断题

1. ×　2. √　3. √　4. ×　5. ×

二、填空题

6. 惰轮；　　　　　　　　7. 外啮合，相同，相反，平行轴定轴；

8. 行星轮系，差动轮系，差动轮系。

三、分析与计算题

9. (1) 12；(2) 80；(3) 50.24；(4) 下；(5) 54，94

10. (1) 梯形，左；(2) 右，100；(3) 上，25.12；(4) 上，70；(5) 下，下；(6) 减小，减小，不变。

11. (1) 变向，垂直纸面向外；(2) 大端模数相等，大端齿形角相等；(3) 向下，向右；(4) 2，4.5；(5) 右，向上；(6) 正角度，大于，渐开线；(7) 66，52.5；(8) 15.7。

12. (1) 主动轮转速，计算功率；(2) 扭曲，磨损；(3) 固定，滑移；(4) 左；(5) 17，正；(6) 右，右；(7) 48，31；(8) 9，29.76。

第13章　轴系零件阶段测试卷

一、判断题

1. √　2. √　3. ×　4. ×　5. ×　6. ×　7. ×　8. ×　9. √
10. √　11. ×　12. ×　13. √　14. √　15. ×

二、选择题

16. B　17. A　18. A　19. C　20. B　21. A　22. D　23. B　24. C
25. D　26. D　27. C　28. A　29. C　30. A

三、综合分析题

31. (1) 便于轴上零件的装拆；(2) 基轴，44；(3) 圆锥滚子，10；(4) 不合理；(5) 向右；(6) 65，78；(7) 间隙；密封；(8) 轴段（或轴颈、或支撑轴颈）过长，轴向；(9) 螺钉外径（或螺钉大径）、大于。

32. (1) 转轴；(2) 锥（或"圆锥"），大端端面模数，大端齿形角（或"大端压力角"）；(3) 50，圆锥滚子轴承；(4) 不合理；(5) 轴肩，弹性挡圈；(6) 加工；(7) $r<C<h$（或"$h>C>r$"）；(8) 间隙；(9) A，两侧面，轴径（或"轴的直径"或"轴段直径"）。

33. （1）间隙；（2）A，轴径；（3）角接触球，过盈配合；（4）圆柱滚子，径向；（5）转轴；（6）低于轴承内圈高度；（7）不便齿轮装拆。

机械基础综合测试卷（一）

一、判断题

1. × 2. × 3. √ 4. √ 5. × 6. √ 7. √ 8. × 9. × 10. √

二、选择题

11. A 12. C 13. B 14. D 15. B 16. B 17. C 18. B 19. B 20. B

三、填空题

21. 曲柄摇杆，摇杆；

22. 等速运动，等加速等减速运动，斜直线，刚性，抛物线，柔性，$r=\frac{1}{2}h$ 的圆弧进行修正，改变运动规律；

23. $\arctan\frac{1}{6}$，120mm；   24. 运动精度；

25. 上，增加包角，提高运动的平稳性；   26. 十字滑块，万向；

27. 大径，内径。

四、问答题

28. （1）双曲柄机构，曲柄滑块机构；（2）有，不存在；（3）略；（4）2DE，曲柄摇杆；（5）转动副，双摇杆机构；

五、计算题

29. （1）$m=2.5$mm；（2）$d_{a2}=87.5$mm；$d_{f2}=98.75$mm；$d_{a1}=47.5$mm；$p=\pi m=7.85$mm；（3）$a=25$mm。

六、综合题

30. （1）左旋；（2）$i_{15}=20$，；（3）$n_5=10$r/min；（4）$v=0.105$m/s；（5）向右，$s=0.525$mm。

31. （1）轴肩、套筒；（2）基孔、过渡；（3）定位可靠、C>r；（4）转轴、直轴。

机械基础综合测试卷（二）

一、判断题

1. × 2. × 3. √ 4. √ 5. √ 6. × 7. × 8. √ 9. × 10. ×

二、选择题

11. C 12. C 13. A 14. B 15. C 16. D 17. B 18. D 19. C 20. C

三、填空题

21. 基圆，滚子半径，压力角；   22. 改变；

23. 槽轮，1；   24. 反，4；

25. 摩擦力矩小于阻力矩，增大压力，摩擦因数，软； 26. 42；

27. 靠近节线的齿根表面，靠近节线的齿顶表面，凹沟；

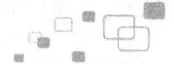

28. 1∶50，自锁性，2，1～2；

29. 动力和转矩，被切断零件。

四、问答题

30. （1）曲柄；（2）=，500，2，具有；（3）逆时针方向；（4）略；（5）曲柄摇块，定块，曲柄滑块。

31. （1）$L=90\text{mm}$，$v=4\text{mm/s}$；（2）正，大于，增大，变尖。

32. （1）分度，20°；（2）$\pi m \cdot \cos\alpha$，=，>；（3）恒定，$\alpha=\arccos\left(\dfrac{a}{a'} \cdot \cos 20°\right)$，变长，变小，变小，不变；（4）$p$，齿廓间啮合点的线速度不相等。

五、综合题

33. （1）$v=144\text{mm/min}$；（2）向下；（3）z_3左旋，z_4右旋；（4）右旋；（5）$m_{n3}=m_{n4}$，$\alpha_{n3}=\alpha_{n4}$，$\beta_3=-\beta_4$；（6）60°（7）不合理，链传动不宜用于高速传动。

34. （1）基孔，过渡；（2）58，56，直径，h9，2.5；（3）轴套，端盖；（4）齿轮、轴套、滚动轴承、端盖；（5）越程槽，砂轮磨削越过精加工面；（6）B。